소방고등학교 교사가 집필한

소방안전
관리자 1급

가장빠른합격
PASS

KB199810

시대에듀

소방안전관리자 1급 가장 빠른 합격

Always with you

사람이 길에서 우연하게 만나거나 함께 살아가는 것만이

인연은 아니라고 생각합니다.

책을 펴내는 출판사와 그 책을 읽는 독자의 만남도 소중한 인연입니다.

시대에듀는 항상 독자의 마음을 헤아리기 위해 노력하고 있습니다.

늘 독자와 함께하겠습니다.

보다 깊이 있는 학습을 원하는 수험생들을 위한
Youtube 동영상 강의가 준비되어 있습니다.

소방안전관리자는 화재의 위험을 찾아내고 화재를 예방하기 위하여 건물에 배치되어 방화활동을 하는 자를 말합니다.

현대사회가 발전을 거듭함에 따라 인간생활을 풍요롭게 만들어 준 반면, 다양한 소방대상물의 증가는 인간이 예측하기 힘든 여러 위험을 만들어냈다고 볼 수 있습니다. 그중에서도 재산과 생명에 막대한 영향을 미치는 것이 바로 화재입니다. 소방안전관리자는 화재 등의 예방에 신기술을 적용하고, 응급처치 등을 통해 인명구조에도 중요한 역할을 하고 있습니다.

최근 발생하는 크고, 작은 소방 관련 사고들은 많은 피해를 동반하여 인적 · 물적으로 손해를 끼치고, 뉴스를 통해 이를 접한 시민들에게는 불안을 조성하는 조건이 되고 있습니다. 이러한 상황에서 소방안전관리자는 최선을 다해 화재 등의 위험을 발견해 내는 역할을 하며, 안전에 대한 성숙을 지향하고 있습니다.

본 교재는 소방안전관리자 1급 시험에 응시하는 수험생 여러분들이 필요로 하는 핵심이론과 실전모의고사로 구성되어 있습니다. 또한 소방기본법, 화재예방법, 소방시설법의 전면 개정과 다양한 소방 관련 법령들의 개정 및 신설로 인하여 이전보다 시험의 난이도가 상승할 것으로 예상됩니다. 이에 맞춰 본 교재는 최신 소방관계법령은 물론 화재안전기준을 충실하게 반영하였고, 다양한 문제와 해설을 통해 수험생에게 필요한 내용으로 구성하였습니다.

소방안전관리자 1급 시험을 준비하는 모든 수험생이 합격할 수 있도록 최선의 노력을 기울인 본 교재를 통해 많은 소방안전관리자가 배출되기를 바랍니다.

편저자 올림

시험안내

개요

초고층 빌딩 및 대형 건축물의 소방안전관리 강화를 위해 2012년 2월 5일부터 소방안전관리자 제도를 시행하였다.

시행처

한국소방안전원(www.kfsi.or.kr)

수행직무

- 특수장소에 대한 소방계획을 작성하고, 자위소방대를 조직하여 소화·통보·피난 등의 훈련 및 교육을 실시한다.
- 빌딩, 산업건물 및 기타시설에 설치되어 있는 스프링클러 시스템장치 등의 방화 시설물을 점검하고 보수하며 화기취급을 감독한다.
- 불이 났을 경우에는 초기에 화재를 진화하고 사람들의 대피를 유도한다.
- 항상 건물에 배치되어 방화 활동을 벌인다.

접수방법

구분	시·도지부 방문접수 (근무시간 9:00~18:00)	안전원 사이트 접수 (www.kfsi.or.kr)
접수 시 관련 서류	• 응시수수료(현금, 카드 등) • 사진 1매 • 응시자격별 증빙서류(해당자 한함)	응시수수료 결제 (신용카드, 무통장입금)
증빙이 불필요한 경우	가능	가능
증빙이 필요한 경우 (최초 학력, 경력, 학·경력, 관련 자격증의 경우)	가능	가능 [단, 사전심사(5~7일 소요) 필요]

※ 안전원 사이트 접수 시
- 강습교육 수료 또는 증빙서류를 제출하여 해당 급수 자격시험에 응시 이력이 있을 경우 : '시험일정'에서 접수 가능
- 경력, 학력, 자격증 등으로 응시하고자 하는 경우(최초에 한함) : 홈페이지 내의 '응시자격 심사 신청'에서 해당 응시자격 신청(증빙자료 첨부). 단, 5~7일 소요되며, 심사완료 후 승인 시 '시험일정'에서 접수 가능

시험방법 및 시간

시험방법	배점	문항수	시험시간
객관식(선택형, 4지 1선택)	1문제당 4점	50문항(과목별 25문항)	1시간(60분)

시험과목

구분	내용
1과목	소방안전관리자 제도
	소방관계법령
	건축관계법령
	소방학개론
	화기취급 감독 및 화재위험 작업 허가 · 관리
	공사장 안전관리 계획 및 감독
	위험물 · 전기 · 가스 안전관리
	종합방재실 운영
	피난시설, 방화구획 및 방화시설의 관리
	소방시설의 종류 및 기준
	소방시설(소화 · 경보 · 피난구조 · 소화용수 · 소화활동설비)의 구조
2과목	소방시설(소화 · 경보 · 피난구조 · 소화용수 · 소화활동설비)의 점검 · 실습 · 평가
	소방계획 수립 이론 · 실습 · 평가(화재안전취약자의 피난계획 등 포함)
	자위소방대 및 초기대응체계 구성 등 이론 · 실습 · 평가
	작동기능점검표 작성 실습 · 평가
	업무수행기록의 작성 · 유지 및 실습 · 평가
	구조 및 응급처치 이론 · 실습 · 평가
	소방안전 교육 및 훈련 이론 · 실습 · 평가
	화재 시 초기대응 및 피난 실습 · 평가

※ 「화재의 예방 및 안전관리에 관한 법률」 시행규칙 별표 4 의거함

응시자격

가. 「고등교육법」 제2조 제1호부터 제6호까지 규정 중 어느 하나에 해당하는 학교(이하 "대학"이라 한다) 또는 「초 · 중등교육법 시행령」 제90조 제1항 제10호 및 제91조에 따른 고등학교(이하 "고등학교"라 한다)에서 소방안전관리학과를 전공하고 졸업한 사람(법령에 따라 이와 같은 수준의 학력이 있다고 인정되는 사람을 포함한다)으로서 해당 학과를 졸업한 후 2년 이상 2급 소방안전관리대상물 또는 3급 소방안전관리대상물의 소방안전관리자로 근무한 실무경력(법 제24조 제3항에 따라 소방안전관리자로 선임되어 근무한 경력은 제외한다)이 있는 사람

나. 다음의 어느 하나에 해당하는 요건을 갖춘 후 3년 이상 2급 소방안전관리대상물 또는 3급 소방안전관리대상물의 소방안전관리자로 근무한 실무경력이 있는 사람
① 대학 또는 고등학교에서 소방안전 관련 교과목을 12학점 이상 이수하고 졸업한 사람
② 법령에 따라 ①에 해당하는 사람과 같은 수준의 학력이 있다고 인정되는 사람으로서 해당 학력 취득 과정에서 소방안전 관련 교과목을 12학점 이상 이수한 사람
③ 대학 또는 고등학교에서 소방안전 관련 학과를 전공하고 졸업한 사람(법령에 따라 이와 같은 수준의 학력이 있다고 인정되는 사람을 포함한다)

시험안내

「소방안전 관련 교과목 · 소방안전 관련 학과 및 소방 관련 학과 등에 관한 기준」

제2조(소방안전 관련 교과목)

① 유체역학   ② 위험물질론 및 약제화학

③ 소방시설의 구조원리   ④ 방화 및 방폭공학

⑤ 건축공학   ⑥ 전기 · 전자공학

⑦ 가스안전   ⑧ 기계공학

⑨ 화재유동학(열역학, 열전달을 포함한다)   ⑩ 화재조사론

⑪ 소방안전관리론(소방학개론, 재난관리론, 소방관계법규를 포함한다)

제3조(소방안전 관련 학과)

① 전기공학과(전기과, 전기설비과, 전자과, 전자공학과, 전기전자과, 전기전자공학과, 전기제어공학과를 포함한다)

② 산업안전공학과(산업안전과, 산업공학과, 안전공학과, 안전시스템공학과를 포함한다)

③ 기계공학과(기계과, 기계학과, 기계설계학과, 기계설계공학과, 정밀기계공학과를 포함한다)

④ 건축공학과(건축과, 건축학과, 건축설비학과, 건축설계학과를 포함한다)

⑤ 화학공학과(공업화학과, 화학공업과를 포함한다)

⑥ 학군, 전공 또는 학부제로 운영되는 대학의 경우에는 ①부터 ⑤까지 학과에 해당하는 학과(또는 공학과를 포함한다)

제4조(소방안전관리학과)

① 소방안전관리과(소방안전과를 포함한다)   ② 소방시스템학과

③ 소방학과   ④ 소방공학과

⑤ 소방행정학과   ⑥ 소방방재학과

⑦ 소방기계 · 전기 · 설비과

⑧ 소방환경관리과(소방환경안전학과, 소방환경방재학과, 소방환경학과를 포함한다)

⑨ 학군, 전공 또는 학부제로 운영되는 대학의 경우에는 ①부터 ⑧까지 학과에 해당하는 학과(또는 공학과를 포함한다)

다. 소방행정학(소방학 및 소방방재학을 포함한다) 또는 소방안전공학(소방방재공학 및 안전공학을 포함한다) 분야에서 석사 이상 학위를 취득한 사람

라. 5년 이상 2급 소방안전관리대상물의 소방안전관리자로 근무한 실무경력이 있는 사람

마. 법 제34조 제1항 제1호에 따른 강습교육 중 이 영 제33조 제1호 및 제2호에 해당하는 사람을 대상으로 하는 강습교육을 수료한 사람

바. 2급 소방안전관리대상물의 소방안전관리자로 선임될 수 있는 자격을 갖춘 후 특급 또는 1급 소방안전관리대상물의 소방 안전관리보조자로 5년 이상 근무한 실무경력이 있는 사람

사. 2급 소방안전관리대상물의 소방안전관리자로 선임될 수 있는 자격을 갖춘 후 2급 소방안전관리대상물의 소방안전관리보 조자로 7년 이상 근무한 실무경력(특급 또는 1급 소방안전관리대상물의 소방안전관리보조자로 근무한 실무경력이 있는 경우에는 이를 포함하여 합산한다)이 있는 사람

아. 산업안전기사 또는 산업안전산업기사의 자격을 취득한 후 2년 이상 2급 소방안전관리대상물 또는 3급 소방안전관리대상물의 소방안전관리자로 근무한 실무경력이 있는 사람

자. 특급 소방안전관리대상물의 소방안전관리자 시험응시 자격이 인정되는 사람

※ "소방안전관리자로 근무한 실무경력"은 「화재의 예방 및 안전관리에 관한 법률」 제24조 제3항에 따라 소방안전관리자로 선임되어 근무한 경력은 제외함

「화재의 예방 및 안전관리에 관한 법률」

제24조(특정소방대상물의 소방안전관리)

③ 제1항에도 불구하고 제25조 제1항에 따른 소방안전관리대상물의 관계인은 소방안전관리업무를 대행하는 관리업자(「소방시설 설치 및 관리에 관한 법률」 제29조 제1항에 따른 소방시설관리업의 등록을 한 자를 말한다. 이하 "관리업자"라 한다)를 감독할 수 있는 사람을 지정하여 소방안전관리자로 선임할 수 있다. 이 경우 소방안전관리자로 선임된 자는 선임된 날부터 3개월 이내에 제34조에 따른 교육을 받아야 한다.

합격자 결정 및 발표

• 합격자 결정 : 매 과목 100점을 만점으로 하여 매 과목 40점 이상, 전 과목 평균 70점 이상 득점한 사람
• 합격자 발표 : 한국소방안전원 홈페이지에서 합격자 발표 조회

한국소방안전원 시 · 도지부 안내

• 대표번호 : 1899 - 4819
• 근무시간 : 09:00 ~ 18:00

지부(지역)	연락처	지부(지역)	연락처
서울지부(서울 영등포)	02-850-1378	서울동부지부(서울 신설동)	02-850-1392
부산지부(부산 금정구)	051-553-8423	대구경북지부(대구 중구)	053-431-2393
인천지부(인천 서구)	032-569-1971	울산지부(울산 남구)	052-256-9011
경기지부(수원 팔달구)	031-257-0131	경기북부지부(파주)	031-945-3118
대전충남지부(대전 대덕구)	042-638-4119	경남지부(창원 의창구)	055-237-2071
충북지구(청추 서원구)	043-237-3119	광주전남지부(광주 광산구)	062-942-6679
강원지부(횡성군)	033-345-2119	전북지부(전북 완주군)	063-212-8315
제주지부(제주시)	064-758-8047	-	

구성과 특징

핵심이론
시행처에서 가장 최근에 발표한 시험안내에 맞게 이론을 빠짐없이 구성하였습니다.

기출 키워드
빈출 핵심 키워드를 통해 최근 출제경향을 파악할 수 있습니다. 각 키워드와 연계된 중요이론을 놓치지 않고 학습할 수 있도록 하였습니다.

괄호문제
방금 학습한 이론에서 꼭 알아야 할 내용을 기반으로 괄호문제를 구성하였습니다. 이론의 핵심 포인트를 알고 중요개념을 확실히 학습할 수 있도록 하였습니다.

확인 OX문제
그동안 출제되었던 기출문제의 선지를 활용하여 OX문제를 구성하였습니다. 시험에서 자주 오답으로 출제되는 선지를 풀어보며 오답의 함정에서 벗어나는 연습을 할 수 있습니다.

CHAPTER 01

PART 01 소방관계법령

소방기본법

2% 출제율

출제포인트
- ...법의 목적
- ...종류
- ...안전원의 업무
- 소방대상물의 범위
- 소방대의 종류
- 벌칙과 과태료

기출 키워드
소방대상물, 관계인, 소방대, 소방대장, 소방활동구역의 출입자, 한국소방안전원

1. 목적(제1조)

(5) **소방대장(消防隊長)**
소방본부장, 소방서장 등 화재, 재난·재해, 그 밖의 위급한 상황이 발생한 현...
소방대를 지휘하는 사람

3. 소방활동 등

(1) **화재 등의 통지(제19조)**
① 화재 현장 또는 구조·구급이 필요한 사고 현장을 발견한 사람은 그 현장의 소방본부, 소방서 또는 관계 행정기관에 지체 없이 알려야 한다.[2]
② 다음의 어느 하나에 해당하는 지역 또는 장소에서 화재로 오인할 만한 우려 불을 피우거나 연막 소독을 하려는 자는 시·도의 조례로 정하는 바에 따 소방본부장 또는 소방서장에게 신고해야 한다.[3]
  ㉠ 시장지역
  ㉡ 공장·창고가 밀집한 지역
  ㉢ 목조건물이 밀집한 지역
  ㉣ 위험물의 저장 및 처리시설이 밀집한 지역
  ㉤ 석유화학제품을 생산하는 공장이 있는 지역
  ㉥ 그 밖에 시·도의 조례로 정하는 지역 또는 장소

(2) **관계인의 소방활동 등(제20조)**
① 소방대상물에 화재, 재난 및 재해가 발생한 경우 소방대가 현장에 도착할 때까지 경보를 울리거나 대피를 유도하는 등의 방법으로 사람을 구출하는 조치 또는 불을 끄거나 불이 번지지 않도록 필요한 조치를 해야 한다.
② 관계인은 소방대상물에 화재, 재난·재해, 그 밖의 위급한 상황이 발생한 이를 소방본부, 소방서 또는 관계 행정기관에 지체 없이 알려야 한다.

(3) **소방자동차의 우선 통행 등(제21조)**
① 모든 차와 사람은 소방자동차가 화재진압 및 구조·구급 활동을 위하여 출...때에는 이를 방해해서는 안 된다.[4]
② 소방자동차가 화재진압 및 구조·구급 활동을 위하여 출동하거나 훈련을 위하... 할 때에는 사이렌을 사용할 수 있다.
③ 모든 차와 사람은 소방자동차가 화재진압 및 구조·구급 활동을 위하여 ②... 사이렌을 사용하여 출동하는 경우에는 다음의 행위를 해서는 안 된다.

---

[2] 위를 위반하여 화재 또는 구조·구급이 필요한 상황을 거짓으로 알린 자는 500만 원 이하의 과태료에 처한다.
[3] 위에 따른 신고를 하지 않아 소방자동차를 출동하게 한 자는 20만 원 이하의 과태료에 처한다.
[4] 위의 규정을 위반하여 소방자동차의 출동을 방해한 사람은 5년 이하의 징역 또는 5천만 원 이하의 벌금에 처한다.

+ 괄호문제

다음 괄호 안에 알맞은 내용을 쓰시오.
① 소방대상물의 소유자, 관리자, 점유자를 ( )이라 한다.
② 소방본부장, 소방서장 등 화재, 재난·재해, 그 밖의 위급한 상황이 발생한 현장에서 소방대를 지휘하는 사람을 ( )이라 한다.

| 정답 |
① 관계인
② 소방대장

확인! OX

화재 등의 통지에 대한 설명이다. 옳으면 "○", 틀리면 "×"로 표시하시오.
1. 목조건물이 밀집한 지역에서 화재로 오인할 만한 우려가 있는 불을 피우거나 연막 소독을 하려는 자는 시·도지사에게 신고해야 한다.
( )

정답 1. X 2. O

| 해설 |
1. 소방본부장 또는 소방서장에게 신고해야 한다.

실전모의고사
풍부한 문제풀이는 합격으로 가는 지름길입니다.
특별부록으로 모의고사 7회분을 준비하였습니다.

TEST	Add+ 특별부록

01회 실전모의고사

01
☑ 확인
Check!
○

다음 [보기]에서 설명하는 소방안전관리자로 옳은 것은?

┌ 보기 ┐

03
☑ 확인
Check!
○

불이 번질 우려가 있는 소방대상물 및 토지의 강제처분을 방해한 자에 대한 벌칙은?

소화전함의 상단 부분을 나타낸
상태에 따른 현재 상황에 대한
은?   ✓신유형

29
☑ 확인
Check!
○
△
✕

주거용 주방자동소화장치의 설치기준으로 옳지 않은 것은?

① 감지부는 형식승인 받은 유효한 높이 및 위치에 설치해야 한다.
② 차단장치(전기 또는 가스)는 상시 확인 및 점검이 가능하도록 설치해야 한다.
③ 수신부는 주위의 열기류 또는 습기 등과 주위온도에 영향을 받지 않고 사용자가 상시 볼 수 있는 장소에 설치해야 한다.
④ 탐지부는 수신부와 분리하여 설치하되 공기보다 가벼운 가스를 사용하는 경우에는 바닥면으로부터 30cm 이하의 위치에 설치해야 한다.

해설
주거용 주방자동소화장치의 탐지부 위치 : 탐지부는 수신부와 분리하여 설치하되, 공기보다 가벼운 가스를 사용하는 경우에는 천장면으로부터 30cm 이하의 위치에 설치하고, 공기보다 무거운 가스를 사용하는 장소에는 바닥면으로부터 30cm 이하의 위치에 ~~해야 한다.

정답

31
☑ 확인
Check!
○
△
✕

① 지구경종이 작동되고 있음을 알 수 있다.
② 위치표시등이 점등되어 있으므로 화재 상황이다.
③ 펌프기동표시등이 점등된 것으로 보아 충압펌프가 작동되었을 것이다.
④ 발신기의 응답등이 소등상태이므로 발신기는 작동하지 않은 상태이다.

해설
① 지구경종의 작동 여부는 알 수 없다.
② 위치표시등은 소화전함의 위치를 알려주는 표시등으로 상시 점등상태이다. 따라서 화재 여부와는 관련이 없다.
③ 옥내소화전의 주펌프가 동작할 때 펌프기동표시등이 점등되지만, 충압펌프의 경우 점등되지 않는 경우가 많다.

정답 ④

32
☑ 확인
Check!

○ □
△ □
✕ □

알람밸브를 기준으로 1차와 2차 측 배관에 가압수가 차 있고, 화재 시 열에 의해 헤드가 개방되면 가압수가 즉시 살수되어 소화하는 스프링클러설비는?

① ~~식 스프링클러설비
② ~~식 스프링클러설비
③ ~~동식 스프링클러설비
④ ~~수식 스프링클러설비

30
☑ 확인
Check!
○
△
✕

주펌프와 충압펌프의 기동점과 정지점 ~~
낮은 값은?

① 주펌프의 기동점
② 주펌프의 정지점
③ 충압펌프의 기동점
④ 충압펌프의 정지점

해설
펌프의 기동점과 정지점

주펌프의 정지점	펌프의 양정을 압력으로 환산 예 양정 : 80m = 0.8MPa로 설정
충압펌프의 정지점	주펌프보다 0.05~0.1MPa 낮게 설정

정답 ①

~~러설비,

	밸브	배관
	알람밸브	• 1차 측 : 가압수
		• 2차 측 : 가압수

정답 ①

● **신유형**

소방관계법령의 개정으로 새로운 유형의 문제가 출제되고 있습니다. 적중 가능성 높은 신유형 문제를 수록하여 새롭게 출제된 문제의 유형을 익혀 시험장에서 처음 보는 문제들도 모두 맞힐 수 있도록 하였습니다.

● **확인 Check!**

○, △, ✕로 풀이 난이도를 체크해 보세요. 처음 학습할 때는 모든 문제를 풀어보고, 복습 시에는 △, ✕ 표시문제 위주로 풀어보는 것을 추천합니다.

● **해설**

제대로 한 번 익힌 해설, 열 이론 부럽지 않다! 모든 문제에 친절하고 똑똑한 해설을 담았습니다. 앞에서 표시한 △, ✕ 문제를 정확히 잡고 가세요!

목차

최 근 출 제 경 향 을 반 영 한

출 / 제 / 비 / 율

가장 빠른 합격을 위해 출제비율이
높은 부분을 중점적으로 학습하시길
바랍니다.

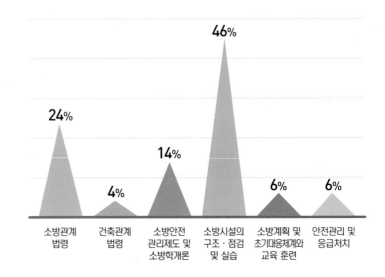

일러두기

화학용어 표기 안내

본 도서는 국립국어원 외래어 표기법과 대한화학회 명명법에 의거하여 화학명칭 등을 개정된 용어로 수정하였습니다

현재 용어	개정 용어
불소	플루오린
브롬	브로민
요오드	아이오딘
메탄	메테인
에탄	에테인
프로판	프로페인
부탄	뷰테인

※ 물질별 연소범위는 국가위험물통합정보시스템(https://hazmat.nfa.go.kr/) 정보를 기반으로 수록되었습니다.

개정법령 및 고시 · 기준 등 안내

소방관련법령의 잦은 개정으로 인해 도서의 내용이 달라질 수 있습니다. 자세한 사항은 법제처(www.moleg.go.kr) 및 대한민국 전자관보(www.gwanbo.go.kr)를 반드시 확인하시기 바랍니다.

무료 동영상 제공

혼자 공부하기 어려워하는 분들을 위해 저자의 무료 동영상 강의가 준비되어 있습니다. 동영상 강의는 유튜브 채널(소방쌤tv)에서 만날 수 있습니다.

※ 강의 순차적 업로드 예정

"소방안전관리자의 시작, 지금 시대에듀와 함께하세요"

P A R T 01

소방관계법령

소방기본법

4%
출제율

출제포인트
- 소방기본법의 목적
- 관계인의 종류
- 한국소방안전원의 업무
- 소방대상물의 범위
- 소방대의 종류
- 벌칙 및 과태료

기출 키워드

소방대상물, 관계인, 소방대, 소방대장, 소방활동구역의 출입자, 한국소방안전원

1. 목적(제1조)

(1) 화재를 **예방 · 경계** 및 **진압**

(2) 국민의 **생명 · 신체** 및 **재산을 보호**

(3) 공공의 안녕 및 질서유지와 **복리증진**에 이바지

(4) 화재, 재난 · 재해, 그 밖의 위급한 상황에서 **구조 · 구급활동**

2. 정의(제2조)

(1) **소방대상물**

건축물, 차량, 선박(**항구에 매어둔 선박만 해당**), 선박 건조 구조물, 산림, 그 밖의 인공 구조물 또는 물건

(2) **관계지역**

소방대상물이 있는 장소 및 그 이웃 지역으로 화재의 예방 · 경계 · 진압, 구조 · 구급 등의 활동에 필요한 지역

(3) **관계인**[1]

중요도★☆☆

소방대상물의 **소**유자, **관**리자, **점**유자

(4) **소방대(消防隊)**

중요도★★☆

화재를 진압하고 화재, 재난 · 재해, 그 밖의 위급한 상황에서 구조 · 구급활동 등을 위해 구성된 조직체
① 소방공무원
② 의무소방원(義務消防員)
③ 의용소방대원(義勇消防隊員)

---

1) 암기 Tip : 소관점

(5) 소방대장(消防隊長)

소방본부장, 소방서장 등 화재, 재난·재해, 그 밖의 위급한 상황이 발생한 현장에서 **소방대를 지휘하는 사람**

3. 소방활동 등

(1) 화재 등의 통지(제19조)

① 화재 현장 또는 구조·구급이 필요한 사고 현장을 발견한 사람은 그 현장의 상황을 소방본부, 소방서 또는 관계 행정기관에 지체 없이 알려야 한다.[2]

② 다음의 어느 하나에 해당하는 지역 또는 장소에서 화재로 오인할 만한 우려가 있는 불을 피우거나 연막 소독을 하려는 자는 시·도의 조례로 정하는 바에 따라 관할 소방본부장 또는 소방서장에게 신고해야 한다.[3]

    ㉠ 시장지역

    ㉡ 공장·창고가 밀집한 지역

    ㉢ 목조건물이 밀집한 지역

    ㉣ 위험물의 저장 및 처리시설이 밀집한 지역

    ㉤ 석유화학제품을 생산하는 공장이 있는 지역

    ㉥ 그 밖에 시·도의 조례로 정하는 지역 또는 장소

(2) 관계인의 소방활동 등(제20조)

① 소방대상물에 화재, 재난 및 재해가 발생한 경우 소방대가 현장에 도착할 때까지 경보를 울리거나 대피를 유도하는 등의 방법으로 사람을 구출하는 조치 또는 불을 끄거나 불이 번지지 않도록 필요한 조치를 해야 한다.

② 관계인은 소방대상물에 화재, 재난·재해, 그 밖의 위급한 상황이 발생한 경우에는 이를 소방본부, 소방서 또는 관계 행정기관에 지체 없이 알려야 한다.

(3) 소방자동차의 우선 통행 등(제21조)

① 모든 차와 사람은 소방자동차가 화재진압 및 구조·구급 활동을 위하여 출동을 할 때에는 이를 방해해서는 안 된다.[4]

② 소방자동차가 화재진압 및 구조·구급 활동을 위하여 출동하거나 훈련을 위하여 필요할 때에는 사이렌을 사용할 수 있다.

③ 모든 차와 사람은 소방자동차가 화재진압 및 구조·구급 활동을 위하여 ②에 따라 사이렌을 사용하여 출동하는 경우에는 다음의 행위를 해서는 안 된다.

---

2) 위를 위반하여 화재 또는 구조·구급이 필요한 상황을 거짓으로 알린 자는 500만 원 이하의 과태료에 처한다.

3) 위에 따른 신고를 하지 않아 소방자동차를 출동하게 한 자는 20만 원 이하의 과태료에 처한다.

4) 위의 규정을 위반하여 소방자동차의 출동을 방해한 사람은 5년 이하의 징역 또는 5천만 원 이하의 벌금에 처한다.

+ 괄호문제

다음 괄호 안에 알맞은 내용을 쓰시오.

① 소방대장은 화재, 재난·재해, 그 밖의 위급한 상황이 발생한 현장을 ( )구역으로 정할 수 있다.

② 소방대상물의 소유자, 관리자, 점유자를 의미하는 ( )은 소방활동구역에 출입이 가능하다.

| 정답 |
① 소방활동
② 관계인

㉠ 소방자동차에 진로를 양보하지 않는 행위

㉡ 소방자동차 앞에 끼어들거나 소방자동차를 가로막는 행위

㉢ 그 밖에 소방자동차의 출동에 지장을 주는 행위

④ ③의 경우를 제외하고 소방자동차의 우선 통행에 관하여는 「도로교통법」에서 정하는 바에 따른다.

(4) 소방활동구역의 설정(제23조)

① 소방대장은 화재, 재난·재해, 그 밖의 위급한 상황이 발생한 현장에 소방활동구역을 정하여 소방활동에 필요한 사람으로서 대통령령으로 정하는 사람 외에는 그 구역에 출입하는 것을 제한할 수 있다.

② 소방활동구역의 출입자(영 제8조)

㉠ 소방활동구역 안에 있는 소방대상물의 관계인(소유자, 관리자, 점유자)

㉡ 전기·가스·수도·통신·교통의 업무에 종사하는 사람으로서 원활한 소방활동을 위하여 필요한 사람

㉢ 의사·간호사 그 밖의 구조·구급업무에 종사하는 사람

㉣ 취재인력 등 보도업무에 종사하는 사람

㉤ 수사업무에 종사하는 사람

㉥ 그밖에 소방대장이 소방활동을 위하여 출입을 허가한 사람

4. 한국소방안전원

(1) 설립 목적(제40조)

① 소방기술과 안전관리기술의 향상 및 홍보

② 행정기관의 위탁업무(교육·훈련) 수행

③ 소방 관계 종사자의 기술 향상

확인! OX

한국소방안전원에 대한 설명이다. 옳으면 "○", 틀리면 "×"로 표시하시오.

1. 소방 관계인의 기술 향상을 위해 설립되었다. ( )

2. 소방용품에 대한 형식승인을 연구하고 조사한다. ( )

정답 1. X 2. X

| 해설 |
1. 소방 관계인이 아닌 소방 관계 종사자의 기술 향상을 위해 설립되었다.

2. 소방용품에 대한 형식승인을 연구하고 조사하는 것은 한국소방산업기술원의 업무이다.

(2) 안전원의 업무(제41조)   중요도★☆☆

① 소방기술과 안전관리에 관한 교육 및 조사·연구

② 소방기술과 안전관리에 관한 각종 간행물 발간

③ 화재예방과 안전관리의식 고취를 위한 대국민 홍보

④ 소방업무에 관하여 행정기관이 위탁하는 업무

⑤ 소방안전에 관한 국제협력

⑥ 그 밖에 회원에 대한 기술지원 등 정관으로 정하는 사항

5. 벌칙 및 과태료　　　　　　　　　　　　　　　　　　　　　중요도★★★

(1) 벌칙

① 5년 이하의 징역 또는 5천만 원 이하의 벌금(제50조)

　㉠ 위력(威力)을 사용하여 출동한 소방대의 화재진압·인명구조(구급활동) **방해**

　㉡ 소방대가 화재진압·인명구조(구급활동)를 위해 현장에 출동하거나 출입하는 것
　　을 **고의로 방해**

　㉢ 소방대원에게 폭행(협박)을 행사하여 화재진압·인명구조(구급활동) **방해**

　㉣ 소방대의 소방장비를 파손하거나 효용을 해치거나 화재진압·인명구조(구급활동) **방해**

　㉤ 소방자동차의 출동을 방해

　㉥ 다른 사람을 구출하는 일 또는 불을 끄거나 불이 번지지 않도록 하는 일을 방해한
　　사람

　㉦ 정당한 사유 없이 소방용수시설 또는 비상소화장치5)를 사용하거나 그 정당한
　　사용을 **방해**한 사람

② 3년 이하의 징역 또는 3천만 원 이하의 벌금(제51조) : 불이 번질 우려가 있는 소방
대상물 및 토지의 **강제처분(제25조 제1항)**을 방해한 자 또는 정당한 사유 없이 그
처분에 따르지 않은 자

③ 300만 원 이하의 벌금(제52조) : 제25조 제2항6) 및 제3항7)에 따른 처분을 방해한
자 또는 정당한 사유 없이 그 처분에 따르지 않은 자

④ 100만 원 이하의 벌금(제54조) : **정당한 사유 없이**

　㉠ 소방대의 **생활안전활동**을 방해한 자

　㉡ 소방대가 현장에 도착할 때까지 사람을 구출하는 조치 또는 불을 끄거나 불이
　　번지지 않도록 하는 조치를 하지 않은 소방대상물 관계인

　㉢ 피난명령을 위반한 자

　㉣ 긴급조치를 방해한 자

　㉤ 물의 사용이나 수도의 개폐장치를 사용 또는 조작하는 것을 방해한 자

개념 다지기　생활안전활동(제16조의3)

방치하면 국민의 생명과 재산이 위험해질 우려가 있는 경우 예방을 위해 소방기관에서 행하는
업무수행이다.
• 붕괴, 낙하 등이 우려되는 고드름, 나무, 위험 구조물 등의 제거 활동
• 위해동물, 벌, 등의 포획 및 퇴치 활동
• 끼임, 고립 등에 따른 위험 제거 및 구출 활동
• 단전사고 시 비상전원 또는 조명의 공급
• 그 밖에 방치하면 급박해질 우려가 있는 위험을 예방하기 위한 활동

---

5) 소방호스(소방용 호스릴 포함) 등을 소방용수시설에 연결하여 화재를 진압하는 시설이나 장치
6) 사람을 구출하거나 불이 번지는 것을 막기 위하여 긴급하다고 인정할 때에는 소방대상물 또는 토지를
　처분을 할 수 있다.
7) 소방활동을 위하여 긴급하게 출동할 때에는 소방자동차의 통행과 소방활동에 방해가 되는 주차 또는 정차
　된 차량 및 물건 등을 제거하거나 이동시킬 수 있다.

＋괄호문제

다음 괄호 안에 알맞은 내용을 쓰시오.

① 화재 또는 구조·구급이 필요한 상황을 (　)으로 알린 사람은 500만 원 이하의 과태료에 처한다.

② 소방자동차의 출동에 지장을 준 자는 (　)만 원 이하의 과태료에 처한다.

| 정답 |

① 거짓

② 200

(2) 양벌 규정(제55조)

법인의 대표자나 법인 또는 개인의 대리인, 사용인, 그 밖의 종업원이 그 법인 또는 개인의 업무에 관하여 위반행위를 하면 그 행위자를 벌하는 외에 그 법인 또는 개인에게도 해당 벌금형을 과(科)한다. 단, 양벌 규정이 부과될 수 있는 벌칙은 벌금형에만 적용된다.

(3) 과태료(제56조)

① 500만 원 이하

　㉠ 제19조 제1항[8])을 위반하여 화재 또는 구조·구급이 필요한 상황을 거짓으로 알린 사람

　㉡ 정당한 사유 없이 제20조 제2항[9])을 위반하여 화재, 재난·재해, 그 밖의 위급한 상황을 소방본부, 소방서 또는 관계 행정기관에 알리지 않은 관계인

> **개념 다지기**　거짓 신고
>
> 화재 또는 구조·구급이 필요한 상황을 거짓으로 알린 경우, 부과되는 최대 과태료가 200만 원에서 500만 원으로 2배 이상 늘어났다. 소방청은 「소방기본법 시행령」 개정안을 2021년 1월 19일에 공포하여 21일부터 시행했다.
> • 1회 : 200만 원
> • 2회 : 400만 원
> • 3회 이상 : 500만 원

② 200만 원 이하

　㉠ 소방활동구역을 출입한 사람

　㉡ 소방자동차의 출동에 지장을 준 자

　㉢ 한국소방안전원 또는 이와 유사한 명칭을 사용한 자

　㉣ 한국119청소년단 또는 이와 유사한 명칭을 사용한 자

　※ 119청소년단 : 안전에 대한 의식과 습관을 기르고 안전을 중시하는 건강한 어린이 육성을 목표로 1963년에 창단한 청소년단체이다. 현재, 유치부, 초등부, 중고등부, 대학부로 구성되어 있으며 각 시·도 소방본부에서 운영하고 있다.

확인! OX

양벌규정에 대한 설명이다. 옳으면 "○", 틀리면 "×"로 표시하시오.

1. 법인 또는 개인이 업무와 관련하여 범죄를 저지른 경우 실제로 범죄 행위를 한 사람 외에 관련 있는 법인 또는 사람에 대해서도 같은 형벌을 과하는 것을 중복제재라고 한다. (　)

2. 양벌규정이 부과될 수 있는 벌칙은 벌금형에만 적용된다. (　)

정답 1. X　2. O

| 해설 |

1. 양벌규정에 대한 설명이며, 중복제재란 같은 법적 사실에 대해 2번 이상의 법적 제재를 가하지 않는다는 원칙이다.

---

8) 화재 현장 또는 구조·구급이 필요한 사고 현장을 발견한 사람은 그 현장의 상황을 소방본부, 소방서 또는 관계 행정기관에 지체 없이 알려야 한다.

9) 관계인은 소방대상물에 화재, 재난·재해, 그 밖의 위급한 상황이 발생한 경우에는 이를 소방본부, 소방서 또는 관계 행정기관에 지체 없이 알려야 한다.

③ 100만 원 이하 : **소방자동차 전용구역**에 주차하거나 전용구역의 진입을 가로막는 등의 방해 행위를 한 자

[소방자동차 전용구역]

④ 20만 원 이하(제57조) : 아래의 지역 또는 장소에서 화재로 오인할 만한 우려가 있는 불을 피우거나 연막 소독을 실시하고자 하는 자가 신고를 하지 않아 소방자동차를 출동하게 한 자

ⓐ 시장지역

ⓑ 목조건물이 밀집한 지역

ⓒ 공장·창고가 밀집한 지역

ⓓ 위험물의 저장 및 처리시설이 밀집한 지역

ⓔ 석유화학제품을 생산하는 공장이 있는 지역

ⓕ 그 밖에 시·도의 조례로 정하는 지역 또는 장소

화재의 예방 및 안전관리에 관한 법률 (약칭 : 화재예방법)

출제포인트
- 화재안전조사의 주체와 실시대상
- 특정소방대상물의 선임대상물과 선임자격
- 벌칙 및 과태료
- 화재예방강화지구 지정지역
- 소방안전관리자의 선임과 선임신고 기간

기출 키워드

소방관서장, 화재안전조사, 화재예방강화지구, 특정소방대상물, 소방안전관리자 선임

1. 목적(제1조)

(1) 화재로부터 국민의 생명·신체 및 재산을 보호

(2) 공공의 안전과 복지 증진에 이바지

2. 정의(제2조)

(1) 예방

화재의 위험으로부터 사람의 생명·신체 및 재산을 보호하기 위하여 화재 발생을 사전에 제거하거나 방지하기 위한 모든 활동

(2) 안전관리

화재로 인한 피해를 최소화하기 위한 예방, 대비, 대응 등의 활동

(3) 화재안전조사   중요도★☆☆

소방대상물, 관계지역 또는 관계인에 대하여 소방시설 등이 소방 관계 법령에 적합하게 설치·관리되고 있는지, 소방대상물에 화재의 발생 위험이 있는지 등을 확인하기 위하여 실시하는 현장조사·문서열람·보고요구 등을 하는 활동

(4) 화재예방강화지구   중요도★☆☆

특별시장·광역시장·특별자치시장·도지사 또는 특별자치도지사가 화재 발생 우려가 크거나 화재가 발생할 때 피해가 클 것으로 예상되는 지역에 대하여 **화재의 예방 및 안전관리를 강화하기 위해 지정·관리하는 지역**

(5) 화재예방안전진단

화재가 발생할 때 사회·경제적으로 피해 규모가 클 것으로 예상되는 소방대상물에 대하여 **화재위험 요인을 조사하고 그 위험성을 평가하여 개선 대책을 수립**하는 것

3. 화재안전조사

중요도 ★☆☆

(1) 정의(제2조)

① 조사의 주체 : **소방청장, 소방본부장** 또는 **소방서장**(이하 "소방관서장")
② 조사의 객체 : 소방대상물, 관계지역 또는 관계인
③ 조사의 목적 : 소방시설 등[10]이 소방 관계 법령에 적합하게 설치·관리되고 있는지, 소방대상물에 화재의 발생 위험이 있는지 등을 확인하기 위함
④ 조사의 방법 : 실시하는 **현장조사·문서열람·보고요구** 등을 하는 활동

(2) 화재안전조사를 하는 경우(제7조)

① **자체점검**이 불성실하거나 불완전하다고 인정되는 경우
② 화재예방강화지구 등 **법령**에서 화재안전조사를 하도록 규정되어 있는 경우
③ 화재예방**안전진단**이 불성실하거나 불완전하다고 인정되는 경우
④ **국가적 행사 등** 주요 행사가 개최되는 장소 및 그 주변의 관계지역에 대하여 소방안전관리 실태를 조사할 필요가 있는 경우
⑤ **화재**가 자주 발생하였거나 발생할 우려가 뚜렷한 곳에 대한 조사가 필요한 경우
⑥ **재난예측정보**, 기상예보 등을 분석한 결과 소방대상물에 화재의 발생 위험이 크다고 판단되는 경우
⑦ 그 밖의 긴급한 상황이 발생할 경우 **인명** 또는 재산피해의 우려가 현저하다고 판단되는 경우

(3) 화재안전조사의 항목(영 제7조)

① 방염
② 화재의 예방조치 등
③ 소방안전관리 업무수행
④ 소방시설 등의 자체점검
⑤ 소방시설의 설치 및 관리
⑥ 피난계획의 수립 및 시행
⑦ 소방자동차 전용구역의 설치
⑧ 건설현장 임시소방시설의 설치 및 관리
⑨ 피난시설, 방화구획 및 방화시설의 관리
⑩ 「소방시설공사업법」[11]에 따른 시공, 감리 및 감리원의 배치
⑪ 소화, 통보, 피난 등의 훈련 및 소방안전관리에 필요한 교육
⑫ 「다중이용업소의 안전관리에 관한 특별법」, 「위험물안전관리법」 및 「초고층 및 지하연계 복합건축물 재난관리에 관한 특별법」의 안전관리

---

10) 소방시설(소경피활용) : **소화**설비, **경보**설비, **피난구조**설비, **소화활동**설비, 소화용수설비
소방시설 등 : 소방시설과 비상구, 그 밖의 소방 관련 시설로서 대통령령으로 정하는 것
11) 소방시설공사 및 소방기술의 관리에 필요한 사항을 규정한다.

＋괄호문제

다음 괄호 안에 알맞은 내용을 쓰시오.

① 화재안전조사의 주체는 소방청장, 소방본부장 또는 ( )으로 소방관서장이라 한다.
② 국가적 행사 등 주요 행사가 개최되는 장소 및 그 주변의 관계지역에 대하여 소방안전관리 실태를 조사할 필요가 있는 경우 ( )조사를 실시한다.

| 정답 |
① 소방서장
② 화재안전

확인! OX

화재안전조사에 대한 설명이다. 옳으면 "○", 틀리면 "×"로 표시하시오.

1. 화재안전조사의 주체는 소방청장, 소방본부장, 시·도지사로 소방관서장이라 한다.
( )
2. 화재가 자주 발생하였거나 발생할 우려가 뚜렷한 곳에 대한 조사가 필요한 경우 화재안전조사를 실시한다.
( )

정답 1. X 2. O

| 해설 |
1. 조사의 주체는 소방청장, 소방본부장, 소방서장이다.

⑬ 그 밖에 소방대상물에 화재의 발생 위험이 있는지 등을 확인하기 위해 소방관서장이 화재안전조사가 필요하다고 인정하는 사항

(4) 화재안전조사의 방법(영 제8조)

① 종합조사 : 화재안전조사 항목 **전부**를 확인하는 조사

② 부분조사 : 화재안전조사 항목 중 **일부**를 확인하는 조사

(5) 화재안전조사의 절차(영 제8조) 중요도★☆☆

① 소방관서장[12]은 조사계획을 **7일 이상** 공개해야 한다.

② 사전통지 없이 화재안전조사를 실시할 경우 화재안전조사를 실시하기 전 관계인에게 조사사유 및 조사범위 등을 **현장에서** 설명해야 한다.

③ 소방관서장은 화재안전조사를 위하여 소속 공무원으로 하여금 관계인에게 보고 또는 자료의 제출을 요구하거나 소방대상물의 위치, 구조, 설비 또는 관리 상황에 대한 **조사, 질문을 하게** 할 수 있다.

(6) 화재안전조사 결과에 따른 조치명령(제14조) 중요도★★☆

① 명령권자 : 소방관서장(소방청장, 소방본부장, 소방서장)

② 명령사항 : 소방대상물의 개수(改修), 이전, 제거, 사용의 금지 또는 제한, 사용폐쇄, 공사의 정지 또는 중지

4. 화재의 예방조치 등

(1) 화재예방강화지구의 금지행위(제17조) 중요도★☆☆

누구든지 화재예방강화지구 및 이에 준하는 대통령령으로 정하는 장소에서는 다음의 어느 하나에 해당하는 행위를 해서는 안 된다. 다만, 행정안전부령으로 정하는 바에 따라 안전조치를 한 경우에는 그렇지 않다.

① **모닥불**, 흡연 등 화기의 취급

② **풍등** 등 소형열기구 날리기

③ **용접 · 용단** 등 불꽃을 발생시키는 행위

④ 그 밖에 대통령령으로 정하는 **화재 발생 위험**이 있는 행위

(2) 소방관서장은 화재 발생 위험이 크거나 소화 활동에 지장을 줄 수 있다고 인정되는 행위나 물건에 대하여 관계인에게 금지 또는 제한 명령을 내릴 수 있다(제17조).

---

12) 소방청장, 소방본부장, 소방서장

(3) 화재예방강화지구(제18조)

① 지정 : 시 · 도지사

② 지정지역[13]

중요도★☆☆

    ㉠ **시**장지역

    ㉡ **위**험물의 저장 및 처리시설이 밀집한 지역

    ㉢ **공**장 · 창고가 밀집한 지역

    ㉣ **노**후 · 불량건축물이 밀집한 지역

    ㉤ **목**조건물이 밀집한 지역

    ㉥ **석**유화학제품을 생산하는 공장이 있는 지역

    ㉦ 「**산**업입지 및 개발에 관한 법률」에 따른 산업단지

    ㉧ **소**방시설 · 소방용수시설 또는 소방출동로가 없는 지역

    ㉨ 「**물**류시설의 개발 및 운영에 관한 법률」에 따른 **물**류단지

    ㉩ 소방관서장이 화재예방강화지구로 지정할 **필**요가 있다고 인정하는 지역

5. 특정소방대상물의 소방안전관리

(1) 특정소방대상물의 소방안전관리(제24조)

① 소방안전관리대상물의 관계인은 소방안전관리업무를 수행하기 위하여 소방안전관리자 자격증을 발급받은 사람을 소방안전관리자로 선임해야 한다.

② 다른 안전관리자(전기 · 가스 · 위험물 등의 안전관리 업무에 종사하는 자)는 소방안전관리대상물 중 소방안전관리업무의 전담이 필요한 대통령령으로 정하는 소방안전관리대상물의 소방안전관리자를 겸할 수 없다.

③ 소방안전관리대상물의 관계인은 소방안전관리업무를 대행하는 관리업자를 감독할 수 있는 사람을 지정하여 소방안전관리자로 선임할 수 있다. 이 경우 소방안전관리자로 선임된 자는 선임된 날부터 3개월 이내에 교육을 받아야 한다.

(2) 소방안전관리자의 선임신고 등(제26조)

중요도★★★

① 소방안전관리대상물의 관계인은 소방안전관리자 또는 소방안전관리보조자를 30일 이내에 선임해야 한다(규칙 제14조).

② 소방안전관리대상물의 관계인은 소방안전관리자 또는 소방안전관리보조자를 선임한 경우 선임한 날부터 14일 이내에 소방본부장 또는 소방서장에게 신고하고, 소방안전관리대상물의 출입자가 쉽게 알 수 있도록 소방안전관리자의 성명과 그 밖에 행정안전부령으로 정하는 사항을 게시해야 한다.

---

13) 암기 Tip : 시위공노목석산소물필

+ 괄호문제

다음 괄호 안에 알맞은 내용을 쓰시오.

① 화재예방강화지구의 지정권자는 ( )이다.

② 화재예방강화지구의 지정지역으로서 소방시설 · 소방용수시설 또는 ( )가 없는 지역이 있다.

| 정답 |

① 시 · 도지사

② 소방출동로

확인! OX

소방안전관리자의 선임신고 등에 대한 설명이다. 옳으면 "○", 틀리면 "×"로 표시하시오.

1. 소방안전관리대상물의 관계인은 소방안전관리자 또는 소방안전관리보조자를 30일 이내에 선임해야 한다.

        ( )

2. 소방안전관리대상물의 관계인은 소방안전관리자 또는 소방안전관리보조자를 선임한 경우 선임한 날부터 7일 이내에 소방본부장 또는 소방서장에게 신고한다.

        ( )

정답 1. ○ 2. ×

| 해설 |

2. 14일 이내에 소방본부장 또는 소방서장에게 신고한다.

다음 괄호 안에 알맞은 내용을 쓰시오.

① 지상층의 층수가 ( )층 이상인 1급 소방안전관리대상물은 소방안전관리업무의 대행이 가능하다.
② 연면적 ( )m² 이상인 특정소방대상물과 아파트는 소방안전관리 업무의 대행이 불가능하다.

| 정답 |
① 11
② 15,000

③ 소방안전관리대상물의 관계인이 소방안전관리자 또는 소방안전관리보조자를 해임한 경우에는 그 관계인 또는 해임된 소방안전관리자 또는 소방안전관리보조자는 소방본부장이나 소방서장에게 그 사실을 알려 해임한 사실의 확인을 받을 수 있다.

선임	선임신고	신고대상
30일 이내	14일 이내	소방본부장 또는 소방서장

※ 소방안전관리자의 선임연기 신청 : 2급, 3급 및 소방안전관리보조자를 선임해야 하는 소방안전관리대상물의 관계인

6. 관계인 및 소방안전관리자의 업무(제24조)　중요도★★☆

특정소방대상물 관계인의 업무	소방안전관리대상물 소방안전관리자의 업무
① 화기취급의 감독 ② 화재 발생 시 초기대응 ③ 피난시설, 방화구획 및 방화시설의 관리 ④ 소방시설이나 그 밖의 소방 관련 시설의 관리 ⑤ 그 밖에 소방안전관리에 필요한 업무	① 화기취급의 감독 ② 화재 발생 시 초기대응 ③ 피난시설, 방화구획 및 방화시설의 관리 ④ 소방시설이나 그 밖의 소방 관련 시설의 관리 ⑤ 그 밖에 소방안전관리에 필요한 업무 ⑥ 소방훈련 및 교육 ⑦ **자위소방대** 및 **초기대응체계**의 구성, 운영 및 교육 ⑧ 피난계획에 관한 사항과 대통령령으로 정하는 사항이 포함된 **소방계획서**의 작성 및 시행 ⑨ 소방안전관리에 관한 업무수행에 관한 기록·유지 (①, ③, ④)

7. 소방안전관리업무의 대행(제25조, 영 제28조)

(1) 소방안전관리업무의 대행 대상물(작은 건물)[14]　중요도★★☆

① 지상층의 층수가 11층 이상인 1급 소방안전관리대상물(연면적 15,000m² 이상인 특정소방대상물과 아파트는 제외한다)
② 2급 소방안전관리대상물
③ 3급 소방안전관리대상물

구분 종류	특급	1급	2급	3급
아파트	전체	전체	전체	전체
일반		연면적 15,000m² 이상 지상층의 층수가 11층 이상		

확인! OX

특정소방대상물의 관계인과 소방안전관리자의 업무에 대한 설명이다. 옳으면 "○", 틀리면 "×"로 표시하시오.

1. 관계인과 소방안전관리자는 화기취급의 감독을 하고 화재 발생 시 초기대응을 해야 한다. ( )
2. 관계인은 피난계획이 포함된 소방계획서를 작성하고 시행해야 한다. ( )

정답 1. ○ 2. ×

| 해설 |
2. 소방계획서의 작성 및 시행은 소방안전관리자의 업무이다.

(2) 대통령령으로 정하는 업무

① 피난시설, 방화구획 및 방화시설의 관리
② 소방시설이나 그 밖의 소방 관련 시설의 관리

---

14) 특급 소방안전관리대상물, 1급 소방안전관리대상물 중 아파트와 연면적 15,000m² 이상인 경우 업무대행이 불가하다.

8. 벌칙 및 과태료(제50조~제52조)　중요도★★★

(1) 벌칙

① 3년 이하의 징역 또는 3천만 원 이하의 벌금
  ㉠ 화재안전조사 결과에 따른 조치명령을 정당한 사유 없이 위반한 자
  ㉡ 화재예방안전진단 결과에 따른 보수·보강 등의 조치명령을 정당한 사유 없이 위반한 자

② 1년 이하의 징역 또는 1천만 원 이하의 벌금
  ㉠ 소방안전관리자 자격증을 다른 사람에게 빌려주거나 빌리거나 이를 알선한 자
  ㉡ 화재예방안전진단[15]을 받지 않은 자

③ 300만 원 이하의 벌금
  ㉠ 화재안전조사를 정당한 사유 없이 거부·방해·기피한 자
  ㉡ 화재예방조치에 따른 명령을 정당한 사유 없이 따르지 않거나 방해한 자
  ㉢ 소방안전관리자, 총괄소방안전관리자, 소방안전관리보조자를 선임하지 않은 자
  ㉣ 소방시설·피난시설·방화시설 및 방화구획 등이 법령에 위반된 것을 발견하였음에도 필요한 조치를 할 것을 요구하지 않은 소방안전관리자
  ㉤ 소방안전관리자에게 불이익한 처우를 한 관계인

(2) 과태료

① 300만 원 이하
  ㉠ 화재의 예방조치를 위반하여 화기취급 등을 한 자
  ㉡ 특정소방대상물 소방안전관리를 위반하여 소방안전관리자를 겸한 자
  ㉢ 건설현장 소방안전관리를 위반하여 건설현장 소방안전관리대상물의 소방안전관리자의 업무를 하지 않은 경우
  ㉣ 소방안전관리업무를 하지 않은 특정소방대상물의 관계인 또는 소방안전관리대상물의 소방안전관리자
  ㉤ 피난유도 안내정보를 제공하지 않은 자
  ㉥ 소방훈련 및 교육을 하지 않은 자

② 200만 원 이하
  ㉠ 선임신고를 하지 않은 경우(1개월 미만 : 50만 원, 1개월 이상 3개월 미만 : 100만 원, 3개월 이상 또는 미신고 : 200만 원)
  ㉡ 소방안전관리자의 성명 등을 게시하지 않음(1차 위반 : 50만 원, 2차 위반 : 100만 원, 3차 위반 : 200만 원)

③ 100만 원 이하 : 실무교육을 받지 않은 소방안전관리자 및 소방안전관리보조자(50만 원)

---

15) 화재가 발생할 경우 사회·경제적으로 피해 규모가 클 것으로 예상되는 소방대상물에 대하여 화재위험요인을 조사하고 그 위험성을 평가하여 개선대책을 수립하는 것을 의미한다.

+ 괄호문제

다음 괄호 안에 알맞은 내용을 쓰시오.
① 소방안전관리자의 성명 등을 게시하지 않을 경우 200만 원 이하의 (　)를 부과한다.
② 화재의 예방조치를 위반하여 화기취급 등을 한 자는 (　)만 원 이하의 과태료에 처한다.

| 정답 |
① 과태료
② 300

확인! OX

과태료에 대한 설명이다. 옳으면 "○", 틀리면 "×"로 표시하시오.
1. 피난유도 안내정보를 제공하지 않은 자는 300만 원 이하의 벌금에 처한다. (　)
2. 소방안전관리자 선임신고를 3개월 이상 또는 미신고 시 200만 원 이하의 과태료가 부과된다. (　)

정답 1. X　2. O

| 해설 |
1. 300만 원 이하의 과태료이다.

소방시설 설치 및 관리에 관한 법률
(약칭 : 소방시설법)

출제포인트

• 소방시설의 종류
• 방염 대상이 되는 물품
• 벌칙 및 과태료

• 무창층의 구비조건
• 작동점검과 종합점검의 점검시기

기출 키워드

소방시설, 피난층, 무창층, 방염,
작동점검, 종합점검

1. 목적(제1조)

(1) 특정소방대상물 등에 설치해야 하는 소방시설 등의 설치·관리와 소방용품 성능관리에 필요한 사항을 규정함으로써 국민의 생명·신체 및 **재산을 보호**한다.

(2) **공공의 안전**과 **복리증진**에 이바지한다.

2. 정의(제2조, 영 제2조)

(1) **소방시설**[16]　　　　　　　　　　　　　　　　　　　중요도★☆☆

　　소화설비, **경**보설비, **피**난구조설비, 소화**활**동설비, 소화**용**수설비

(2) **소방시설 등**

　　소방시설과 비상구(非常口), 그 밖의 소방 관련 시설

(3) **특정소방대상물**

　　건축물 등의 규모·용도 및 수용인원 등을 고려하여 소방시설을 설치해야 하는 소방대상물

　　※ 특정소방대상물은 소방시설을 설치해야 하는 대상물이고, 소방안전관리대상물은 안전관리자 선임대상물을 의미한다.

(4) **화재안전성능**

　　화재를 예방하고 화재발생 시 피해를 최소화하기 위하여 소방대상물의 재료, 공간 및 설비 등에 요구되는 안전성능

(5) **성능위주설계**

　　건축물 등의 재료, 공간, 이용자, 화재 특성 등을 종합적으로 고려하여 공학적 방법으로 화재 위험성을 평가하고 그 결과에 따라 화재안전성능이 확보될 수 있도록 특정소방대상물을 설계하는 것

---

16) 암기 Tip : 소경피활용

(6) 화재안전기준[17]

① 화재안전성능기준(NFPC ; National Fire Perpormance Code) : 화재안전 확보를 위하여 재료, 공간 및 설비 등에 요구되는 안전성능으로서 소방청장이 고시로 정하는 기준

② 화재안전기술기준(NFTC ; National Fire Technology Code) : 성능기준을 충족하는 상세한 규격, 특정한 수치 및 시험방법 등에 관한 기준으로서 행정안전부령으로 정하는 절차에 따라 소방청장의 승인을 받은 기준

(7) 소방용품

소방시설 등을 구성하거나 소방용으로 사용되는 제품 또는 기기

(8) 피난층[18]

곧바로 **지**상으로 갈 수 있는 **출**입구가 있는 층

(9) 무창층(無窓層)   중요도★★☆

개구부 면적의 합계가 해당 층 바닥면적의 1/30 이하가 되는 층

① 크기는 **지름 50cm 이상**의 원이 통과할 수 있을 것

② 해당 층의 바닥면으로부터 개구부 밑부분까지의 높이가 **1.2m 이내**일 것

③ 도로 또는 차량이 진입할 수 있는 **빈터를 향할 것**

④ 화재 시 건축물로부터 쉽게 피난할 수 있도록 창살이나 그 밖의 장애물이 설치되지 않을 것

⑤ 내부 또는 외부에서 쉽게 부수거나 열 수 있을 것

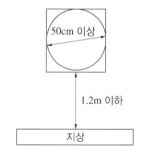

3. 건축허가 등의 동의 등(제6조, 규칙 제3조)

(1) 대상

건축물 등의 신축 · 증축 · 개축 · 재축(再築) · 이전 · 용도변경 또는 대수선(大修繕)의 허가 · 협의 및 사용승인

---

17) 국가화재안전기준(NFSC)이 성능기준(NFPC)과 기술기준(NFTC)으로 분리됨(2022.12.01. 개정)
18) 암기 Tip : 곧지출

+ 괄호문제

다음 괄호 안에 알맞은 내용을 쓰시오.

① 곧바로 지상으로 갈 수 있는 출입구가 있는 층을 (   )이라고 한다.

② 무창층에서 개구부의 크기는 지름 50cm (   )의 원이 통과할 수 있어야 하고, 바닥면으로부터 개구부 밑부분까지의 높이는 1.2m (   )여야 한다.

| 정답 |
① 피난층
② 이상, 이내

확인! OX

정의에 대한 설명이다. 옳으면 "○", 틀리면 "×"로 표시하시오.

1. 소방시설의 종류에는 소화설비, 경보설비, 피난구조설비, 소화활동설비, 소화용수설비가 있다.   (   )
2. 특정소방대상물은 안전관리자 선임대상물을 의미한다.   (   )

정답 1. ○   2. X

| 해설 |
2. 특정소방대상물은 소방시설을 설치해야 하는 대상물이고, 소방안전관리대상물은 안전관리자 선임대상물을 의미한다.

① 건축허가 등의 동의 요구를 받은 소방본부장 또는 소방서장은 건축허가 등의 동의 요구서류를 접수한 날부터 ( )일 이내에 건축허가 등의 동의 여부를 회신해야 한다.
② 층수가 ( )층 이상인 건축물은 건축허가 등의 동의 대상물이다.

| 정답 |
① 5
② 6

---

(2) 동의권자

건축물 등의 시공지(施工地) 또는 소재지를 관할하는 소방본부장이나 소방서장

(3) 동의절차　　　　　　　　　　　　　　　　　중요도★★★

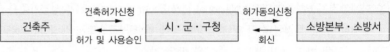

① 동의여부 회신 : 5일 이내(특급대상물은 10일 이내)
② 보완이 필요한 경우 : 4일 이내 기간을 정하여 보완 요구 가능
③ 취소 통보 : 허가기관에서 건축허가 등의 취소 시 7일 이내 소방본부장 또는 소방서장에게 통보

(4) 건축허가 등의 동의 대상물(영 제7조)　　　　중요도★★★

① 연면적이 400m^2 이상인 건축물이나 시설

　㉠ 학교시설 : 100m^2

　㉡ 노유자시설 및 수련시설 : 200m^2

　㉢ 정신의료기관[19], 장애인 의료재활시설 : 300m^2

② 지하층 또는 무창층이 있는 건축물로서 바닥면적이 150m^2(공연장의 경우 100m^2) 이상인 층이 있는 것

③ 차고・주차장 또는 주차 용도로 사용되는 시설

　㉠ 차고・주차장으로 사용되는 바닥면적이 200m^2 이상인 층이 있는 건축물이나 주차시설

　㉡ 승강기 등 기계장치에 의한 주차시설로서 자동차 20대 이상을 주차할 수 있는 시설

④ 층수가 6층 이상인 건축물

⑤ 항공기 격납고, 관망탑, 항공관제탑, 방송용 송수신탑

⑥ 공동주택, 의원(입원실이 있는 것)・조산원・산후조리원, 숙박시설, 위험물 저장 및 처리 시설, 발전시설 중 풍력발전소・전기저장시설, 지하구(地下溝)

⑦ 공장 또는 창고시설로서 750배 이상의 특수가연물을 저장・취급하는 것

> **개념 다지기**　주택에 설치하는 소방시설(제10조)
>
> 다음 주택의 소유자는 소화기 등 대통령령으로 정하는 소방시설(주택용 소방시설 : 단독경보형 감지기)을 설치해야 한다.
> • 단독주택
> • 공동주택(아파트 및 기숙사 제외)

건축허가 등의 동의 대상물에 대한 설명이다. 옳으면 "○", 틀리면 "×"로 표시하시오.

1. 노유자시설 및 수련시설로서 연면적 100m^2 이상인 건축물은 건축허가 등의 동의 대상물이다.　( )
2. 지하층 또는 무창층이 있는 건축물로 바닥면적이 150m^2 이상인 층이 있는 경우 건축허가 등의 동의 대상물이다.　( )

정답　1. X　2. O

| 해설 |
1. 노유자시설 및 수련시설로서 연면적 200m^2 이상인 건축물은 건축허가 등의 동의 대상물이다.

---

19) 입원실이 없는 정신건강의학과 의원은 제외한다.

4. 특정소방대상물에 설치하는 소방시설의 관리 등

(1) 특정소방대상물에 설치하는 소방시설의 관리(제12조)

① 특정소방대상물의 관계인은 대통령령으로 정하는 소방시설을 화재안전기준에 따라 설치·관리해야 한다.

② 특정소방대상물의 관계인은 ①에 따라 소방시설을 설치·관리하는 경우 화재 시 소방시설의 기능과 성능에 지장을 줄 수 있는 폐쇄(잠금)·차단 등의 행위를 해서는 안 된다. 다만, 소방시설의 점검·정비를 위하여 필요한 경우 폐쇄·차단은 할 수 있다.

(2) 피난시설, 방화구획 및 방화시설의 관리(제16조) 〔중요도★★☆〕

① 특정소방대상물의 관계인은 피난시설, 방화구획 및 방화시설에 대하여 정당한 사유가 없는 한 다음의 행위를 해서는 안 된다.

㉠ 피난시설, 방화구획 및 방화시설을 폐쇄하거나 훼손하는 등의 행위

㉡ 피난시설, 방화구획 및 방화시설의 주위에 물건을 쌓아두거나 장애물을 설치하는 행위

㉢ 피난시설, 방화구획 및 방화시설의 용도에 장애를 주거나 「소방기본법」 제16조에 따른 소방활동에 지장을 주는 행위

㉣ 그 밖에 피난시설, 방화구획 및 방화시설을 변경하는 행위

② 소방본부장이나 소방서장은 특정소방대상물의 관계인이 ①의 어느 하나에 해당하는 행위를 한 경우에는 피난시설, 방화구획 및 방화시설의 관리를 위하여 필요한 조치를 명할 수 있다.

5. 방염(KC인증)[20] 〔중요도★★★〕

(1) 특정소방대상물의 방염(제20조)

특정소방대상물에 실내장식 등의 목적으로 설치 또는 부착하는 물품으로서(이하 "방염대상물품") 방염성능기준 이상의 것으로 설치해야 한다.

(2) 방염성능기준 이상의 실내장식물 등을 설치해야 하는 대상(영 제30조)

① 근린생활시설 중 의원, 치과의원, 한의원, 조산원, 산후조리원, 체력단련장, 공연장 및 종교집회장

② 건축물의 옥내에 있는 시설

㉠ 문화 및 집회시설

㉡ 종교시설

㉢ 운동시설(수영장은 제외)

③ 의료시설

④ 교육연구시설 중 합숙소

---

20) KS인증은 제품의 품질을, KC마크는 제품의 안전성을 인증해 주는 것으로 강제적인 의미가 있다.

+ 괄호문제

다음 괄호 안에 알맞은 내용을 쓰시오.

① 특정소방대상물의 ( )은 대통령령으로 정하는 소방시설을 화재안전기준에 따라 설치·관리해야 한다.

② 소방시설을 설치·관리하는 경우 ( ) 시 소방시설의 기능과 성능에 지장을 줄 수 있는 폐쇄(잠금)·차단 등의 행위를 해서는 안 된다.

| 정답 |
① 관계인
② 화재

확인! OX

방염성능기준 이상의 실내장식물 등을 설치해야 하는 대상에 대한 설명이다. 옳으면 "○", 틀리면 "×"로 표시하시오.

1. 근린생활시설 중 의원, 치과의원, 한의원, 조산원, 산후조리원, 체력단련장, 공연장 및 종교집회장은 방염성능기준 이상의 실내장식물 등을 설치해야 하는 대상이다.
(   )

2. 건축물의 옥내에 있는 시설 중 종교시설과 수영장은 방염성능기준 이상의 실내장식물 등을 설치해야 하는 대상이다.
(   )

정답 1. ○ 2. ×

| 해설 |
2. 수영장은 제외 대상이다.

⑤ 노유자시설

⑥ 숙박이 가능한 수련시설

⑦ 숙박시설

⑧ 방송통신시설 중 방송국 및 촬영소

⑨ 다중이용업의 영업소

⑩ ①부터 ⑨까지의 시설에 해당하지 않는 것으로서 층수가 11층 이상인 것(아파트 등은 제외)

(3) 방염 대상이 되는 물품(영 제31조)

① **제조 또는 가공공정에서 방염처리를 한 물품**

㉠ 창문에 설치하는 커튼류(**블라인드 포함**)

㉡ 카펫/두께가 2mm 미만인 벽지류(**종이벽지 제외**)

㉢ 전시용 합판·목재 또는 섬유판

㉣ 무대용 합판·목재 또는 섬유판

㉤ 암막, 무대막(영화상영관, 골프연습장의 스크린 포함)

㉥ 섬유류 또는 합성수지류 등이 원료인 소파, 의자(단란주점영업, 유흥주점영업, 노래연습장업만 해당)

② **건축물 내부 천장이나 벽에 부착하거나 설치하는 것**

㉠ **종이류(두께 2mm 이상)**, 합성수지류 또는 섬유류를 주원료로 한 물품

㉡ 합판이나 목재

㉢ 공간을 구획하기 위하여 설치하는 간이 칸막이(접이식 등 이동 가능한 벽체)

㉣ 흡음이나 방음을 위하여 설치하는 흡음재 또는 방음재(커튼 포함)

[예외] 가구류(옷장, 찬장, 식탁, 식탁용 의자, 사무용 책상, 사무용 의자, 계산대 등)와 너비 10cm 이하인 반자돌림대 등과 「건축법」의 내부 마감재료는 제외

6. 소방시설 등의 자체점검(규칙 별표 3)

중요도★★★

구분	작동점검	종합점검
정의	소방시설 등을 인위적으로 조작하여 정상적으로 작동하는지를 점검	작동점검을 포함하여 소방시설 등의 설비별 주요 구성 부품의 구조기준이 화재안전기준과 「건축법」 등 관련 법령에서 정하는 기준에 적합한지를 점검
점검대상	1·2·3급 소방안전관리대상물(소방안전관리자를 선임한 모든 대상물)	• 스프링클러설비가 설치된 특정소방대상물 • 물분무등소화설비 설치대상 + 연면적 5,000m² 이상 • 다중이용업[21]의 영업장이 설치된 소방대상물 + 연면적 2,000m² 이상 • 제연설비가 설치된 터널 • 옥내소화전설비 또는 자동화재탐지설비가 설치된 공공기관 + 연면적 1,000m² 이상

---

21) 단란주점영업, 유흥주점영업, 비디오물 감상실업, 복합영상물 제공업, 노래연습장업, 산후조리업, 고시원업, 안마시술소

구분	작동점검	종합점검
점검제외 대상	• 위험물제조소 등 • 특급 소방안전관리대상물(1년에 2회 종합점검만 실시)	• 위험물제조소 • 소방대가 근무하는 공공기관
점검인력	소방안전관리자로 선임된 소방시설관리사 및 소방기술사, 특급점검자, 관리업에 등록된 소방시설관리사	관리업에 등록된 소방시설관리사, 소방안전관리자로 선임된 소방시설관리사 및 소방기술사
점검시기 (연 1회) [예외] 특급은 반기에 1회 이상	• 종합점검대상 : 종합점검을 받은 달부터 6개월이 되는 달에 실시 • 소방안전관리대상물(종합점검대상 외) : 건축물의 사용승인일이 속하는 달의 말일까지 실시(사용승인일 기준)	• (최초점검)신축 건축물은 사용승인일로부터 60일 이내(3급 대상 포함) → 신축 건축물은 최초점검 실시 후 다음 해부터 실시 • 건축물의 사용승인일이 속하는 달까지 실시 • 학교의 경우 건축물의 사용승인일이 1~6월 사이에 있는 경우 6월 30일까지 • 하나의 대지경계선 안에 점검대상이 2개인 경우 사용승인일이 빠른 건축물의 사용승인일
보고서 제출	자체검검이 끝난 날부터 15일 이내 소방서장에게 제출	자체점검이 끝난 날부터 15일 이내 소방서장에게 제출

개념 다지기 자체점검 결과의 게시(규칙 제25조)

소방본부장 또는 소방서장에게 자체점검 결과 보고를 마친 관계인은 보고한 날부터 10일 이내에 소방시설 등 자체점검기록표를 작성하여 특정소방대상물의 출입자가 쉽게 볼 수 있는 장소에 30일 이상 게시해야 한다.

소방시설 등 자체점검기록표

• 대상물명 :
• 주　　소 :
• 점검구분 :　　　　　[　] 작동점검　　　　[　] 종합점검
• 점 검 자 :
• 점검기간 :　　　　년　　월　　일　 ~ 　년　　월　　일
• 불량사항 : [　] 소화설비　　[　] 경보설비　　[　] 피난구조설비
　　　　　　 [　] 소화용수설비 [　] 소화활동설비 [　] 기타설비　[　] 없음
• 정비기간 :　　　　년　　월　　일　 ~ 　년　　월　　일

　　　　　　　　　　　　　　　　　　　년　　월　　일

「소방시설 설치 및 관리에 관한 법률」 제24조 제1항 및 같은 법 시행규칙 제25조에 따라 소방시설 등 자체점검결과를 게시합니다.

[소방시설 등 자체점검기록표]

+ 괄호문제

다음 괄호 안에 알맞은 내용을 쓰시오.
① 소방시설 등의 자체점검에서 최초점검이란 신축 건축물의 사용승인일로부터 (　)일 이내 점검하는 것을 말한다.
② 1·2·3급 소방안전관리대상물은 (　)점검 대상물이다.

| 정답 |
① 60
② 작동

확인! OX

소방시설 등의 자체점검에 대한 설명이다. 옳으면 "○", 틀리면 "✕"로 표시하시오.

1. 소방시설 등의 자체점검에는 작동점검과 종합점검이 있다.
(　)
2. 작동점검 제외 대상에는 위험물제조소와 소방대가 근무하는 공공기관이 있다.
(　)

정답 1. ○ 2. ✕

| 해설 |
2. 위험물제조소와 소방대가 근무하는 공공기관은 종합점검 제외 대상이다.

7. 벌칙 및 과태료　　중요도★★★

(1) 벌칙

① 5년 이하의 징역 또는 5천만 원 이하의 벌금(제56조) : 소방시설에 폐쇄·차단 등의 행위를 한 자

　㉠ 상해 시 : 7년 이하의 징역 또는 7천만 원 이하의 벌금

　㉡ 사망 시 : 10년 이하의 징역 또는 1억 원 이하의 벌금

② 3년 이하의 징역 또는 3천만 원 이하의 벌금(제57조)

　㉠ 관리업의 등록을 하지 않고 영업을 한 자

　㉡ 소방용품의 형식승인을 받지 않고 소방용품을 제조하거나 수입한 자 또는 거짓이나 그 밖의 부정한 방법으로 형식승인을 받은 자

　㉢ 제품검사를 받지 않은 자 또는 거짓이나 그 밖의 부정한 방법으로 제품검사를 받은 자

　㉣ 거짓이나 그 밖의 부정한 방법으로 성능인증 또는 제품검사를 받은 자

　㉤ 제품검사를 받지 않거나 합격표시를 하지 않은 소방용품을 판매·진열하거나 소방시설공사에 사용한 자

　㉥ 거짓이나 그 밖의 부정한 방법으로 전문기관으로 지정을 받은 자

　㉦ 소방용품을 판매·진열하거나 소방시설공사에 사용한 자

③ 1년 이하의 징역 또는 1천만 원 이하의 벌금(제58조) : 소방시설의 자체점검을 실시하지 않거나 관리업자 등으로 하여금 정기적으로 점검하게 하지 않은 자

④ 300만 원 이하의 벌금(제59조) : 자체점검 결과 소화펌프 고장 등 중대위반사항이 발견된 경우 필요한 조치를 하지 않은 관계인 또는 관계인에게 중대위반사항을 알리지 않은 관리업자 등

(2) 과태료

① 300만 원 이하(제61조)

　㉠ **소방시설**을 화재안전기준에 따라 설치·관리하지 않은 자

　㉡ 공사 현장에 **임시소방시설**을 설치·관리하지 않은 자

　㉢ **피난시설, 방화구획(방화시설)**의 폐쇄·훼손·변경 등의 행위를 한 경우

　　• 1차 위반 : 100만 원

　　• 2차 위반 : 200만 원

　　• 3차 이상 위반 : 300만 원

　㉣ 방염대상물품을 방염성능기준 이상으로 설치하지 않은 자

　㉤ 점검능력 평가를 받지 않고 점검을 한 관리업자

　㉥ 관계인에게 **점검결과**를 제출하지 않은 관계업자 등

　㉦ 점검인력의 배치기준 등 자체점검 시 준수사항을 위반한 자

ⓞ 점검결과를 보고하지 않거나 거짓으로 보고한 경우

- 지연 보고 기간이 10일 미만인 경우 : 50만 원
- 지연 보고 기간이 10일 이상 1개월 미만인 경우 : 100만 원
- 지연 보고 기간이 1개월 이상이거나 보고하지 않은 경우 : 200만 원
- 점검 결과를 축소·삭제하는 등 거짓으로 보고한 경우 : 300만 원

ⓩ **자체점검 이행계획**을 기간 내에 완료하지 않은 경우 또는 이행계획 완료 결과를 보고하지 않거나 거짓으로 보고한 경우

- 지연 완료 기간 또는 지연 보고 기간이 10일 미만인 경우 : 50만 원
- 지연 완료 기간 또는 지연 보고 기간이 10일 이상 1개월 미만인 경우 : 100만 원
- 지연 완료 기간 또는 지연 보고 기간이 1개월 이상이거나, 완료 또는 보고를 하지 않은 경우 : 200만 원
- 이행계획 완료 결과를 거짓으로 보고한 경우 : 300만 원

ⓩ **점검기록표**를 미기록하거나 특정소방대상물의 출입자가 쉽게 볼 수 있는 장소에 게시하지 않은 경우

- 1차 위반 : 100만 원
- 2차 위반 : 200만 원
- 3차 이상 위반 : 300만 원

ⓚ 제31조 또는 제32조 제3항을 위반하여 신고를 하지 않거나 거짓으로 신고한 자

> **개념 다지기** 등록사항의 변경신고 및 관리업자의 지위승계
>
> - 제31조(등록사항의 변경신고) : 관리업자(관리업의 등록을 한 자)는 제29조에 따라 등록한 사항 중 행정안전부령으로 정하는 중요 사항이 변경되었을 때에는 행정안전부령으로 정하는 바에 따라 시·도지사에게 변경사항을 신고해야 한다.
> - 제32조(관리업자의 지위승계) : 종전의 관리업자의 지위를 승계한 자는 행정안전부령으로 정하는 바에 따라 시·도지사에게 신고해야 한다.

ⓔ 지위승계, 행정처분 또는 휴업·폐업의 사실을 특정소방대상물의 관계인에게 알리지 않거나 거짓으로 알린 관리업자

CHAPTER 04

다중이용업소의 안전관리에 관한 특별법 (약칭 : 다중이용업소법)

2%
출제율

출제포인트
• 다중이용업소 해당 영업장
• 실내장식물
• 소방안전교육
• 벌칙 및 과태료

기출 키워드

다중이용업소 해당 영업장, 실내 장식물, 과태료

---

1. 목적(제1조)

이 법은 화재 등 재난이나 그 밖의 위급한 상황으로부터 국민의 생명·신체 및 재산을 보호하기 위하여 다중이용업소의 안전시설 등의 설치·유지 및 안전관리와 화재위험평가, 다중이용업주의 화재배상책임보험에 필요한 사항을 정함으로써 공공의 안전과 복리 증진에 이바지함을 목적으로 한다.

2. 용어(제2조)

(1) 다중이용업(영 제2조)

불특정 다수인이 이용하는 영업 중 화재 등 재난 발생 시 생명·신체·재산상의 피해가 발생할 우려가 높은 것으로서 대통령령으로 정하는 영업

다중이용업소 해당 영업장		
단란주점영업[*] 유흥주점영업[*]	노래연습장업[*]	고시원업[*]
산후조리업[*]	안마시술소[*]	권총사격장[*]
게임제공업[*], 인터넷컴퓨터게임시설제공업, 복합유통게임제공업[*] (단, 지상과 업소 출입구가 직접 연결 시 제외)		
학원(300명 이상)	학원(수용인원 100명 이상 300명 미만) ① 같은 건물에 기숙사 존재 ② 같은 건물에 학원이 2 이상 시(수용인원 300명 이상) ③ 같은 건물에 다중이용업소 존재	
목욕장업(100인 이상) (찜질방 시설겸비)	찜질방[*]	
(지상층) 휴게음식점영업, 제과점영업, 일반음식점영업(바닥면적 100m² 이상)		
(지하층) 휴게음식점영업, 제과점영업, 일반음식점영업(바닥면적 66m² 이상) ① 지상 1층은 제외 ② 지상과 업소 출입구가 직접 연결 시 제외		

[*] : 층별, 면적 구분 없이 적용

(2) 안전시설 등

소방시설, 비상구, 영업장 내부 피난통로, 그 밖의 안전시설로서 대통령령으로 정하는 것

(3) 실내장식물

건축물 내부의 천장 또는 벽에 설치하는 것으로서 대통령령으로 정하는 것

① 종이류(두께 2mm 이상)·합성수지류 또는 섬유류를 주원료로 한 물품

② 합판이나 목재

③ 공간을 구획하기 위하여 설치하는 간이 칸막이(접이식 등 이동 가능한 벽체나 천장 또는 반자가 실내에 접하는 부분까지 구획하지 않는 벽체를 말한다)

④ 흡음(吸音)이나 방음(防音)을 위하여 설치하는 흡음재(흡음용 커튼을 포함) 또는 방음재(방음용 커튼을 포함)

> **개념 다지기** 실내장식물(영 제3조)
>
> 가구류(옷장, 찬장, 식탁, 식탁용 의자, 사무용 책상, 사무용 의자 및 계산대, 그 밖에 이와 비슷한 것)와 너비 10cm 이하인 반자돌림대 등과 「건축법」 제52조에 따른 내부마감재료는 제외한다.

(4) 화재위험평가

다중이용업소가 밀집한 지역 또는 건축물에 대하여 화재 발생 가능성과 화재로 인한 불특정 다수인의 생명·신체·재산상의 피해 및 주변에 미치는 영향을 예측·분석하고 이에 대한 대책을 마련하는 것

(5) 밀폐구조의 영업장

지상층에 있는 다중이용업소의 영업장 중 채광·환기·통풍 및 피난 등이 용이하지 못한 구조로 되어 있으면서, 개구부의 면적의 합계가 영업장 바닥면적의 1/30 이하가 되는 것

> **개념 다지기** 밀폐구조의 영업장(영 제3조의2)
>
> 개구부 면적의 합계가 해당 층 바닥면적의 1/30 이하인가를 살펴보는 것으로, 하나의 층이 산정의 기준이다. 그런데, 「다중이용업소법」에서의 개구부는 영업장으로 사용하는 바닥면적의 1/30 이하인가의 여부를 적용한다. 즉, 산정의 기준이 다중이용업소에 설치된 개구부의 면적이다.

(6) 영업장의 내부구획

다중이용업소의 영업장 내부를 이용객들이 사용할 수 있도록 벽 또는 칸막이 등을 사용하여 구획된 실(室)을 만드는 것

+ 괄호문제

다음 괄호 안에 알맞은 내용을 쓰시오.

① ( )이란 불특정 다수인이 이용하는 영업 중 화재 등 재난 발생 시 생명·신체·재산상의 피해가 발생할 우려가 높은 것으로서 대통령령으로 정하는 영업을 말한다.

② 휴게음식점영업, 제과점영업, 일반음식점영업의 경우 2층 이상의 지상층은 바닥면적이 ( )m² 이상, 지하층은 66m² 이상인 경우 다중이용업소로 본다.

| 정답 |
① 다중이용업
② 100

확인! OX

다중이용업소의 실내장식물에 대한 설명이다. 옳으면 "○", 틀리면 "×"로 표시하시오.

1. 건축물 내부의 천장 또는 벽에 설치하는 것으로 행정안전부령으로 정하는 것을 말한다.　(　)

2. 종이류(두께 1mm 이상)·합성수지류 또는 섬유류를 주원료로 한 물품을 사용한다.　(　)

정답 1. X 2. X

| 해설 |
1. 다중이용업소의 실내장식물은 대통령령으로 정하는 것이다.
2. 두께 2mm 이상의 종이류를 실내장식물로 사용한다.

+ 괄호문제

다음 괄호 안에 알맞은 내용을 쓰시오.

① 소방안전교육 대상자는 다중이용업주, (   ), 다중이용업을 하려는 자이다.
② 법을 위반한 다중이용업주와 교육대상 종업원은 위반행위가 적발된 날부터 3개월 이내 (   )교육을 받아야 한다.

| 정답 |
① 종업원
② 수시

3. 소방안전교육(제8조, 규칙 제5조)

(1) 교육대상자

① 다중이용업주
② 종업원
③ 다중이용업을 하려는 자

(2) 교육대상자 실시권자

소방청장, 소방본부장, 소방서장

(3) 횟수와 시기

① 신규교육
   ㉠ 다중이용업을 하려는 자 : 다중이용업을 시작하기 전
   ㉡ 교육대상 종업원 : 다중이용업에 종사하기 전
② 수시교육 : 법을 위반한 다중이용업주와 교육대상 종업원은 위반행위가 적발된 날부터 3개월 이내
③ 보수교육 : 신규 교육 또는 직전의 보수 교육을 받은 날이 속하는 달의 마지막 날부터 2년 이내에 1회 이상

(4) 교육통보

소방청장·소방본부장 또는 소방서장은 소방안전교육을 실시하려는 때에는 교육 일시 및 장소 등 소방안전교육에 필요한 사항을 교육일 30일 전까지 소방청·소방본부 또는 소방서의 홈페이지에 게재해야 한다. 이 경우 다음에서 정하는 시기에 교육대상자에게 알려야 한다.
① 신규교육 대상자 중 안전시설 등의 설치신고 또는 영업장 내부구조 변경신고를 하는 자 : 신고 접수 시
② 수시교육 및 보수교육 대상자 : 교육일 10일 전

(5) 교육시간 : 4시간 이내

(6) 교과과정(규칙 제7조)

① 화재안전과 관련된 법령 및 제도
② 다중이용업소에서 화재가 발생한 경우 초기대응 및 대피요령
③ 소방시설 및 방화시설(防火施設)의 유지·관리 및 사용방법
④ 심폐소생술 등 응급처치 요령

확인! OX

소방안전교육에 대한 설명이다. 옳으면 "○", 틀리면 "×"로 표시하시오.

1. 소방청장·소방본부장 또는 소방서장은 소방안전교육을 실시하려는 때에는 교육 일시 및 장소 등 소방안전교육에 필요한 사항을 교육일 30일 전까지 소방청·소방본부 또는 소방서의 홈페이지에 게재해야 한다.   (   )
2. 소방안전교육의 종류는 신규교육·수시교육·보수교육이 있으며, 이중 다중이용업을 시작하기 전에 받아야 하는 교육이 보수교육이다.   (   )

정답 1. ○ 2. ×

| 해설 |
2. 다중이용업을 시작하기 전에 받아야 하는 교육이 신규교육이다.

4. 피난안내도의 비치 또는 피난안내 영상물의 상영(제12조)

다중이용업주는 화재 등 재난이나 그 밖의 위급한 상황의 발생 시 이용객들이 안전하게 피난할 수 있도록 피난계단·피난통로, 피난설비 등이 표시되어 있는 피난안내도를 갖추어 두거나 피난안내에 관한 영상물을 상영해야 한다.

5. 벌칙 및 과태료

(1) 벌칙(제23조)

1년 이하의 징역 또는 1천만 원 이하의 벌금

① 평가대행자로 등록하지 않고 화재위험평가 업무를 대행한 자

② 다른 사람에게 정보를 제공하거나 부당한 목적으로 이용한 자

(2) 양벌규정(제24조)

법인의 대표자나 법인 또는 개인의 대리인, 사용인, 그 밖의 종업원이 그 법인 또는 개인의 업무에 관하여 제23조의 위반행위를 하면 그 행위자를 벌하는 외에 그 법인 또는 개인에게도 해당 조문의 벌금형을 과(科)한다. 다만, 법인 또는 개인이 그 위반행위를 방지하기 위하여 해당 업무에 관하여 상당한 주의와 감독을 게을리하지 아니한 경우에는 그렇지 않다.

① 이중 처벌 : 위반행위를 한 종업원(행위자) 뿐만 아니라, 사업주(법인 또는 개인)도 함께 처벌받는다.

② 면책 조항 : 사업주가 상당한 주의와 감독 의무를 다했음을 입증하면 처벌을 면할 수 있다.

③ 적용 사례

  ㉠ 화재 예방 조치를 소홀히 하여 안전기준을 위반한 경우

  ㉡ 소방시설을 불법으로 철거하거나 훼손한 경우

  ㉢ 영업자가 안전교육을 제대로 실시하지 않는 경우

(3) 300만 원 이하의 과태료(제25조)

① 소방안전교육을 받지 않거나 종업원이 소방안전교육을 받도록 하지 않은 다중이용업주

② 안전시설 등을 기준에 따라 설치·유지하지 않은 자

③ 설치신고를 하지 않고 안전시설 등을 설치하거나 영업장 내부구조를 변경한 자 또는 안전시설 등의 공사를 마친 후 신고를 하지 않은 자

④ 피난시설, 방화구획 또는 방화시설에 대하여 폐쇄·훼손·변경 등의 행위를 한 자

⑤ 피난안내도를 갖추어 두지 않거나 피난안내에 관한 영상물을 상영하지 않은 자

⑥ 다중이용업주의 안전시설 등에 대한 정기점검을 위반하여 다음의 어느 하나에 해당하는 자

  ㉠ 안전시설 등을 점검(위탁하여 실시하는 경우를 포함)하지 않은 자

  ㉡ 정기점검결과서를 작성하지 않거나 거짓으로 작성한 자

  ㉢ 정기점검결과서를 보관하지 않은 자

⑦ 소방안전관리업무를 하지 않은 자

⑧ 과태료는 대통령령으로 정하는 바에 따라 소방청장, 소방본부장 또는 소방서장이 부과·징수한다.

CHAPTER 05

초고층 및 지하연계 복합건축물 재난관리에 관한 특별법(약칭 : 초고층재난관리법)

2%
출제율

출제포인트
- 초고층 건축물 및 지하연계 복합건축물의 정의
- 초고층재난관리법의 적용대상
- 총괄재난관리자의 업무
- 피난안전구역의 설치기준
- 종합방재실
- 벌칙 및 과태료

기출 키워드

초고층 건축물, 지하연계 복합건축물, 총괄재난관리자, 피난안전구역, 종합방재실

---

1. 목적(제1조)

이 법은 초고층 및 지하연계 복합건축물과 그 주변지역의 재난관리를 위하여 재난의 예방·대비·대응 및 지원 등에 필요한 사항을 정하여 재난관리체제를 확립함으로써 국민의 생명, 신체, 재산을 보호하고 공공의 안전에 이바지함을 목적으로 한다.

2. 정의(제2조)

(1) 초고층 건축물

층수가 50층 이상 또는 높이가 200m 이상인 건축물

(2) 지하연계 복합건축물

지하부분이 지하역사 또는 지하도상가와 연결된 건축물

① 층수가 11층 이상이거나 용도별 바닥면적 등을 고려하여 대통령령으로 정하는 산정기준에 따른 수용인원이 5천 명 이상인 건축물

② 건축물 안에 문화 및 집회시설, 판매시설, 운수시설, 업무시설, 숙박시설, 위락시설 중 유원시설업[22]의 시설 또는 대통령령으로 정하는 용도의 시설이 하나 이상 있는 건축물

(3) 관계지역

건축물 및 시설물(초고층 건축물 등)과 그 주변지역을 포함하여 재난의 예방·대비·대응 및 수습 등의 활동에 필요한 지역으로 대통령령으로 정하는 지역

(4) 일반건축물 등

관계지역 안에서 초고층 건축물 등을 제외한 건축물 또는 시설물

---

22) 놀이와 오락을 제공하는 공간 또는 설비를 의미하며 놀이시설, 수상 및 동계시설, 자연 및 동물 관련 시설 등이 여기에 해당한다.

(5) 관리주체

초고층 건축물 등 또는 일반건축물 등의 소유자 또는 관리자(그 건축물 등의 소유자와 관리계약 등에 따라 관리책임을 진 자를 포함)

(6) 관계인

해당 초고층 건축물 등 또는 일반건축물 등의 소유자·관리자 또는 점유자

(7) 총괄재난관리자

초고층 건축물 등의 재난 및 안전관리 업무를 총괄하는 자

3. 적용대상(제3조)

(1) 초고층 건축물

(2) 지하연계 복합건축물

(3) 그 밖에 (1) 및 (2)에 준하여 재난관리가 필요한 것으로 대통령령으로 정하는 건축물 및 시설물

4. 총괄재난관리자

초고층 건축물 등의 관리주체는 다음의 업무를 총괄·관리하게 하기 위하여 총괄재난관리자를 선임해야 한다. 이 경우 총괄재난관리자는 다른 법령에 따른 안전관리자를 겸직할 수 없다.

(1) 총괄재난관리자의 업무(제12조)

① 재난예방 및 피해경감계획의 수립·시행

② 협의회의 구성·운영

③ 교육 및 훈련

④ 종합방재실의 설치·운영

⑤ 종합재난관리체제의 구축·운영

⑥ 피난안전구역 설치·운영

⑦ 유해·위험물질의 관리 등

⑧ 초기대응대의 구성·운영

⑨ 대피 및 피난유도

⑩ 그 밖에 재난 및 안전관리에 관한 업무로서 행정안전부령으로 정한 사항

(2) 총괄재난관리자의 자격(영 제13조의3)

① 건축 · 기계 · 전기 · 토목 또는 안전관리 분야 기술사

② 특급 소방안전관리대상물의 소방안전관리자로 선임될 수 있는 자격을 갖춘 사람

③ 건축 · 기계 · 전기 · 토목 또는 안전관리 분야 기사 또는 기능장으로서 재난 및 안전관리에 관한 실무경력이 5년 이상인 사람

④ 건축 · 기계 · 전기 · 토목 또는 안전관리 분야 산업기사로서 재난 및 안전관리에 관한 실무경력이 7년 이상인 사람

⑤ 주택관리사로서 재난 및 안전관리에 관한 실무경력이 5년 이상인 사람

(3) 총괄재난관리자의 지정 및 등록(영 제13조의3)

초고층 건축물 등의 관리주체는 아래 구분에 따른 날부터 30일 이내에 총괄재난관리자를 지정해야 한다.

① 초고층 건축물 등을 신축 · 증축 · 개축 · 재축 · 이전 또는 대수선한 경우 : 건축물의 사용승인[23] 또는 사용검사[24] 등을 받은 날

② 건축물 또는 시설물이 증축 또는 용도변경으로 인하여 초고층 건축물 등이 된 경우 : 용도변경 사실을 건축물대장에 기록한 날

③ 초고층 건축물 등을 양수하거나 경매, 환가[25], 압류재산의 매각, 그 밖에 이에 준하는 절차에 따라 초고층 건축물 등을 인수한 경우 : 양수 또는 인수한 날

※ 다만, 초고층 건축물 등을 양수 또는 인수한 관리주체가 종전의 총괄재난관리자를 다시 지정한 경우는 제외한다.

④ 총괄재난관리자를 해임하였거나 퇴직한 경우 : 해임 또는 퇴직한 날

5. 피난안전구역의 설치기준(제18조, 영 제14조)   중요도★☆☆

(1) 초고층 건축물 등의 관리주체는 그 건축물 등에 재난발생 시 상시근무자, 거주자 및 이용자가 대피할 수 있는 피난안전구역을 설치 · 운영해야 한다.

① 초고층 건축물 : 30개 층마다 1개 이상 설치해야 한다.

② 준초고층 건축물(30층 이상 49층 이하의 지하연계 복합건축물) : 전체 층수 1/2 해당 층의 상하 5개 층 이내 1개소 이상 설치해야 한다.

---

23) 「건축법」에 따라 건축허가를 받은 건축물이 완공된 후 지방자치단체의 사용승인을 받은 날짜로 준공일을 의미한다. 사용승인이 완료되면 건축물대장에 등재되며, 건물을 합법적으로 사용할 수 있다.

24) 「주택법」이나 「건축법」 등에 따라 건축 또는 개발된 시설이 법적 기준에 맞는지 검사받고 승인된 날로 준공검사일을 의미한다. 주로 공동주택(아파트, 빌라)이나 특정 용도의 건물에서 사용검사를 받는다.

25) 부동산 환가 : 부동산을 담보로 대출받거나 매각하여 현금화하는 것

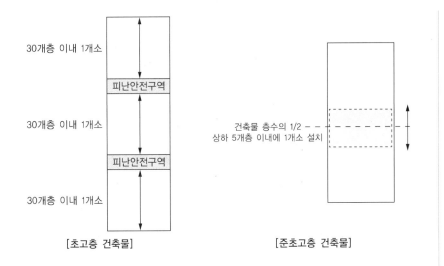

30개층 이내 1개소

피난안전구역

30개층 이내 1개소

피난안전구역

30개층 이내 1개소

[초고층 건축물]

건축물 층수의 1/2 상하 5개층 이내에 1개소 설치

[준초고층 건축물]

(2) (1)에 따른 피난안전구역의 기능과 성능에 지장을 초래하는 폐쇄・차단 등의 행위를 해서는 안 된다.

(3) 피난안전구역의 설치・운영 기준 및 규모는 대통령령으로 정한다.

6. 종합방재실

(1) 주요기능

① 재난 감시 및 조기 경보 : 화재, 지진, 홍수 등 다양한 재난 상황을 24시간 감시하고, 이상 징후 발생 시 조기 경보한다.

② 재난 상황 통제 및 지휘 : 재난 발생 시 현장 상황을 실시간으로 파악하고, 필요한 인력과 장비를 투입하여 효과적으로 통제한다.

③ 유관기관 협력 및 정보 공유 : 소방서, 경찰서, 의료기관 등 유관기관과 긴밀하게 협력하여 재난 대응을 위한 정보를 공유하고 공동 대응체계를 구축한다.

④ 시설물 안전관리 : 건물이나 시설물의 안전 상태를 점검하고, 유지보수를 통해 재난 발생 위험을 최소화한다.

(2) 구성요소

① 감시시스템 : CCTV, 화재 감지기, 지진 감지기 등 다양한 감지 장비를 통해 재난 상황을 감시한다.

② 통신시스템 : 비상 통신망, 무선 통신망 등 다양한 통신 수단을 통해 현장과 유관기관 간의 원활한 통신을 지원한다.

③ 경보시스템 : 비상벨, 방송설비 등 경보 장비를 통해 재난 발생 사실을 신속하게 알리고 대피를 유도한다.

④ **통제시스템** : 소방설비, 방수설비 등 재난 대응 장비를 원격으로 제어하고, 필요한 조치를 신속하게 실행한다.

⑤ **운영인력** : 재난 상황을 감시하고 통제하는 전문 인력들이 24시간 상주하며, 재난 발생 시 신속하게 대응한다.

(3) 종합방재실의 설치기준(규칙 제7조)

① 설치대상

　㉠ 초고층 건축물[26]

　㉡ 지하연계 복합건축물[27]

② 설치기준

종합방재실의 개수 : 1개. 다만, 100층 이상인 초고층 건축물 등[공동주택 제외]의 관리주체는 종합방재실이 그 기능을 상실하는 경우에 대비하여 종합방재실을 추가로 설치하거나, 관계지역 내 다른 종합방재실에 보조종합재난관리체제를 구축하여 재난관리 업무가 중단되지 않도록 해야 한다.

③ 종합방재실의 설치장소　　　　　　　　　　　중요도★★☆

　㉠ 1층 또는 피난층

　　[예외] 특별피난계단이 설치된 초고층 건축물로 출입구로부터 5m 이내 : 2층 또는 지하 1층

　　[예외] 공동주택인 경우 : 관리사무소 내

　㉡ 비상용 승강장, 피난 전용 승강장 및 특별피난계단으로 이동하기 쉬운 곳

　㉢ 재난정보 수집 및 제공, 방재 활동의 거점 역할을 할 수 있는 곳

　㉣ 소방대가 쉽게 도달할 수 있는 곳

　㉤ 화재 및 침수 등으로 인하여 피해를 입을 우려가 적은 곳

---

26) 「건축법」, 「초고층재난관리법」에 따라 층수가 50층 이상이거나 높이가 200m 이상인 건축물을 말한다.
27) 지하역사 또는 지하상가와 건축물이 연결되어 있어 사람이 이동할 수 있는 구조의 건축물을 뜻한다.

(4) 종합방재실의 구조 및 면적(규칙 제7조) 중요도★★★

① 다른 부분과 방화구획으로 설치할 것. 다만 다른 제어실 등의 감시를 위하여 두께 7mm 이상의 망입 유리(두께 16.3mm 이상의 접합 유리 또는 두께 28mm 이상의 복층유리를 포함)로 된 4m² 미만의 붙박이창을 설치할 수 있다.

② 인력의 대기 및 휴식 등을 위하여 종합방재실과 방화구획된 부속실을 설치할 것

③ 면적은 20m² 이상으로 할 것

④ 재난 및 안전관리, 방범 및 보안, 테러 예방을 위하여 필요한 시설·장비의 설치와 근무 인력의 재난 및 안전관리 활동, 재난 발생 시 소방대원의 지휘활동에 지장이 없도록 설치할 것

⑤ 출입문에는 출입 제한 및 통제 장치를 갖출 것

(5) 종합방재실의 설비(규칙 제7조)

① 조명설비(예비전원 포함) 및 급·배수설비

② 상용전원과 예비전원의 공급을 자동 또는 수동으로 전환하는 설비

③ 급기·배기 설비 및 냉난방 설비

④ 전력공급 상황 확인 시스템

⑤ 공기조화 ·냉난방·소방·승강기 설비의 감시 및 제어시스템

⑥ 자료 저장 시스템

⑦ 지진계 및 풍향·풍속계(초고층 건축물에 한정)[28]

⑧ 소화 장비 보관함 및 무정전 전원공급장치

⑨ 피난안전구역, 피난용 승강기 승강장 및 테러 등 감시·방범·보안을 위한 폐쇄회로 텔레비전(CCTV)

(6) 종합방재실의 설치·운영(제16조)

① 초고층 건축물 등의 관리주체는 그 건축물 등의 건축·소방·전기·가스 등 안전관리 및 방범·보안·테러 등을 포함한 통합적 재난관리를 효율적으로 시행하기 위하여 종합방재실을 설치·운영해야 하며, 관리주체 간 종합방재실을 통합하여 운영할 수 있다.

② ①에 따른 종합방재실은 「소방기본법」 제4조에 따른 종합상황실과 연계되어야 한다.

③ 관계지역 내 관리주체는 ①에 따른 종합방재실(일반건축물 등의 방재실 등을 포함한다) 간 재난 및 안전정보 등을 공유할 수 있는 정보망을 구축해야 하며, 유사시 서로 긴급연락이 가능한 경보 및 통신설비를 설치해야 한다.

④ 종합방재실의 설치기준 등 필요한 사항은 행정안전부령으로 정한다.

---

28) 지진계, 풍향·풍속계는 초고층 건축물인 경우 필요한 설비이며 지하연계 건축물에는 해당하지 않는다.

+ 괄호문제

다음 괄호 안에 알맞은 내용을 쓰시오.

① 종합방재실은 다른 부분과 방화구획하여 설치하고 면적은 ( )m² 이상으로 한다.

② 종합방재실의 설치기준 등 필요한 사항은 ( )으로 정한다.

| 정답 |
① 20
② 행정안전부령

확인! OX

종합방재실의 설비에 대한 설명이다. 옳으면 "○", 틀리면 "×"로 표시하시오.

1. 종합방재실이 설치된 모든 건축물에는 지진계 및 풍향·풍속계를 설치해야 한다.　　( )

2. 관계지역 내 관리주체는 종합방재실 간 재난 및 안전정보 등을 공유할 수 있는 정보망을 구축해야 한다.　( )

정답 1. X 2. O

| 해설 |
1. 지진계 및 풍향·풍속계는 초고층 건축물에 한정하여 설치한다.

개념 다지기 119 종합상황실의 설치·운영(소방기본법 제4조)

- 설치주체 : 소방청장, 소방본부장, 소방서장
- 목적 : 화재, 재난·재해, 그 밖에 구조·구급이 필요한 상황이 발생하였을 때에 신속한 소방활동을 위한 정보의 수집·분석과 판단·전파, 상황관리, 현장 지휘 및 조정·통제 등의 업무를 수행하기 위함
- 119 종합상황실의 설치·운영에 필요한 사항은 행정안전부령으로 정한다.

(7) 종합방재실의 운영 절차

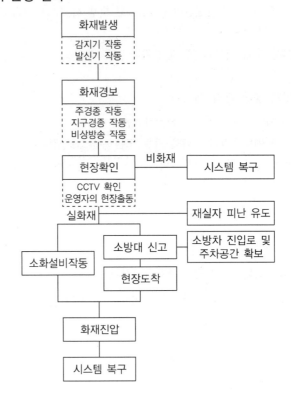

(8) 기타(규칙 제7조)

① 초고층 건축물 등의 관리주체는 종합방재실에 재난 및 안전관리에 필요한 인력을 3명 이상 상주하도록 해야 한다.

② 초고층 건축물 등의 관리주체는 종합방재실의 기능이 항상 정상적으로 작동되도록 종합방재실의 시설 및 장비 등을 수시로 점검하고, 그 결과를 보관해야 한다.

7. 벌칙 및 과태료

(1) 벌칙

① 5년 이하의 징역 또는 5천만 원 이하의 벌금(제29조) : 피난안전구역을 설치·운영하지 않은 자 또는 폐쇄·차단 등의 행위를 한 자

② 300만 원 이하의 벌금(제32조)

　㉠ 총괄재난관리자를 선임하지 않은 자

　㉡ 관계인의 정당한 업무를 방해하거나 출입·점검업무를 수행하면서 알게 된 비밀을 누설한 자

(2) 과태료

① 500만 원 이하의 과태료(제33조)

　㉠ 재난예방 및 피해경감계획을 제출하지 않은 자

　㉡ 재난 및 안전관리협의회를 구성 또는 운영하지 않은 자

　㉢ 초기대응대를 구성 또는 운영하지 않은 자

　㉣ 안전관리자를 겸직한 자(1차 위반 : 300만 원, 2차 위반 : 400만 원, 3차 위반 : 500만 원)

② 300만 원 이하의 과태료(제34조)

　㉠ 총괄재난관리자의 대리자를 지정하지 않은 자

　㉡ 법령 위반 사항을 발견하였음에도 필요한 조치를 요구하지 않은 자

　㉢ 총괄재난관리자의 조치요구에 대하여 필요한 조치를 하지 않은 자

　㉣ 교육 또는 훈련을 실시하지 않은 자

재난 및 안전관리 기본법
(약칭 : 재난안전법)

2%
출제율

출제포인트
• 국가안전관리기본계획의 수립 등
• 재난분야 위기관리 3가지 매뉴얼
• 재난사태 선포와 조치사항

기출 키워드

국가안전관리기본계획, 5년, 위기관리 표준매뉴얼, 위기대응 실무매뉴얼, 현장조치 행동매뉴얼, 재난사태 선포

1. 목적(제1조)

이 법은 각종 재난으로부터 국토를 보존하고 국민의 생명·신체 및 재산을 보호하기 위하여 국가와 지방자치단체의 재난 및 안전관리체제를 확립하고, 재난의 예방·대비·대응·복구와 안전문화활동, 그 밖에 재난 및 안전관리에 필요한 사항을 규정함을 목적으로 한다.

2. 용어(제3조)

(1) 재난

국민의 생명·신체·재산과 국가에 피해를 주거나 줄 수 있는 것
① **자연재난** : 호우, 강풍, 풍랑, 해일, 대설, 한파, 낙뢰, 가뭄, 폭염, 지진, 황사, 조류 대발생, 조수, 화산활동, 자연우주물체의 추락·충돌, 그 밖에 이에 준하는 자연현상으로 인하여 발생하는 재해
② **사회재난** : 화재·붕괴·폭발·교통사고·화생방사고·환경오염사고·다중운집인파사고 등으로 인하여 발생하는 대통령령으로 정하는 규모 이상의 피해와 국가핵심기반의 마비, 감염병 또는 가축전염병의 확산, 미세먼지, 인공우주물체의 추락·충돌 등으로 인한 피해

(2) 재난관리

재난의 예방·대비·대응 및 복구를 위하여 하는 모든 활동

(3) 안전관리

재난이나 그 밖의 각종 사고로부터 사람의 생명·신체 및 재산의 안전을 확보하기 위하여 하는 모든 활동

※ 안전기준 : 각종 시설 및 물질 등의 제작, 유지관리 과정에서 안전을 확보할 수 있도록 적용해야 할 기술적 기준을 체계화한 것

(4) 재난관리책임기관

재난관리업무를 하는 기관

※ 재난관리주관기관 : 재난이나 그 밖의 각종 사고에 대하여 그 유형별로 예방·대비·대응 및 복구 등의 업무를 주관하여 수행하도록 대통령령으로 정하는 관계 중앙행정기관

(5) 긴급구조

재난이 발생할 우려가 현저하거나 재난이 발생하였을 때에 국민의 생명·신체 및 재산을 보호하기 위하여 긴급구조기관과 긴급구조지원기관이 하는 인명구조, 응급처치, 그 밖에 필요한 모든 긴급한 조치

(6) 긴급구조기관

소방청·소방본부 및 소방서를 말한다. 다만, 해양에서 발생한 재난의 경우에는 해양경찰청·지방해양경찰청 및 해양경찰서

3. 안전관리계획

(1) 국가안전관리기본계획의 수립 등(제22조)

① 국무총리는 5년마다 국가의 재난 및 안전관리업무에 관한 기본계획(이하 "국가안전관리기본계획")의 수립지침을 작성하여 관계 중앙행정기관의 장에게 통보해야 한다.

② ①에 따른 수립지침에는 부처별로 중점적으로 추진할 안전관리기본계획의 수립에 관한 사항과 국가재난관리체계의 기본방향이 포함되어야 한다.

③ 관계 중앙행정기관의 장은 ①에 따른 수립지침에 따라 5년마다 그 소관에 속하는 재난 및 안전관리업무에 관한 기본계획을 작성한 후 국무총리에게 제출해야 한다.

④ 국무총리는 ③에 따라 관계 중앙행정기관의 장이 제출한 기본계획을 종합하여 국가안전관리기본계획을 작성하여 중앙위원회의 심의를 거쳐 확정한 후 이를 관계 중앙행정기관의 장에게 통보해야 한다.

⑤ 중앙행정기관의 장은 ④에 따라 확정된 국가안전관리기본계획 중 그 소관 사항을 관계 재난관리책임기관(중앙행정기관과 지방자치단체는 제외)의 장에게 통보해야 한다.

⑥ 국가안전관리기본계획을 변경하는 경우에는 ①부터 ⑤까지를 준용한다.

⑦ 국가안전관리기본계획과 집행계획, 시·도안전관리계획 및 시·군·구안전관리계획은 「민방위기본법」에 따른 민방위계획 중 재난관리분야의 계획으로 본다.

⑧ 국가안전관리기본계획에는 다음의 사항이 포함되어야 한다.

　㉠ 재난에 관한 대책

　㉡ 생활안전, 교통안전, 산업안전, 시설안전, 범죄안전, 식품안전, 안전취약계층 안전 및 그 밖에 이에 준하는 안전관리에 관한 대책

+ 괄호문제

다음 괄호 안에 알맞은 내용을 쓰시오.

① 국가안전관리기본계획의 작성 및 책임자는 (　)이다.
② 재난의 예방·대비·대응 및 복구를 위하여 하는 모든 활동을 (　)라고 한다.

| 정답 |
① 국무총리
② 재난관리

확인! OX

안전관리계획에 대한 설명이다. 옳으면 "○", 틀리면 "×"로 표시하시오.

1. 국무총리는 10년마다 국가안전관리기본계획의 수립지침을 작성하여 관계 중앙행정기관의 장에게 통보해야 한다.
(　)

2. 관계 중앙행정기관의 장은 수립지침에 따라 5년마다 그 소관에 속하는 재난 및 안전관리업무에 관한 기본계획을 작성한 후 국무총리에게 제출해야 한다.
(　)

정답 1. × 2. ○

| 해설 |
1. 5년마다 작성한다.

(2) 집행계획(제23조)

① 관계 중앙행정기관의 장은 (1)의 ④에 따라 통보받은 국가안전관리기본계획에 따라 매년 그 소관 업무에 관한 집행계획을 작성하여 조정위원회의 심의를 거쳐 국무총리의 승인을 받아 확정한다.

② 관계 중앙행정기관의 장은 확정된 집행계획을 행정안전부장관, 시·도지사 및 재난관리책임기관의 장에게 각각 통보해야 한다.

③ 재난관리책임기관의 장은 ②에 따라 통보받은 집행계획에 따라 매년 세부집행계획을 작성하여 관할 시·도지사와 협의한 후 소속 중앙행정기관의 장의 승인을 받아 이를 확정해야 한다. 이 경우 그 재난관리책임기관의 장이 공공기관이나 공공단체의 장인 경우에는 그 내용을 지부 등 지방조직에 통보해야 한다.

4. 재난의 예방

(1) 재난관리책임기관의 장의 재난예방조치 등(제25조의4)

① 재난에 대응할 조직의 구성 및 정비

② 재난의 예측 및 예측정보 등의 제공·이용에 관한 체계의 구축

③ 재난 발생에 대비한 교육·훈련과 재난관리예방에 관한 홍보

④ 재난이 발생할 위험이 높은 분야에 대한 안전관리체계의 구축 및 안전관리규정의 제정

⑤ 국가핵심기반의 관리

⑥ 특정관리대상지역에 관한 조치

⑦ 재난방지시설의 점검·관리

⑧ 재난관리자원의 관리

⑨ 재난 및 안전관리에 필요한 영상정보처리기기(고정형 영상정보처리기기 및 이동형 영상정보처리기기)의 설치·운영

⑩ 그 밖에 재난을 예방하기 위하여 필요하다고 인정되는 사항

(2) 국가재난관리기준의 제정·운용 등(제34조의3)

행정안전부장관은 재난관리를 효율적으로 수행하기 위하여 국가재난관리기준을 제정하여 운용해야 한다.

① 재난분야 용어정의 및 표준체계 정립

② 국가재난 대응체계에 대한 원칙

③ 재난경감·상황관리·유지관리 등에 관한 일반적 기준

④ 그 밖의 대통령령으로 정하는 사항

(3) 재난분야 위기관리 매뉴얼 작성·운용(제34조의5)

재난관리책임기관의 장은 재난을 효율적으로 관리하기 위하여 재난유형에 따라 위기관리 매뉴얼을 작성·운용하고, 이를 준수하도록 노력해야 한다.

① 위기관리 표준매뉴얼 : 국가적 차원에서 관리가 필요한 재난에 대하여 재난관리 체계와 관계 기관의 임무와 역할을 규정한 문서로 위기대응 실무매뉴얼의 작성 기준이 되며, 재난관리주관기관의 장이 작성한다. 다만, 다수의 재난관리주관기관이 관련되는 재난에 대해서는 관계 재난관리주관기관의 장과 협의하여 행정안전부장관이 위기관리 표준매뉴얼을 작성할 수 있다.

② 위기대응 실무매뉴얼 : 위기관리 표준매뉴얼에서 규정하는 기능과 역할에 따라 실제 재난대응에 필요한 조치사항 및 절차를 규정한 문서로 재난관리주관기관의 장과 관계 기관의 장이 작성한다. 이 경우 재난관리주관기관의 장은 위기대응 실무매뉴얼과 ①에 따른 위기관리 표준매뉴얼을 통합하여 작성할 수 있다.

③ 현장조치 행동매뉴얼 : 재난현장에서 임무를 직접 수행하는 기관의 행동조치 절차를 구체적으로 수록한 문서로 위기대응 실무매뉴얼을 작성한 기관의 장이 지정한 기관의 장이 작성하되, 시장·군수·구청장은 재난유형별 현장조치 행동매뉴얼을 통합하여 작성할 수 있다. 다만, 현장조치 행동매뉴얼 작성 기관의 장이 다른 법령에 따라 작성한 계획·매뉴얼 등에 재난유형별 현장조치 행동매뉴얼에 포함될 사항이 모두 포함되어 있는 경우 해당 재난유형에 대해서는 현장조치 행동매뉴얼이 작성된 것으로 본다.

5. 재난의 대응

(1) 재난사태 선포(제36조)

① 행정안전부장관은 대통령령으로 정하는 재난이 발생하거나 발생할 우려가 있는 경우 사람의 생명·신체 및 재산에 미치는 중대한 영향이나 피해를 줄이기 위하여 긴급한 조치가 필요하다고 인정하면 중앙위원회의 심의를 거쳐 재난사태를 선포할 수 있다. 다만, 행정안전부장관은 재난상황이 긴급하여 중앙위원회의 심의를 거칠 시간적 여유가 없다고 인정하는 경우에는 중앙위원회의 심의를 거치지 않고 재난사태를 선포할 수 있다.

② 행정안전부장관은 ①에 따라 재난사태를 선포한 경우에는 지체 없이 중앙위원회의 승인을 받아야 하고, 승인을 받지 못하면 선포된 재난사태를 즉시 해제해야 한다.

③ ①에도 불구하고 시·도지사는 관할 구역에서 재난이 발생하거나 발생할 우려가 있는 등 대통령령으로 정하는 경우 사람의 생명·신체 및 재산에 미치는 중대한 영향이나 피해를 줄이기 위하여 긴급한 조치가 필요하다고 인정하면 시·도위원회의 심의를 거쳐 재난사태를 선포할 수 있다. 이 경우 시·도지사는 지체 없이 그 사실을 행정안전부장관에게 통보해야 한다.

④ ③에 따른 재난사태 선포에 대한 시·도위원회 심의의 생략 및 승인 등에 관하여는 ① 및 ②를 준용한다. 이 경우 "행정안전부장관"은 "시·도지사"로, "중앙위원회"는 "시·도위원회"로 본다.

+ 괄호문제

다음 괄호 안에 알맞은 내용을 쓰시오.

① ( ) 또는 시·도지사는 재난으로 인한 위험이 해소되었다고 인정하는 경우 선포된 재난사태를 즉시 해제해야 한다.

② 재난관리주관기관의 장은 재난 발생이 예상되는 경우 그에 부합되는 조치를 할 수 있도록 ( )를 발령할 수 있다.

| 정답 |
① 행정안전부장관
② 위기경보

⑤ 행정안전부장관 및 지방자치단체의 장은 ①에 따라 재난사태가 선포된 지역에 대하여 다음의 조치를 할 수 있다.

   ㉠ 재난경보의 발령, 재난관리자원의 동원, 위험구역 설정, 대피명령, 응급지원 등이 법에 따른 응급조치

   ㉡ 해당 지역에 소재하는 행정기관 소속 공무원의 비상소집

   ㉢ 해당 지역에 대한 여행 등 이동 자제 권고

   ㉣ 「유아교육법」 제31조, 「초·중등교육법」 제64조 및 「고등교육법」 제61조에 따른 휴업명령 및 휴원·휴교 처분의 요청

   ㉤ 그 밖에 재난예방에 필요한 조치

⑥ 행정안전부장관 또는 시·도지사는 재난으로 인한 위험이 해소되었다고 인정하는 경우 또는 재난이 추가적으로 발생할 우려가 없어진 경우에는 선포된 재난사태를 즉시 해제해야 한다.

(2) 위기경보의 발령 등(제38조)

① 재난관리주관기관의 장은 대통령령으로 정하는 재난에 대한 징후를 식별하거나 재난 발생이 예상되는 경우에는 그 위험 수준, 발생 가능성 등을 판단하여 그에 부합되는 조치를 할 수 있도록 위기경보를 발령할 수 있다. 다만, 제34조의5 ①의 상황인 경우에는 행정안전부장관이 위기경보를 발령할 수 있다.

② ①에 따른 위기경보는 재난 피해의 전개 속도, 확대 가능성 등 재난상황의 심각성을 종합적으로 고려하여 관심·주의·경계·심각으로 구분할 수 있다. 다만, 다른 법령에서 재난 위기경보의 발령 기준을 따로 정하고 있는 경우에는 그 기준을 따른다.

③ 재난관리주관기관의 장은 심각 경보를 발령 또는 해제할 경우에는 행정안전부장관과 사전에 협의해야 한다. 다만, 긴급한 경우에 재난관리주관기관의 장은 우선 조치한 후 지체 없이 행정안전부장관과 협의해야 한다.

④ 재난관리책임기관의 장은 ①에 따른 위기경보가 신속하게 발령될 수 있도록 재난과 관련한 위험정보를 얻으면 즉시 행정안전부장관, 재난관리주관기관의 장, 시·도지사 및 시장·군수·구청장에게 통보해야 한다.

확인! OX

재난의 대응에 대한 설명이다. 옳으면 "○", 틀리면 "×"로 표시하시오.

1. 행정안전부장관 및 지방자치단체의 장은 재난선포지역에 대해 휴원·휴교 처분의 요청을 할 수 없다. ( )

2. 재난관리주관기관의 장은 심각 경보를 발령 또는 해제할 경우에는 행정안전부장관과 사전에 협의해야 한다. ( )

정답 1. X 2. ○

| 해설 |
1. 휴원·휴교 처분의 요청을 할 수 있다.

CHAPTER 07

위험물안전관리법(약칭 : 위험물관리법)

출제포인트
- 위험물의 지정수량
- 위험물별 특성
- 제4류 위험물의 공통적인 성질
- 유류 취급 시 주의사항

1. 목적(제1조)

위험물의 저장·취급 및 운반과 이에 따른 안전관리에 관한 사항을 규정함으로써 위험물로 인한 위해를 방지하여 공공의 안전을 확보함을 목적으로 한다.

기출 키워드

지정수량, 산화성 고체, 가연성 고체, 자연발화성 물질, 인화성 액체, 자기반응성 물질, 산화성 액체

2. 정의(제2조) 중요도★★☆

(1) 위험물

인화성 또는 발화성 등의 성질을 가지는 것으로서 대통령령이 정하는 물품

(2) 지정수량

위험물의 종류별로 위험성을 고려하여 대통령령이 정하는 수량으로서 제조소 등의 설치허가 등에 있어서 최저의 기준이 되는 수량

(3) 제조소

위험물을 제조할 목적으로 지정수량 이상의 위험물을 취급하기 위하여 제6조 제1항의 규정에 따른 허가를 받은 장소

※ 제6조 제1항(위험물시설의 설치 및 변경 등) : 제조소 등을 설치하고자 하는 자는 대통령령이 정하는 바에 따라 그 설치장소를 관할하는 시·도지사의 허가를 받아야 한다.

(4) 저장소

지정수량 이상의 위험물을 저장하기 위한 대통령령이 정하는 장소로서 제6조 제1항의 규정에 따른 허가를 받은 장소

(5) 취급소

지정수량 이상의 위험물을 제조 외의 목적으로 취급하기 위한 대통령령이 정하는 장소로서 제6조 제1항의 규정에 따른 허가를 받은 장소

(6) 제조소 등

제조소·저장소 및 취급소

① 지정수량이란 위험물의 종류별로 위험성을 고려하여 대통령령이 정하는 수량으로서 제조소 등의 설치 허가 등에 있어서 ( )의 기준이 되는 수량을 말한다.

② ( )이란 인화성 또는 발화성 등의 성질을 가지는 것으로서 대통령령이 정하는 물품을 의미한다.

| 정답 |
① 최저
② 위험물

---

3. 위험물제조소 등

제조소, 저장소, 취급소를 모두 함께 부를 때 제조소 등이라 한다.

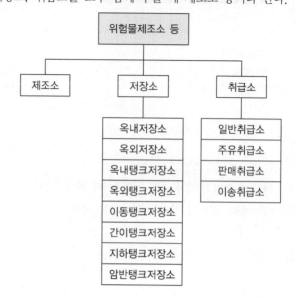

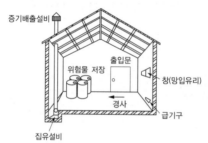

[옥내저장소]

[옥외저장소]

[옥내탱크저장소]

[옥외탱크저장소]

위험물제조소 등에 대한 설명이다. 옳으면 "○", 틀리면 "×"로 표시하시오.

1. 지정수량 이상의 위험물을 저장하기 위한 대통령령이 정하는 장소를 취급소라 한다.
( )

2. 제조소의 종류에는 일반취급소, 주유취급소, 판매취급소, 이송취급소가 있다. ( )

정답 1. X 2. X

| 해설 |
1. 취급소가 아닌 저장소에 대한 설명이다.
2. 제조소가 아닌 취급소에 대한 설명이다.

[이동탱크저장소]

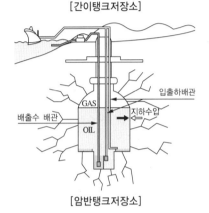

[간이탱크저장소]

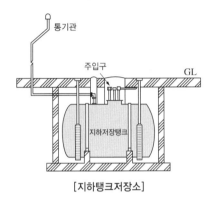

[지하탱크저장소]

[암반탱크저장소]

+ 괄호문제

다음 괄호 안에 알맞은 내용을 쓰시오.

① 지하에 매설한 탱크에 위험물을 저장하는 장소를 (   )저장소라 한다.
② 지정수량 (   )의 위험물은 제조소 등에서 이를 저장·취급해야 한다.

| 정답 |
① 지하탱크
② 이상

4. 위험물의 저장 및 취급기준(제4조, 제5조)

(1) 지정수량 미만의 위험물 : 시·도의 조례 기준

(2) 지정수량 이상의 위험물 : 제조소 등에서 저장·취급

(3) 위험물의 임시 저장·취급

① 관할 소방서장의 승인을 받아 지정수량 이상의 위험물을 90일 이내의 기간동안 임시로 저장 또는 취급하는 경우
② 군부대가 지정수량 이상의 위험물을 군사목적으로 임시로 저장 또는 취급하는 경우

(4) 위험물의 저장 또는 취급에 관한 중요기준 및 세부기준

① 중요기준 : 화재 등 위해(危害 ; 위험과 재해)의 예방과 응급조치에 있어서 큰 영향을 미치거나 그 기준을 위반하는 경우 직접적으로 화재를 일으킬 가능성이 큰 기준으로서 행정안전부령이 정하는 기준 → 1,500만 원 이하의 벌금

확인! OX

위험물의 저장 및 취급에 대한 설명이다. 옳으면 "○", 틀리면 "✕"로 표시하시오.

1. 지정수량 이상의 위험물은 시·도의 조례 기준에 따라 저장·취급한다. (   )
2. 관할 소방서장의 승인을 받아 지정수량 이상의 위험물을 90일 이내의 기간 동안 임시로 저장 또는 취급할 수 있다. (   )

정답 1. ✕ 2. ○

| 해설 |
1. 지정수량 미만의 위험물은 시·도의 조례 기준에 따라 저장·취급한다.

+ 괄호문제

다음 괄호 안에 알맞은 내용을 쓰시오.

① 안전관리자를 선임한 제조소 등의 관계인은 그 안전관리자를 해임하거나 안전관리자가 퇴직한 때에는 해임하거나 퇴직한 날부터 (　)일 이내에 다시 안전관리자를 선임해야 한다.

② 제조소 등의 관계인은 안전관리자를 선임한 경우에는 선임한 날부터 (　)일 이내에 소방본부장 또는 소방서장에게 신고해야 한다.

| 정답 |

① 30
② 14

② 세부기준 : 중요기준보다 상대적으로 적은 영향을 미치거나 그 기준을 위반하는 경우 간접적으로 화재를 일으킬 수 있는 기준 및 위험물의 안전관리에 필요한 표시와 서류·기구 등의 비치에 관한 기준 → 500만 원 이하의 과태료

5. 위험물안전관리자

(1) 선임 및 해임(제15조)　　　　　　　　　　　　　　　　　　중요도★★☆

① 제조소 등의 관계인은 위험물의 안전관리에 관한 직무를 수행하게 하기 위하여 제조소 등마다 대통령령이 정하는 위험물의 취급에 관한 자격이 있는 자를 위험물안전관리자로 선임해야 한다.

② 안전관리자를 선임한 제조소 등의 관계인은 그 안전관리자를 해임하거나 안전관리자가 퇴직한 때에는 해임하거나 퇴직한 날부터 30일 이내에 다시 안전관리자를 선임해야 한다.

③ 제조소 등의 관계인은 ① 및 ②에 따라 안전관리자를 선임한 경우에는 선임한 날부터 14일 이내에 소방본부장 또는 소방서장에게 신고해야 한다.

(2) 위험물취급자격자의 자격(영 별표 5)

구분	취급할 수 있는 위험물
위험물기능장, 위험물산업기사, 위험물기능사 자격 취득자	모든 위험물
위험물안전관리자 교육 이수자	제4류 위험물
소방공무원 경력자 3년 이상	

(3) 안전관리자의 책무(규칙 제55조)

① 위험물의 취급작업에 참여하여 해당 작업이 저장 또는 취급에 관한 기술기준과 예방규정에 적합하도록 해당 작업자에 대하여 지시 및 감독하는 업무

② 화재 등의 재난이 발생한 경우 응급조치 및 소방관서 등에 대한 연락업무

③ 위험물시설의 안전을 담당하는 자를 따로 두는 제조소 등의 경우에는 그 담당자에게 다음의 규정에 의한 업무의 지시, 그 밖의 제조소 등의 경우에는 다음의 규정에 의한 업무

ㄱ 제조소 등의 위치·구조 및 설비를 기술기준에 적합하도록 유지하기 위한 점검과 점검상황의 기록·보존

ㄴ 제조소 등의 구조 또는 설비의 이상을 발견한 경우 관계자에 대한 연락 및 응급조치

ㄷ 화재가 발생하거나 화재발생의 위험성이 현저한 경우 소방관서 등에 대한 연락 및 응급조치

ㄹ 제조소 등의 계측장치·제어장치 및 안전장치 등의 적정한 유지·관리

ㅁ 제조소 등의 위치·구조 및 설비에 관한 설계도서 등의 정비·보존 및 제조소 등의 구조 및 설비의 안전에 관한 사무의 관리

확인! OX

위험물취급자격자의 자격에 대한 설명이다. 옳으면 "○", 틀리면 "×"로 표시하시오.

1. 소방공무원 근무경력이 3년 이상인 자는 제1류부터 제6류까지 모든 위험물을 취급할 수 있다. (　)

2. 위험물안전관리자 교육 이수자는 제4류 위험물을 취급할 수 있다. (　)

정답 1. ✕　2. ○

| 해설 |

1. 위험물 중 제4류 위험물만 취급할 수 있다.

④ 화재 등의 재해의 방지와 응급조치에 관하여 인접하는 제조소 등과 그 밖의 관련되는 시설의 관계자와 협조체제의 유지

⑤ 위험물의 취급에 관한 일지의 작성·기록

⑥ 그 밖에 위험물을 수납한 용기를 차량에 적재하는 작업, 위험물설비를 보수하는 작업 등 위험물의 취급과 관련된 작업의 안전에 관하여 필요한 감독의 수행

6. 위험물제조소 등의 점검제도

(1) 제조소 등의 정기점검 대상(영 제16조) 〔중요도★☆☆〕

① 지정수량의 10배 이상의 위험물을 취급하는 제조소

② 지정수량의 100배 이상의 위험물을 저장하는 옥외저장소

③ 지정수량의 150배 이상의 위험물을 저장하는 옥내저장소

④ 지정수량의 200배 이상의 위험물을 저장하는 옥외탱크저장소

⑤ 암반탱크저장소

⑥ 이송취급소

⑦ 지정수량의 10배 이상의 위험물을 취급하는 일반취급소. 다만, 제4류 위험물(특수인화물을 제외)만을 지정수량의 50배 이하로 취급하는 일반취급소(제1석유류·알코올류의 취급량이 지정수량의 10배 이하인 경우에 한한다)로서 다음의 어느 하나에 해당하는 것을 제외한다.

  ㉠ 보일러·버너 또는 이와 비슷한 것으로서 위험물을 소비하는 장치로 이루어진 일반취급소

  ㉡ 위험물을 용기에 옮겨 담거나 차량에 고정된 탱크에 주입하는 일반취급소

⑧ 지하탱크저장소

⑨ 이동탱크저장소

⑩ 위험물을 취급하는 탱크로서 지하에 매설된 탱크가 있는 제조소·주유취급소 또는 일반취급소

(2) 제조소 등의 정기점검 횟수는 연 1회 이상이다(규칙 제64조).

(3) 제조소 등의 정기점검 기록의 보존은 3년이다(규칙 제68조).

(4) 정기점검을 한 제조소 등의 관계인은 점검한 날부터 30일 이내에 시·도지사에게 제출해야 한다(제18조).

+ 괄호문제

다음 괄호 안에 알맞은 내용을 쓰시오.

① 지정수량의 ( )배 이상의 위험물을 취급하는 제조소는 정기점검을 실시해야 하는 대상이다.

② 지정수량의 ( )배 이상의 위험물을 저장하는 옥외탱크저장소는 정기점검을 실시해야 하는 대상이다.

| 정답 |

① 10

② 200

확인! OX

위험물제조소 등의 점검제도에 대한 설명이다. 옳으면 "○", 틀리면 "×"로 표시하시오.

1. 지정수량의 50배 이상의 위험물을 저장하는 옥내저장소는 정기점검을 실시해야 하는 대상이다. ( )

2. 제조소 등의 정기점검 횟수는 연 1회 이상이며 기록의 보존은 2년이다. ( )

〔정답〕 1. X 2. X

| 해설 |

1. 지정수량의 150배 이상의 위험물을 저장하는 옥내저장소는 정기점검을 실시해야 하는 대상이다.

2. 제조소 등의 정기점검 기록의 보존은 3년이다.

① 제조소 등의 설치 허가를 받지 않고 제조소 등을 설치한 자에 대한 벌칙은 5년 이하의 징역 또는 (   )원 이하의 벌금이다.

② 저장소 또는 제조소 등이 아닌 장소에서 지정수량 이상의 위험물을 저장 또는 취급한 자에 대한 벌칙은 (   )년 이하의 징역 또는 (   )천만 원 이하의 벌금이다.

| 정답 |
① 1억
② 3

7. 벌칙

(1) 1년 이상 10년 이하의 징역(제33조)

제조소 등 또는 제6조 제1항[29])에 따른 허가를 받지 않고 지정수량 이상의 위험물을 저장 또는 취급하는 장소에서 위험물을 유출·방출 또는 확산시켜 사람의 생명·신체 또는 재산에 대하여 위험을 발생시킨 자

※ 사람을 상해(傷害)에 이르게 한 때에는 무기 또는 3년 이상의 징역에 처하며, 사망에 이르게 한 때에는 무기 또는 5년 이상의 징역에 처한다.

(2) 7년 이하의 금고 또는 7천만 원 이하의 벌금(제34조)

업무상 과실로 제33조의 죄를 범한 자

※ 사람을 사상(死傷)에 이르게 한 자는 10년 이하의 징역 또는 금고나 1억 원 이하의 벌금에 처한다.

(3) 5년 이하의 징역 또는 1억 원 이하의 벌금(제34조의2)

제조소 등의 설치 허가를 받지 않고 제조소 등을 설치한 자

(4) 3년 이하의 징역 또는 3천만 원 이하의 벌금(제34조의3)

저장소 또는 제조소 등이 아닌 장소에서 지정수량 이상의 위험물을 저장 또는 취급한 자

(5) 1년 이하의 징역 또는 1천만 원 이하의 벌금(제35조)

① 탱크시험자로 등록하지 않고 탱크시험자의 업무를 한 자

② 정기점검을 하지 않거나 점검기록을 허위로 작성한 관계인으로 규정에 따라 허가가 면제된 경우

③ 정기검사를 받지 않은 관계인으로서 규정에 따른 허가를 받은 자

④ 자체소방대를 두지 않은 관계인으로서 규정에 따른 허가를 받은 자

⑤ 운반용기에 대한 검사를 받지 않고 운반용기를 사용하거나 유통시킨 자

⑥ 보고 또는 자료제출을 하지 않거나 허위의 보고 또는 자료제출을 한 자 또는 관계공무원의 출입·검사 또는 수거를 거부·방해 또는 기피한 자

⑦ 제조소 등에 대한 긴급 사용정지·제한명령을 위반한 자

확인! OX

벌칙에 대한 설명이다. 옳으면 "○", 틀리면 "×"로 표시하시오.

1. 탱크시험자로 등록하지 않고 탱크시험자의 업무를 한 자에 대한 벌칙은 1년 이하의 징역 또는 1천만 원 이하의 벌금이다.   (   )

2. 운반용기에 대한 검사를 받지 않고 운반용기를 사용하거나 유통시킨 자에 대한 벌칙은 3년 이하의 징역 또는 3천만 원 이하의 벌금이다.   (   )

정답 1. ○ 2. ×

| 해설 |
2. 1년 이하의 징역 또는 1천만 원 이하의 벌금에 해당한다.

---

29) 제조소 등을 설치하고자 하는 자는 대통령령이 정하는 바에 따라 그 설치장소를 관할하는 특별시장·광역시장·특별자치시장·도지사 또는 특별자치도지사(시·도지사)의 허가를 받아야 한다.

건축관계법령

CHAPTER

01 건축법

출제포인트
- 지하층의 개념
- 주요구조부의 구성요소
- 대수선의 범위
- 면적, 높이, 층수의 산정 및 제한

기출 키워드

지하층, 주요구조부, 대수선, 면적·높이·층수의 산정

1. 건축물의 방화안전 개념

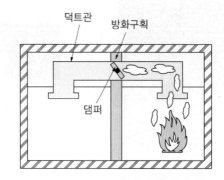

(1) 방화구획

건축물 내부를 방화벽으로 구획하여 화재의 확산을 제한

(2) 실내 마감재

화재의 확산을 방지하기 위해 불연재료[30], 준불연재료, 난연재료를 마감재료로 사용

> **개념 다지기** 건축물의 마감재료
>
> - 불연재료(난연 1급) : 불에 타지 않는 성질 예 콘크리트·석재
> - 준불연재료(난연 2급) : 불연재료에 준하는 성질 예 석고보드
> - 난연재료(난연 3급) : 불에 잘 타지 않는 성질 예 난연 합판·난연 플라스틱

(3) 내화구조

화재에 견딜 수 있는 성능을 가진 구조

(4) 피난

재해를 피하고 안전한 장소로 가는 것

---

30) 불에 타지 않는 성질을 가진 재료(난연 1급)

2. 용어(제2조)

(1) 대지

「공간정보의 구축 및 관리 등에 관한 법률」에 따라 각 필지(筆地)로 나눈 토지

(2) 건축물

토지에 정착하는 공작물 중 지붕과 기둥 또는 벽이 있는 것과 이에 딸린 시설물, 지하나 고가의 공작물에 설치하는 사무소·공연장·점포·차고·창고, 그 밖에 대통령령으로 정하는 것

(3) 건축설비

건축물에 설치하는 전기·전화 설비, 초고속 정보통신 설비, 지능형 홈네트워크 설비, 가스·급수·배수(配水)·배수(排水)·환기·난방·냉방·소화·배연 및 오물처리의 설비, 굴뚝, 승강기, 피뢰침, 국기 게양대, 공동시청 안테나, 유선방송 수신시설, 우편함, 저수조, 방범시설, 그 밖에 국토교통부령으로 정하는 설비

(4) 거실

건축물 안에서 거주, 집무, 작업, 집회, 오락 등의 목적을 위하여 사용되는 방

(5) 지하층 중요도★★☆

건축물의 바닥이 지표면 아래에 있는 층으로서 바닥에서 지표면까지 평균 높이가 해당 층 높이의 1/2 이상인 것

(6) 주요구조부[31] 중요도★★☆

내력벽(耐力壁), **기둥**, **지붕틀**, **바닥**, **보**, **주계단**(主階段)

[예외] 사이 기둥, 최하층 바닥, 작은 보, 차양, 옥외 계단, 그 밖에 이와 유사한 것으로 건축물의 구조상 중요하지 않은 부분

H : 층고(해당층 높이)
h : 바닥에서 지표면까지 높이
$h \geq \dfrac{1}{2} \times H$ 인 경우 지하층으로 본다.

[지하층]

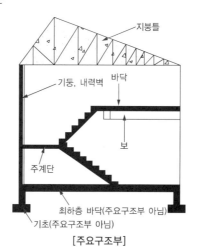

[주요구조부]

---

31) 암기 Tip : 내기에서 **지**면 **바보주**

① (   )이란 건축물이 천재지변이나 그 밖의 재해로 멸실된 경우 그 대지에 종전과 같은 규모의 범위에서 다시 축조하는 것을 말한다.

② 기존 건축물이 있는 대지에서 건축물의 건축면적, 연면적, 층수 또는 (   )를 늘리는 것을 증축이라 한다.

| 정답 |
① 재축
② 높이

(7) 건축(영 제2조)   중요도 ★☆☆

① 신축 : 건축물이 없는 대지에 새로 건축물을 축조하는 것

② 증축 : 기존 건축물이 있는 대지에서 건축물의 건축면적, 연면적, 층수 또는 높이를 늘리는 것

③ 개축 : 기존 건축물의 전부 또는 일부[내력벽·기둥·보·지붕틀 중 셋 이상이 포함되는 경우]를 해체하고 그 대지에 종전과 같은 규모의 범위에서 건축물을 다시 축조하는 것

④ 재축 : 건축물이 천재지변이나 그 밖의 재해로 멸실된 경우 그 대지에 종전과 같은 규모의 범위에서 다시 축조하는 것

   ※ 개축은 자의에 의한 반면, 재축은 본인의 의사와는 관계없이 재해로 인하여 다시 축조한다는 점이 다르다.

⑤ 이전 : 기존 건축물의 주요구조부를 해체하지 않고 같은 대지의 다른 위치로 옮기는 것

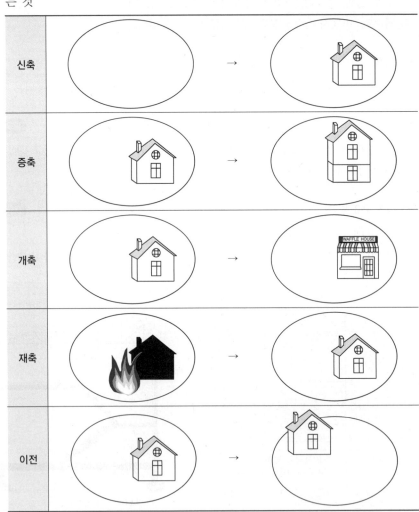

건축의 종류에 대한 설명이다. 옳으면 "○", 틀리면 "×"로 표시하시오.

1. 건축물이 없는 대지에 새로 건축물을 축조하는 것을 신축이라고 한다.   (   )

2. 기존 건축물이 있는 대지에서 건축물의 층수를 늘리는 것을 개축이라고 한다.
(   )

정답 1. ○ 2. X

| 해설 |

2. 건축물의 건축면적, 연면적, 층수 또는 높이를 늘리는 것을 증축이라고 한다.

(8) 리모델링

건축물의 노후화를 억제하거나 기능 향상 등을 위하여 대수선하거나 건축물의 일부를 증축 또는 개축하는 행위

(9) 대수선의 범위(영 제3조의2) 〔중요도★☆☆〕

건축물의 기둥, 보, 내력벽, 주계단 등의 구조나 외부 형태를 수선·변경하거나 증설하는 것

① 내력벽을 증설 또는 해체하거나 벽면적을 $30m^2$ 이상 수선 또는 변경

② 기둥을 증설 또는 해체하거나 **3개** 이상 수선 또는 변경

③ 보를 증설 또는 해체하거나 **3개** 이상 수선 또는 변경

④ 지붕틀(한옥의 경우 지붕틀의 범위에서 서까래는 제외)을 증설 또는 해체하거나 **3개** 이상 수선 또는 변경

⑤ 방화벽 또는 방화구획을 위한 바닥 또는 벽을 증설 또는 해체하거나 수선 또는 변경하는 것

⑥ 주계단·피난계단 또는 특별피난계단을 증설 또는 해체하거나 수선 또는 변경하는 것

⑦ 다가구주택의 가구 간 경계벽 또는 다세대주택의 세대 간 경계벽을 증설 또는 해체하거나 수선 또는 변경하는 것

⑧ 건축물의 외벽에 사용하는 마감재료를 증설 또는 해체하거나 벽면적 $30m^2$ 이상 수선 또는 변경하는 것

(10) 내화구조(영 제2조)

화재에 견딜 수 있는 성능을 가진 구조

예 철근콘크리트조, 연와조 등

(11) 방화구조(영 제2조)

화염의 확산을 막을 수 있는 성능을 가진 구조

예 철망모르타르 바르기, 회반죽 바르기 등

3. 면적, 높이, 층수의 산정 및 제한(영 제119조)

(1) 면적의 산정 및 제한

① 건축면적 및 대지면적

   ㉠ 대지면적 : 대지의 수평투영면적

   ㉡ 건축면적 : 건축물의 외벽(외벽이 없는 경우 외곽 부분의 기둥)의 중심선으로 둘러싸인 부분의 수평투영면적

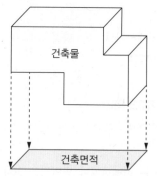

② **용적률** : 대지면적에 대한 연면적의 비율(지하층 제외)

㉠ 수직적 건축밀도

㉡ 용적률 $= \dfrac{연면적}{대지면적} \times 100\%$

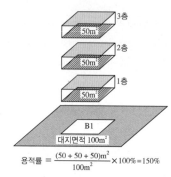

용적률 $= \dfrac{(50+50+50)m^2}{100m^2} \times 100\% = 150\%$

③ **건폐율**[32] : 대지면적에 대한 건축면적의 비율

㉠ 수평적 건축밀도

㉡ 건폐율 $= \dfrac{건축면적}{대지면적} \times 100\%$

건폐율 $= \dfrac{60m^2}{100m^2} \times 100\% = 60\%$ 건폐율이 높음   건폐율이 낮음

---

32) 건설부지에서 건축물이 차지하는 땅의 비율로 도시 건축밀도를 나타낸다. 도시지역은 50~70%, 관리지역은 20~40% 정도로 건폐율을 제한하는데, 지면에 최소한의 공터를 남겨 채광, 통풍을 확보하고 비상 시 등에 대비하기 위해서다.

④ 바닥면적 및 연면적 중요도★☆☆

    ㉠ 바닥면적 : 건축물 각 층의 면적

    ㉡ 연면적 : 하나의 건축물 각 층의 바닥면적 합계를 의미한다. 단, 아래 4가지 경우는 용적률을 산정할 때 제외된다.

- 지하층의 면적
- 지상층의 주차용(해당 건축물의 부속용도인 경우만 해당)으로 쓰는 면적
- 초고층 건축물과 준초고층 건축물에 설치하는 피난안전구역의 면적
- 건축물의 경사지붕 아래에 설치하는 대피공간의 면적

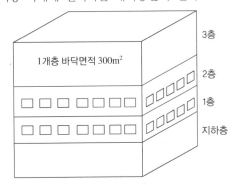

연면적=300m²×4개층=1,200m²

⑤ 구역, 지역, 지구

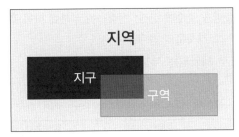

> **개념 다지기** 구역, 지역, 지구
>
> - 구역(5가지) : 개발제한구역(그린벨트), 도시자연공원구역, 수자원보호구역, 시가화조정구역, 입지규제최소구역
> - 지역(4가지) : 도시지역, 관리지역, 농림지역, 자연환경보전지역
> - 지구(9가지) : 경관지구, 고도지구, 방화지구, 방재지구, 보호지구, 취락지구, 개발진흥지구, 특정용도제한지구, 복합용도지구

(2) 높이의 산정 및 제한

① 원칙 : 지표면에서 건축물 상단까지 높이

② 건축물 높이 산정에서 제외되는 부분

    ㉠ 건축물의 옥상에 설치되는 승강기탑 등 수평투영면적의 합계가 건축면적의 **1/8을 초과**하는 경우 그 높이의 **전부**를 건축물의 높이에 산정한다.

+ 괄호문제

다음 괄호 안에 알맞은 내용을 쓰시오.

① ( ) 건축물과 준초고층 건축물에 설치하는 피난안전구역의 면적은 용적률을 산정할 때 제외된다.

② 건축물의 옥상에 설치되는 승강기탑 등 수평투영면적의 합계가 건축면적의 ( )을 초과하는 경우 그 높이의 전부를 건축물의 높이에 산정한다.

| 정답 |

① 초고층

② 1/8

확인! OX

건축 용어에 대한 설명이다. 옳으면 "○", 틀리면 "×"로 표시하시오.

1. 각 층의 바닥면적 합계를 총면적이라 한다. ( )
2. 그린벨트는 경관지구에 해당한다. ( )

정답 1. X 2. X

| 해설 |

1. 연면적에 대한 설명이다.
2. 그린벨트는 개발제한구역이다.

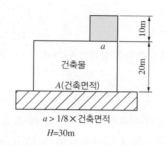

a > 1/8 × 건축면적
H=30m

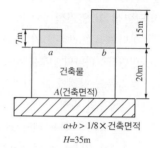

a+b > 1/8 × 건축면적
H=35m

ⓛ 건축물의 옥상에 설치되는 승강기탑·계단탑·망루·장식탑·옥탑 등으로 수평
투영면적의 합계(a+b)가 해당 건축물 건축면적(A)의 **1/8 이하**인 경우 그 부분의
높이가 **12m**를 넘는 경우에는 그 **넘는 부분만** 해당 건축물의 높이(H)에 삽입한다.

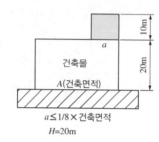

a≤1/8 × 건축면적
H=20m

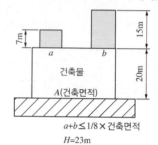

a+b≤1/8 × 건축면적
H=23m

(3) 층수의 산정 및 제한

① 원칙 : 지상층만을 층수에 산정, 건축물이 부분에 따라 층수가 다른 경우 그중 가장
많은 층수를 그 건축물의 층수로 산정

② 층수 산정에서 제외되는 부분

ㄱ 지하층

ⓛ 건축물의 옥상에 설치되는 옥탑 등 층수 제외 기준

구분	일반 건축물	공동주택 중 세대별 전용면적 85m² 이하
제외되는 부분	승강기탑, 계단탑, 망루, 장식탑, 옥탑 등 1/8A 건축면적 = A 3층 2층 1층	승강기탑, 계단탑, 망루, 장식탑, 옥탑 등 1/6A 건축면적 = A 3층 2층 1층
	건축면적(A)의 1/8 이하인 경우 층수에서 제외	건축면적(A)의 1/6 이하인 경우 층수에서 제외

+ 괄호문제

다음 괄호 안에 알맞은 내용을 쓰시오.

① 층수 산정에서 제외되는 부분은 (   )층이다.

② 일반 건축물의 옥상 부분의 수평투영면적의 합계가 해당 건축물의 건축면적의 (   ) 이하인 경우 층수 산정에서 제외된다.

| 정답 |

① 지하

② 1/8

확인! OX

건축물 층수의 산정 및 제한에 대한 설명이다. 옳으면 "○", 틀리면 "×"로 표시하시오.

1. 지하층도 층수로 산정하며, 건축물이 부분에 따라 층수가 다를 경우 그중 가장 많은 층수를 그 건축물의 층수로 산정한다. (   )

2. 일반 건축물의 경우 승강기탑 등이 건축면적의 1/6 이하인 경우 층수에서 제외한다. (   )

정답 1. X   2. X

| 해설 |

1. 지하층은 층수 산정에서 제외된다.

2. 건축면적의 1/8 이하인 경우 층수에서 제외된다.

CHAPTER 02

피난시설, 방화구획 및 방화시설의 관리

2%
출제율

출제포인트
- 직통계단의 설치기준
- 방화구획의 설치기준
- 피난계단의 종류와 피난 시 이동 경로
- 방화문과 자동방화셔터

1. 피난시설

건물 내부에서 피난을 위해 사용하는 복도, 계단(직통계단, 피난계단[33] 등), 출입구 등을 의미한다.

기출 키워드

직통계단, 피난계단, 방화구획, 방화문, 자동방화셔터

(1) 직통계단(건축법 영 제34조)

① 건축물의 피난층(직접 지상으로 통하는 출입구가 있는 층, 피난안전구역) 외의 층에서는 피난층 또는 지상으로 통하는 직통계단을 거실의 각 부분으로부터 계단에 이르는 보행거리가 30m 이하가 되도록 설치해야 한다. 다만, 건축물의 주요구조부가 내화구조 또는 불연재료로 되어 있는 건축물은 그 보행거리가 50m(16층 이상인 공동주택의 경우 16층 이상인 층은 40m) 이하가 되도록 설치할 수 있고, 스프링클러 등 자동식 소화설비를 갖춘 공장으로서 국토교통부령으로 정하는 공장의 경우에는 보행거리가 75m(무인화 공장은 100m) 이하가 되도록 설치할 수 있다.

② 설치기준

구분	보행거리
일반기준	30m 이하
주요구조부가 내화구조 또는 불연재료로 된 건축물	• 50m 이하 • 층수가 16층 이상인 공동주택의 경우 16층 이상인 층 : 40m 이하
자동식 소화설비를 설치한 공장	• 75m 이하 • 무인화 공장 : 100m 이하

(2) 피난계단(건축법 영 제34조)

건물의 각 층에서 피난층으로 통하는 직통계단을 말한다.

※ 피난층 : 지상으로 통하는 출입구가 있는 층

(3) 특별피난계단(건축법 영 제35조)

건축물의 11층(공동주택은 16층) 이상인 층(바닥면적 400m² 미만 층 제외) 또는 지하 3층 이하인 층(바닥면적 400m² 미만 층 제외)으로부터 피난층 또는 지상으로 통하는 직통계단은 특별피난계단으로 설치해야 한다.

---

33) 지상 5층 이상, 지하 2층 이하의 층으로부터 피난층 또는 지상에 통하는 직통계단을 말한다.

+ 괄호문제

다음 괄호 안에 알맞은 내용을 쓰
시오.
① 특별피난계단의 피난 시 이
  동 경로는 옥내 → ( ) →
  계단실 → 피난층 순이다.
② ( )이란 건물 내부에서 피난
  을 위해 사용하는 복도, 계
  단, 출입구 등을 의미한다.

| 정답 |
① 부속실
② 피난시설

(4) 피난계단의 출입구에는 방화문 설치

① 출입구에서 쉽게 찾을 수 있도록 피난구유도등, 유도표지를 설치한다.
② 피난계단상에는 피난을 방해하는 장애물이 없어야 원활한 피난이 가능하다.

(5) 피난계단의 종류

옥내피난계단, 옥외피난계단, 특별피난계단이 있다.

(6) 피난계단의 종류별 피난 시 이동 경로   중요도★★☆

피난계단의 종류	피난 시 이동 경로
옥내피난계단	옥내 → 계단실 → 피난층
옥외피난계단	옥내 → 옥외계단 → 지상층
특별피난계단[34]	옥내 → 부속실 → 계단실 → 피난층

① 옥내피난계단의 이동 경로

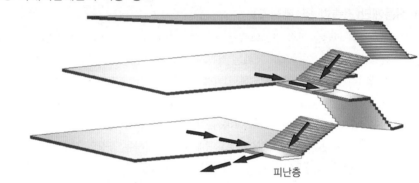

피난층

② 옥외피난계단의 이동 경로

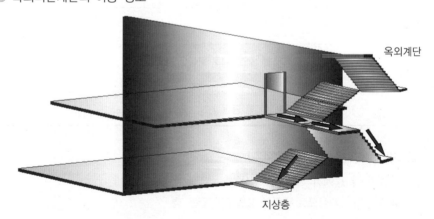

옥외계단

지상층

확인! OX

피난시설에 대한 설명이다. 옳으
면 "○", 틀리면 "✕"로 표시하시오.

1. 옥내피난계단의 경우 피난 시
   옥내에서 옥외계단을 거쳐 지
   상층으로 이동한다. ( )
2. 건물의 각 층에서 피난층으
   로 통하는 직통계단을 피난
   계단이라 한다.   ( )

정답 1. ✕ 2. ○

| 해설 |
1. 옥외피난계단의 피난 시 이동
   경로는 옥내 → 옥외계단 → 지
   상층이다.

---

34) 건물 11층 이상 또는 지하 3층 이하의 층에 통하는 계단에 적용하며, 실내와 계단실 사이에 연기를 배출할
   수 있는 부실, 발코니 등의 완충 부분을 두고, 화재 시 화재와 연기의 침입을 방지할 수 있는 계단을
   말한다. 계단실 문을 열고 한 번 더 문을 열어 보이는 계단이 특별피난계단이다.

③ 특별피난계단의 이동 경로

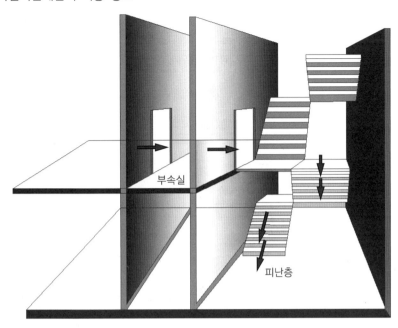

부속실

피난층

2. 방화구획 및 방화시설(Fire Partition, 放火區劃)

(1) 큰 건축물에서 화재가 발생했을 경우 화재가 건물 전체에 번지지 않도록 내화구조의 바닥·벽·방화문·방화셔터 등으로 만들어지는 구획을 의미한다.

(2) 방화구획은 면적단위 및 층단위로 구분지을 수 있으며, 특이점을 스프링클러와 같은 자동식 소화설비가 설치되어 있는 경우 기본면적의 3배가 완화된다.

(3) 주요구조부가 내화구조 또는 불연재료로 된 건축물로서 연면적이 1,000m² 넘는 것은 내화구조로 된 바닥·벽 및 60분+ 방화문, 60분 방화문, 자동방화셔터로 구획한다.

개념 다지기 방화문의 구분

방화문의 구분이 「건축법」 시행령 제64조(2020.10.08 시행)에 의해 아래와 같이 개정되었다.
• 갑종 방화문 → 60분+ 방화문, 60분 방화문
• 을종 방화문 → 30분 방화문

+ 괄호문제

다음 괄호 안에 알맞은 내용을 쓰시오.

① 옥외피난계단의 피난 시 이동 경로는 옥내 → ( ) → 지상층이다.
② ( )시설이란 방화문, 자동방화셔터, 방화벽 등을 의미한다.

| 정답 |
① 옥외계단
② 방화

확인! OX

피난 및 방화시설에 대한 설명이다. 옳으면 "○", 틀리면 "×"로 표시하시오.

1. 피난계단의 종류에는 비상계단, 옥외피난계단, 특별피난계단이 있다. ( )
2. 특별피난계단의 피난 시 이동 경로에는 부속실이 포함되어 있다. ( )

정답 1. X 2. O

| 해설 |
1. 피난계단의 종류에는 옥내피난계단, 옥외피난계단, 특별피난계단이 있다.

+ 괄호문제

다음 괄호 안에 알맞은 내용을 쓰시오.

① 방화구획의 설치기준에서 단위 구획은 10층 이하의 바닥면적 (　)m² 이내마다 구획한다.

② 방화구획의 설치기준에서 단위 구획은 면적과 (　) 단위로 구획한다.

| 정답 |

① 1,000

② 층

(4) 방화구획의 설치기준(건축물방화구조규칙 제14조)　　중요도★★☆

구획의 종류	구획의 기준		
면적별 구획	10층 이하	바닥면적 1,000m²(3,000m²) 이내마다 구획	
	11층 이상	실내 마감재가 불연재료가 아닌 경우	바닥면적 200m²(600m²) 이내마다 구획
		실내 마감재가 불연재료인 경우	바닥면적 500m²(1,500m²) 이내마다 구획
층별 구획	매층마다 구획(단, 지하 1층에서 지상으로 직접 연결하는 경사로 부위는 제외)		

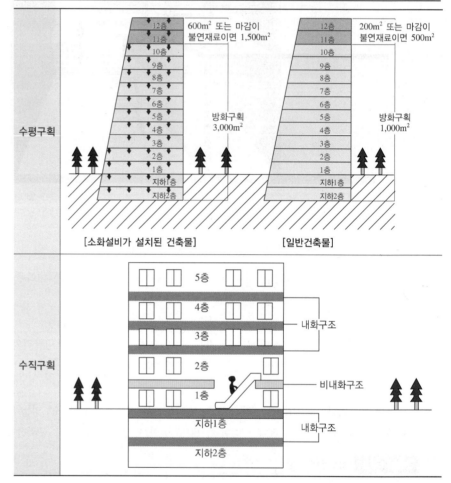

[소화설비가 설치된 건축물]　　　[일반건축물]

확인! OX

방화문 설치 시 예외조건에 대한 설명이다. 옳으면 "○", 틀리면 "×"로 표시하시오.

1. 건축물의 주요구조부가 내화구조로 되어 있고, 5층 이상인 층의 바닥면적의 합계가 1,000m² 이하인 경우 방화문을 설치하지 않아도 된다.　　　(　)

2. 피난계단의 설치조건 예외사항이 아니라면 피난계단의 설치가 의무이므로 피난층으로 이어지는 1층에 방화문을 설치해야 한다.　　(　)

　　정답　1. X　2. O

| 해설 |

1. 바닥면적의 합계가 200m² 이하인 경우 방화문을 설치하지 않아도 된다.

(5) 방화문 설치 시 예외조건(건축법 영 제35조)

① 건축물의 주요구조부가 내화구조 또는 불연재료로 되어 있는 경우로서 다음의 어느 하나에 해당하는 경우에는 피난계단 설치 또는 특별피난계단을 설치를 하지 않아도 된다. 즉, 이런 경우 방화문을 설치하지 않아도 된다.

   ⊙ 5층 이상인 층의 바닥면적의 합계가 200m² 이하인 경우
   ⓛ 5층 이상인 층의 바닥면적 200m² 이내마다 방화구획이 되어 있는 경우

② 피난계단의 설치조건 예외사항이 아니라면 피난계단의 설치가 의무이므로 피난층으로 이어지는 1층에 방화문이 설치되어야 한다.

3. 방화문과 자동방화셔터   중요도 ★☆☆

종류	방화문(영 제64조)	자동방화셔터[35]
정의	방화구획의 개구부에 설치하는 문	화재 시 연기와 열을 감지하여 자동 폐쇄되는 셔터
구분	• **60분+ 방화문** : 연기 및 불꽃을 차단할 수 있는 시간이 60분 이상이고, 열을 차단할 수 있는 시간이 30분 이상인 방화문 • **60분 방화문** : 연기 및 불꽃을 차단할 수 있는 시간이 60분 이상인 방화문 • **30분 방화문** : 연기 및 불꽃을 차단할 수 있는 시간이 30분 이상 60분 미만인 방화문	• 피난이 가능한 60분+ 방화문 또는 60분 방화문으로부터 **3m 이내**에 별도로 설치할 것 • 전동방식이나 수동방식으로 개폐할 수 있을 것 • 불꽃감지기 또는 연기감지기 중 하나와 열감지기를 설치할 것 • 불꽃이나 연기를 감지한 경우 **일부 폐쇄**[36]되는 구조일 것 • 열을 감지한 경우 **완전 폐쇄**되는 구조일 것
구조		

---

35) 건축물방화구조규칙 제14조(방화구획의 설치기준)
36) 셔터가 반만 내려오는 것을 의미한다.

+ 괄호문제

다음 괄호 안에 알맞은 내용을 쓰시오.

① 자동방화셔터는 피난이 가능한 60분+ 방화문 또는 60분 방화문으로부터 (   )m 이내에 별도로 설치한다.

② 60분 방화문이란 연기 및 (   )을 차단할 수 있는 시간이 60분 이상인 방화문을 의미한다.

| 정답 |
① 3
② 불꽃

확인! OX

방화문과 자동방화셔터에 대한 설명이다. 옳으면 "○", 틀리면 "×"로 표시하시오.

1. 방화구획의 개구부에 설치하는 문을 비상문이라 한다. (   )

2. 자동방화셔터는 열을 감지한 경우 일부 폐쇄되는 구조이어야 한다. (   )

정답 1. × 2. ×

| 해설 |
1. 방화문에 대한 설명이다.
2. 불꽃이나 연기를 감지한 경우는 일부 폐쇄되는 구조이고, 열을 감지한 경우는 완전 폐쇄되는 구조이어야 한다.

교육은 우리 자신의 무지를 점차 발견해 가는 과정이다.

- 윌 듀란트 -

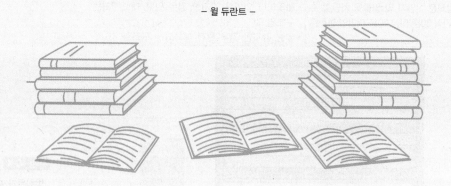

PART **03**

소방안전관리제도 및 소방학개론

CHAPTER

01 소방안전관리제도

출제포인트
- 특정소방대상물
- 소방안전관리자의 법정 업무
- 특정소방대상물의 선임대상물
- 특정소방대상물의 선임자격

기출 키워드

소방안전관리자의 법정 업무, 선임대상물, 선임자격

---

1. 개요

소방안전관리자 선임 제도는 1958년 3월 11일 소방관련법령 제정 때부터 시행됐다. 일정 규모 이상의 특정소방대상물[37]에 화재안전책임자를 지정해 소방안전관리업무를 담당하게 하는 제도이며, 한국소방안전원에서 발급하는 소방청 공인 국가전문자격사이다.

2. 특정소방대상물(소방시설법 영 별표 2)

건축물 등의 규모·용도 및 수용인원 등을 고려하여 소방시설을 설치해야 하는 소방대상물로서 대통령령으로 정하는 것을 말한다.

종류	
• 공동주택[38](5층 이상인 아파트 등, 기숙사 등)	• 창고시설
• 근린생활시설 중 슈퍼마켓, 휴게음식점, 이용원, 의원, 탁구장 등	• 위험물 저장 및 처리 시설
• 문화 및 집회시설	• 항공기 및 자동차 관련 시설
• 종교시설	• 동물 및 식물 관련 시설
• 판매시설 중 도매시장, 소매시장, 전통시장, 상점	• 자원순환 관련 시설
• 운수시설	• 교정 및 군사시설
• 의료시설	• 방송통신시설
• 교육연구시설 중 학교, 교육원 등	• 발전시설
• 노유자시설	• 묘지 관련 시설
• 수련시설	• 관광 휴게시설
• 운동시설	• 장례 시설
• 업무시설	• 지하가, 지하구
• 숙박시설	• 국가유산
• 위락시설	• 복합건축물
• 공장	–

---

37) 건축물 등의 규모·용도 및 수용인원 등을 고려하여 소방시설을 설치해야 하는 소방대상물
38) 단독주택 : 가구별로 소유권이 구분되어 있지 않음(소유주가 한 명 : 단독주택, 다가구주택)
　　공동주택 : 가구별로 소유권이 구분되어 있음(소유주가 여러 명 : 연립주택, 다세대주택)

[소방대상물과 특정소방대상물]

＋ 괄호문제

다음 괄호 안에 알맞은 내용을 쓰시오.

① ( )이란 소방시설을 설치해야 하는 소방대상물로 대통령령이 정하는 것을 말한다.

② 소방안전관리자는 업무 수행에 대해 기록을 작성하고 작성한 날부터 ( )년간 보관해야 한다.

| 정답 |
① 특정소방대상물
② 2

3. 소방안전관리자의 법정 업무(화재예방법 제24조, 영 제28조)

(1) 화기취급의 감독

(2) 소방훈련 및 교육

(3) 화재 발생 시 초기대응

(4) 피난시설, 방화구획 및 방화시설의 관리

(5) 소방시설이나 그 밖의 소방 관련 시설의 관리

(6) 자위소방대 및 초기대응체계의 구성, 운영 및 교육

(7) 피난계획에 관한 사항과 대통령령으로 정하는 사항이 포함된 소방계획서의 작성 및 시행

(8) 소방안전관리에 관한 업무 수행에 관한 기록·유지(기록을 작성하고 작성한 날부터 **2년간 보관**해야 한다)

(9) 그 밖에 소방안전관리에 필요한 업무

　　※ 이 밖에도 「화재의 예방 및 안전관리에 관한 법률」 시행규칙 제36조에 의해 소방 훈련 및 교육은 연 1회 이상 실시해야 하며, 2회의 범위에서 추가로 시행할 수 있다.

확인! OX

소방안전관리자의 법정 업무에 대한 설명이다. 옳으면 "○", 틀리면 "×"로 표시하시오.

1. 소방안전관리자는 화재 발생 시 초기대응을 해야 한다. 　　　　　　( )

2. 소방안전관리자는 업무 수행에 관한 기록을 작성하고, 작성한 날부터 1년간 보관해야 한다. 　　( )

정답 1. ○　2. X

| 해설 |
2. 작성한 날부터 2년간 보관해야 한다.

4. 특정소방대상물의 선임대상물(화재예방법 영 별표 4, 별표 5) 중요도★★★

구분	내용
특급 소방안전관리대상물	• 50층 이상(지하층 제외) 또는 지상 200m 이상인 아파트 • 30층 이상(지하층 포함) 또는 지상 120m 이상인 특정소방대상물(아파트 제외) • 연면적 10만m² 이상인 특정소방대상물(아파트 제외)
1급 소방안전관리대상물	• 30층 이상(지하층 제외) 또는 지상 120m 이상인 아파트[39] • 지상층의 층수가 11층 이상인 특정소방대상물(아파트 제외) • 연면적 15,000m² 이상인 특정소방대상물(아파트 및 연립주택 제외) • 가연성 가스를 1,000t 이상 저장·취급하는 시설
2급 소방안전관리대상물[40]	• 공동주택 • 옥내소화전설비, 스프링클러설비 설치대상물 • 물분무등소화설비 설치대상물
3급 소방안전관리대상물	자동화재탐지설비 설치대상물
소방안전관리보조자가 필요한 특정소방대상물	• 300세대 이상인 아파트(단, 300세대 초과마다 1명 추가) • 아파트 및 연립주택을 제외한 연면적 15,000m² 이상인 특정소방대상물(단, 15,000m² 초과마다 1명 추가) • 공동주택(기숙사), 의료시설, 노유자시설, 수련시설, 숙박시설(바닥면적이 15,000m² 미만이고 관계인이 24시간 상시 근무하고 있는 숙박시설 제외)[41]

5. 특정소방대상물의 선임자격(화재예방법 영 별표 4)

구분	선임자격	선임인원
특급 소방안전관리대상물	• 소방기술사 또는 소방시설관리사 • 1급 소방안전관리자(소방설비기사) 실무경력 5년 이상 • 1급 소방안전관리자(소방설비산업기사) 실무경력 7년 이상 • 소방공무원 20년 이상 근무 경력 • 특급 소방안전관리자 시험 합격자	1명 이상
1급 소방안전관리대상물	• 소방설비기사 또는 소방설비산업기사 • 소방공무원 7년 이상 근무 경력 • 1급 소방안전관리자 시험 합격자	1명 이상
2급 소방안전관리대상물	• 위험물기능장, 위험물산업기사, 위험물기능사 • 소방공무원 3년 이상 근무 경력 • 2급 소방안전관리자 시험 합격자	1명 이상
3급 소방안전관리대상물	• 소방공무원 1년 이상 근무 경력 • 3급 소방안전관리자 시험 합격자	1명 이상

---

39) 30~49층
40) 암기 Tip : 공동옥스물
41) 암기 Tip : 노숙의기수

소방학개론

6%
출제율

출제포인트
• 연소의 3요소와 4요소
• 인화점, 발화점, 연소점 구별하기
• 가연물의 구비조건
• 물질별 연소범위

제1절 연소이론

1. 연소(Combustion)의 정의

가연물이 산소공급원과 만나 빛과 열을 내는 산화반응이다.

2. 연소의 3요소[42]와 4요소

중요도★★★

(1) 가연물(연료)

불에 탈 수 있는 물질로 고체, 액체, 기체연료가 있다.

(2) 산소공급원(조연성 물질)

산소는 공기에 의해 공급되며, 공기 중에 산소는 약 21%가 존재하고 있다. 그 밖에 산화제, 자기반응성 물질, 조연성 기체 등이 산소공급원이 된다.

① 산화성 물질 : 제1류 위험물과 제6류 위험물이 여기에 해당되며, 산소를 나눠줄 수 있지만 스스로 가연물이 될 수 없다는 특징을 가진다.

② 자기연소성 물질 : 제5류 위험물이 여기에 해당되며, 산소를 줄 수 있고 스스로 연소가 가능하다는 특징을 가진다.

③ 조연성 가스 : 오존(O_3), 산화질소(NO), 이산화질소(NO_2), 산소(O_2)가 해당되며, 산소를 줄 수 있는 특징을 가진다.

(3) 점화원(열원, 에너지원)

발화에 필요한 최소에너지를 제공하는 것(화기, 전기, 정전기, 마찰, 충격, 화염 등)을 말한다.

(4) 연쇄반응

활성화에너지가 낮아지고 연소반응이 가속되는 현상을 말한다.

---

42) 암기 Tip : 가산점

기출 키워드
연소(가산점), 활성화에너지, 열전도도, 인화점, 발화점, 연소범위, 증기비중

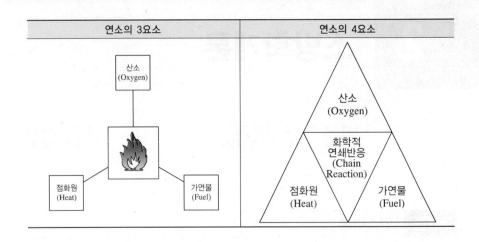

| 연소의 3요소 | 연소의 4요소 |

3. 가연물의 구비조건   중요도★★★

(1) 활성화에너지[43] 값이 **작아야** 한다.

(2) 열전도도[44]가 **작아야** 한다.

(3) 발열반응을 해야 하며, 발열량이 **많아야** 한다.

(4) 조연성 가스[45]와 친화력이 **커야** 한다.

(5) 산소와 접촉할 수 있는 표면적이 **커야** 한다.

(6) 인화점, 발화점, 용융점이 **낮아야** 한다.

4. 연소의 형태

(1) 고체의 연소

① 분해연소 : 가연성 고체가 가열되면 열분해에 의한 가스 발생으로 연소하는 형태
  예 종이, 석탄, 목재, 플라스틱 등

② 증발연소 : 가연성 고체를 가열한 경우 열분해 없이 상변화로 증발된 가연성 가스가 연소하는 형태(고체 → 액체 → 기체)
  예 파라핀(양초), 나프탈렌, 황, 고체알코올 등

③ 표면연소 : 가연성 고체가 표면에서 열분해 또는 증발없이 공기 중 산소와 반응하여 표면에서만 직접 연소하는 형태
  예 숯, 코크스, 활성탄, 금속분 등

43) 화학반응을 일으키기 위해 반응물에 공급해야 하는 최소에너지를 말한다.
  예 활성화에너지가 작다. = 반응속도가 빠르다.
44) 구리의 열전도도는 400, 나무의 열전도도는 0.4로 나무의 열전도도가 작아 가연물로 적합하다.
45) 자기 자신은 연소하지 않지만 연소를 도와주는 가스이다.

④ 자기연소 : 자체에 산소를 함유하고 있어 가열 시 분해되는 가스와 산소에 의해 연소하는 형태
  예 자기반응성 물질, 화약과 같은 폭발성 물질 등

(2) 액체의 연소

① 분해연소 : 비휘발성 액체나 끓는점이 높은 가연성 액체를 가열하면 열분해하면서 생성된 가스가 공기와 혼합하여 연소하는 현상
  예 중유, 지방유, (유동)파라핀 등

② 증발연소 : 가연성 액체에 열을 가하면 액체 표면에서 증발하는 가스와 공기가 혼합하면서 연소하는 형태. 즉, 휘발유 자체가 타는 것이 아니고 휘발유의 증기가 증발하여 점화원에 의해 연소하는 것을 말함
  예 휘발유, 알코올, 에터, 등유 등

(3) 기체의 연소

① 확산연소 : 기체가 공기 중에 분출하면서 공기 중의 산소화 혼합하여 연소하는 형태
② 예혼합연소 : 기체가 공기(산소)와 미리 혼합하여 연소하는 형태
  예 산소용접

5. 연소의 용어

(1) 인화점(Flash Point)

① 가연성 액체로부터 발생한 증기가 액체 표면에서 연소범위의 하한계에 도달할 수 있는 **최저온도**
② 외부 점화원으로 불을 붙이면 **불이 붙는 최저온도**   중요도★☆☆

액체 가연물질	인화점(℃)
가솔린(휘발유)	−43
아세톤	−18.5
벤젠	−11
메틸알코올	11
에틸알코올	13
등유	39 이상
중유	70 이상

(2) 발화점(착화점, Ignition Point)

① 외부의 점화원과 직접적인 접촉 없이 주위로부터 충분한 에너지를 받아 스스로 점화되는 최저온도
② 연료가 지속적으로 연소될 수 있는 가장 낮은 온도

+ 괄호문제

다음 괄호 안에 알맞은 내용을 쓰시오.

① 연소점은 인화점보다 5~10℃가 ( ), 불꽃이 최소 ( )초 이상 지속되는 온도이다.
② 아세틸렌의 연소범위는 ( )~( )%이다.

| 정답 |
① 높고, 5
② 2.5, 81

(3) 연소점(Fire Point)

① 외부 점화원에 의해 발화 후 연소를 자발적으로 지속시킬 수 있는 충분한 증기를 발생시킬 수 있는 최저온도
② 인화점보다 **5~10℃**가 높고 불꽃이 최소 **5초 이상** 지속되는 온도

(4) 온도의 크기 비교   중요도★☆☆

인화점 < 연소점 < 발화점

(5) 연소범위   중요도★☆☆

① 가연성 증기가 공기와 혼합하여 연소를 일으킬 수 있는 범위
② 연소농도의 최저를 연소하한계, 최고를 연소상한계라고 함
③ 물질별 연소범위
  ㉠ 휘발유 : 1.2~7.6%
  ㉡ 아세틸렌 : 2.5~81%
  ㉢ 수소 : 4.1~75%
  ㉣ 중유 : 1.0~5.0%
  ㉤ 메틸알코올 : 6.0~36%
  ㉥ 아세톤 : 2.5~12.8%
④ 아세틸렌의 연소범위
  ㉠ 알려져 있는 가연성 가스 중 연소범위가 가장 넓은 것이 아세틸렌이다. 아세틸렌의 농도 2.5% 미만인 경우 또는 81%를 초과한 때에는 연소가 일어나지 않지만 2.5~81%의 농도에서는 연소가 일어나므로 존재 자체가 위험성을 내포하고 있다. 그 외에 아세틸렌만큼 위험한 가연성 가스로는 수소가 있다.
  ㉡ 연소범위가 넓다는 의미는 연소한계가 서로 멀리 떨어져 있다는 것을 말한다. 연소하한계(LFL)는 낮고 연소상한계(UFL)는 높게 형성되어 있다는 것이다.
  ㉢ 연소상한계가 높다는 것은 저장탱크에 공기가 조금만 침입해도 연소범위가 형성되어 점화원만 있으면 연소·폭발할 수 있다는 것을 의미한다. 그러므로, 연소범위가 넓을수록 위험성이 커진다고 할 수 있다.
  ㉣ 해당 가연성 가스의 위험성을 파악하여 그것에 맞게 방폭이나 소방시설 등의 안전시설과 불활성화 조치를 취해야 할 필요가 있다.

(6) 증기비중   중요도★☆☆

① 공기의 밀도를 1로 해서 증기의 밀도를 비교한 값
② 1보다 작을 때는 공기보다 가볍고, 1보다 클 때는 공기보다 무거움

확인! OX

증기비중에 대한 설명이다. 옳으면 "○", 틀리면 "×"로 표시하시오.

1. 증기비중이 1보다 작을 때는 공기보다 가볍고, 1보다 클 때는 공기보다 무겁다. ( )
2. 증기의 밀도를 동일한 압력·온도 조건에서 공기의 밀도를 1로 놓고 비교한 값을 공기비중이라고 한다. ( )

정답 1. ○ 2. X

| 해설 |
2. 증기비중에 대한 설명이다.

1. 화재의 정의

(1) 인간이 의도하지 않은, 또는 고의로 불을 낸 것

(2) 소화시설을 이용해 끌 필요가 있는 화학적인 폭발현상

2. 화재의 분류

중요도 ★★☆

구분	종류	소화기 표시	소화방법	적응 소화기	기타
일반 화재	A급	백색	냉각소화	포, 주수소화	목재, 섬유, 종이류 화재
유류 화재	B급	황색	질식소화	CO_2, 분말소화	가연성 액체 및 가스 화재
전기 화재	C급	청색	질식소화	CO_2, 증발성 액체	전기기구 화재
금속 화재	D급	–	피복에 의한 질식	마른 모래(건조사), 팽창질석	가연성 금속화재 (Mg, Na, K 등)
주방 화재	K급	–	산소차단 +냉각소화	비누처럼 화재 표면에 막을 형성	식용유 주방의 식물성, 동물성 기름

개념 다지기 K급 소화기의 설치기준

- 주방의 규모가 25m² 이하일 때 : K급 1대 이상
- 주방의 규모가 25m² 초과일 때 : K급 1대 이상+분말소화기, 자동확산소화기/상업용 주방자동
  소화장치

3. 열과 열전달

(1) 열

① 열은 물체의 온도를 변하게 하거나 물질의 상태를 변화시키는 에너지이다. 뜨거운
물체는 열을 많이 가지고 있고, 뜨거운 물체와 차가운 물체가 서로 닿으면 열이 많은
쪽에서 적은 쪽으로 이동한다.

② 열이 이동하는 방법에는 전도, 대류, 복사와 같이 세 가지 방법이 있다.

(2) 열전달

① 전도(Conduction)

㉠ 물체 간의 직접적인 접촉을 통하여 열이 전달된다.

㉡ 뜨거운 국이 담긴 냄비에 국자를 담가두었을 때 국자가 점점 뜨거워지는 현상이다.

㉢ 차가운 물이 담긴 컵을 손으로 잡으면 물의 온도가 컵으로 전달되어 컵을 잡은
손까지 차갑게 느껴지는 현상이다.

+ 괄호문제

다음 괄호 안에 알맞은 내용을 쓰
시오.

① 목재, 섬유, 종이류와 같은
가연물에서 발생하는 화재로
연소 후 재를 남기는 화재를
(   )화재 또는 A급 화재라
고 한다.

② 물체 간의 직접적인 접촉을
통하여 열이 전달되는 방식
을 (   )라 한다.

| 정답 |
① 일반
② 전도

확인! OX

열전달에 대한 설명이다. 옳으면
"○", 틀리면 "×"로 표시하시오.

1. 열이 이동하는 방법에는 전
도, 대류, 복사와 같은 세 가
지 방법이 있다.   (   )

2. 뜨거운 국이 담긴 냄비에 국
자를 담가두었을 때 국자가
점점 뜨거워지는 현상을 복
사라 한다.   (   )

정답 1. ○   2. ×

| 해설 |
2. 전도에 대한 설명이다.

② 유리, 나무와 같은 비금속 물질보다 금, 은, 구리와 같은 금속 물질에서 열이 더욱 빨리 이동한다.

② 대류(Convection)

㉠ 열을 전달하는 대표적인 방법으로, 열 때문에 유체(기체 또는 액체)가 위아래로 뒤바뀌며 움직이는 현상이다.

㉡ 따뜻해진 공기가 위로 올라가고 찬 공기가 아래로 내려가면서 따뜻한 공기는 차가워지고, 차가운 공기는 따뜻해지는 과정을 반복한다.

㉢ 실내에서 난로와 같은 난방기구는 아래쪽에 놓고 에어컨과 같은 냉방기구는 위쪽에 설치한다.

③ 복사(Radiation)

㉠ 태양은 열과 빛을 복사하여 지구에 전달한다. 이 복사된 열과 빛은 우주를 통해 직접 전달되므로 공기나 매질을 필요로 하지 않는다.

㉡ 전구 옆에서는 전구를 만지지 않아도 따뜻한 기운을 느낄 수 있는데, 전구가 빛을 낼 때 복사열이 나오기 때문이다.

㉢ 복사는 열을 전달해 주는 물질 없이도 발생하기 때문에 진공 속에서도 발생한다.

4. 연기의 유동 및 확산속도(벽 및 천장을 따라 진행) 중요도★★☆

(1) 수평방향 이동속도 : 0.5~1m/s

(2) 수직방향 이동속도 : 2~3m/s

(3) 계단실 내의 수직방향 이동속도 : 3~5m/s

5. 건물의 화재 성상

(1) 건물의 화재 특성

화원의 불이 가연물에 착화한 후 서서히 진행하여 수직으로 있는 가연물에 착화하는 것으로부터 시작한다.

(2) 화재의 성상단계

초기 → 성장기[실내 전체가 화염으로 휩싸이는 **플래시오버**[46] ↑] → 최성기 → 감쇠기

① 초기

㉠ 발화 단계로 백색 연기가 나온다.

㉡ 직접적인 화염이나 연기의 발생이 없고 연료가 열분해되는 과정이다.

㉢ 발화 이전의 가열 단계이다.

---

46) 실내 건축물의 화재 종류로서 화재의 초기 단계에서 연소물로부터 가연성 가스가 천장 부근에 모이고 그것이 일시에 인화해서 폭발적으로 방 전체가 불꽃이 도는 현상을 말한다.

② 성장기 중요도★☆☆

　　㉠ 실내 건축물의 발화 시점에서 플래시오버가 일어나기까지 진행되는 화재의 성장단
　　　계이다.

　　㉡ 화재의 상황 변화가 격렬하고 다양하게 변화되는 시기이다.

③ 최성기 중요도★☆☆

　　㉠ 실내 연기의 양이 작아지고 화염이 확대되어 개구부 밖으로 분출된다.

　　㉡ 연소가 가장 격렬한 시기이며 불완전 연소가스가 발생한다.

　　㉢ 복사열로 인해 인근 건물로 화재가 번질 수 있다.

　　㉣ 화재실 전체로 화재가 확산되어 최대 열방출을 내는 단계이다.

④ 감쇠기

　　㉠ 화재실의 연료를 거의 연소시키고 약간의 남은 연료가 타는 시기이다.

　　㉡ 개구부로 들어오는 산소의 양이 연료의 양보다 훨씬 많은 시기이다.

　　㉢ 연기는 검은색에서 백색이 된다.

　　㉣ 다량의 공기 유입 시 백드래프트 발생 우려가 있다.

(3) 목조건축물과 내화건축물의 화재　중요도★☆☆

종류	목조건축물	내화건축물
화재 성상	고온단기형	저온장기형
화재 시간	30~40분	2~3시간
최성기 온도	1,100~1,300℃	900~1,100℃
플래시오버 현상	빠름	느림
그래프		

+ 괄호문제

다음 괄호 안에 알맞은 내용을 쓰시오.

① 화재의 성상단계 중 최성기는 실내 연기의 양이 (　)지고, 화염이 확대되어 개구부 밖으로 분출된다.

② 화재의 성상단계 중 플래시오버가 나타나는 단계는 (　)이다.

| 정답 |
① 작아
② 성장기

확인! OX

목조건축물과 내화건축물의 화재에 대한 설명이다. 옳으면 "○", 틀리면 "×"로 표시하시오.

1. 목조건출물은 고온단기형으로 플래시오버 현상이 내화건축물에 비해 느리다.
　　　　　　　　　(　)
2. 내화건축물은 저온장기형으로 최성기의 온도는 900~1,100℃이다. (　)

정답 1. X 2. O

| 해설 |
1. 플래시오버 시점은 내화건축물에 비해 빠르다.

6. 실내 화재의 현상

중요도 ★☆☆

(1) 플래시오버(Flash Over) : 성장기

건축물 실내에 화재가 발생할 경우 발화된 직후 벽이나 커튼 등을 통해 화재가 점점 번지게 된다. 실내에 연소가 진행되면서 천장에 가연성 가스가 축적되고, 그러다가 천장에 축적된 가연성 가스가 발화온도에 다다르게 되면 일순간 폭발적으로 집안 전체가 화염에 휩싸이게 되는데 이를 플래시오버라 한다. 플래시오버 직후 화재장소의 온도는 최고점을 찍게 되고, 플래시오버까지의 시간은 내장재에 따라 달라지지만 보통 1분 30초 정도가 걸린다.

① 화재의 성상단계에서 성장기에 해당한다.

② 순간적으로 방 전체가 급격하게 타오르는 화재 확대 현상이다.

③ 공간 내 전체 가연물에서 동시에 발화하는 현상이다.

④ 성장기와 최성기의 분기점에서 발생한다.

　　㉠ 급격한 산소 공급은 백드래프트 현상이므로 구분한다.

　　㉡ 실내 선단으로 복사열이 전달되는 것이 아닌 실내 전체에 복사열이 전달되는 현상이다.

(2) 백드래프트(Back Draft) : 감쇠기

한정된 공간에서 화재가 났을 때 연소에 필요한 산소를 다 소모한 경우 발생한다. 처음에는 산소가 부족해 불꽃은 없고 연기만 나면서 타들어가는 불완전 연소상태인 훈소상태(燻燒狀態)를 유지하다가 외부에서 산소가 유입되는 순간 폭발하듯이 불길이 확 번지는 현상이다. 이는 화재 진압을 하는 소방관이나 실내에서 화재를 피해 대피하는 사람들에게 아주 위험한 상황에 이르게 하는 요인이 되므로, 화재 시 유의해야 한다.

① 산소가 부족한 실내에 미연소 가스가 축적되어 있다가, 개구부의 개방으로 급격한 산소 공급이 이루어져 폭발을 일으키는 현상이다.

② 갑자기 산소가 새로 유입될 때 화염이 폭풍을 동반하며 충격파에 의해 구조물이 파괴될 수 있다.

(3) 롤오버(Roll Over) : 성장기(플래시오버 발생 전)

① 화재의 성상단계에서 성장기에 해당한다.

② 가연성 물질에서 발생된 가스가 천장 부근에 축적되고 이 축적된 가연성 증기가 인화점에 도달해 연소하는 현상이다.

③ 불덩어리가 천장을 굴러다니는 것처럼 뿜어져 나오는 현상이다.

④ 화염이 선단부에서 주변 공간으로 확대된다.

⑤ 플래시오버 직전에 관찰된다.

제3절	소화이론

1. 소화의 정의

화재 시 산소의 공급을 차단 또는 희석하여 발화온도 이하로 감소시켜서 가연성 물질을 화재 현장으로부터 제거하거나 연소의 연쇄반응을 차단·억제하는 것을 말한다.

2. 소화방법 중요도★☆☆

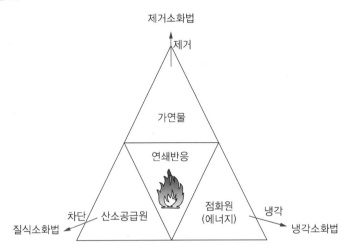

(1) 제거소화 : 가연물을 제거하여 소화한다.

에 산불 발생 시 나무를 베어 더 이상 번지지 못하게 함. 쓰레기 더미에서 불이 났다면 쓰레기를 없앰. 가스밸브의 폐쇄, 촛불을 입으로 강하게 불어 가연성 증기를 순간적으로 날려 보냄

(2) 질식소화 : 산소공급원을 차단하여 농도를 15% 이하로 낮춰 소화한다.

에 물에 젖은 담요를 덮어 불을 끔. 소화기로 불을 끔(공기 중 산소농도를 약 21vol%에서 15vol% 이하로 낮춤)

[예외] 제5류 위험물인 자기반응성 물질은 물질 자체에 산소를 포함하고 있으므로 질식 소화가 효과적이지 않다.

(3) 냉각소화 : 점화원을 차단하는 소화방법으로 열 균형을 깨뜨려 온도를 낮추어 소화한다.

에 물을 부어서 불을 끔(온도를 발화점 이하로 낮춰 열을 차단). 이산화탄소 소화약제에 의한 냉각작용

+ 괄호문제

다음 괄호 안에 알맞은 내용을 쓰시오.
① 산소공급원을 차단하여 농도를 ( )% 이하로 낮춰 소화하는 방법을 질식소화라 한다.
② 제5류 위험물인 자기반응성 물질은 물질 자체에 ( )를 포함하고 있으므로 질식소화가 효과적이지 않다.

| 정답 |
① 15
② 산소

확인! OX

소화방법에 대한 설명이다. 옳으면 "○", 틀리면 "×"로 표시하시오.
1. 산불 발생 시 나무를 베어 더 이상 번지지 못하게 하는 방법을 제거소화라 한다.
( )
2. 이산화탄소 소화약제에 의한 냉각작용은 억제소화에 해당한다.
( )

정답 1. ○ 2. ×

| 해설 |
2. 이산화탄소 소화약제에 의한 냉각작용은 냉각소화에 해당한다.

다음 괄호 안에 알맞은 내용을 쓰
시오.

① 소화약제의 종류에는 수계
   소화약제, 가스계 소화약제,
   (   )가 있다.
② 분말과 할론소화약제는 질식
   효과와 부촉매효과가 있다.
   그런데, 할론소화약제의 경우
   물소화약제와 같이 (   )효과
   또한 있다.

| 정답 |
① 분말소화약제
② 냉각

(4) **억제소화** : 연쇄반응을 단절해 소화한다.

> 예 할론, 할로겐화합물 소화약제에 의한 부촉매 작용, 분말소화약제에 의한 부촉매
>   작용

3. 소화약제의 종류

(1) **수계 소화약제** : 물, 산알칼리[47], 강화액[48], 포말

(2) **가스계 소화약제** : 이산화탄소, 할로겐화합물[49]

(3) **분말소화약제** : ABC분말[50], BC분말[51]

4. 소화약제의 종류별 소화효과[52]

(1) **물소화약제** : 냉각효과, 질식효과

(2) **포소화약제, 이산화탄소소화약제** : 냉각효과, 질식효과

(3) **분말소화약제** : 질식효과, 부촉매효과

(4) **할론소화약제** : 냉각효과[53], 질식효과, 부촉매효과

> **개념 다지기** 냉각효과에 의해 소화가 가능한 소화약제
>
> • **물소화약제** : 물은 다른 물질에 비해 비열과 기화열이 크다. 따라서 화재 시 주위로부터
>   많은 열을 흡수하기 때문에 냉각효과가 크다.
> • **강화액소화약제** : 물에 중탄산칼륨염, 방청제, 안정제 등을 첨가하여 −20℃에서도 응고하지
>   않도록 하여 물의 침투능력을 배가시킨 소화약제이다. 물이 주성분이므로 증발잠열 및 비열이
>   크기 때문에 냉각효과가 크다.
> • **이산화탄소소화약제** : 이산화탄소는 높은 압력으로 용기 내에 액상으로 저장된다. 화재 시
>   방출되면 이산화탄소가 기체로 기화하기 때문에 주위의 많은 열을 흡수하여 발화점 이하로
>   냉각시켜 소화한다.
> • **할론소화약제** : 할론은 비점이 낮고 액상에서 기체로 기화하는 과정에서 이산화탄소와 같이
>   열을 흡수하므로 냉각효과가 있다.
> • **포소화약제** : 물에 포소화약제를 혼합한 후 공기를 주입하면 포(Foam)가 발생된다. 생성된
>   포는 유류보다 가벼운 미세한 기포의 집합체이므로 연소물의 표면을 덮어 공기의 접촉을
>   차단하여 질식효과가 있고, 사용된 물에 의하여 냉각효과도 있다.

확인! OX

소화약제에 대한 설명이다. 옳으
면 "○", 틀리면 "×"로 표시하시오.

1. ABC분말 소화약제의 주성분
   은 탄산수소나트륨과 탄산수
   소칼륨이다.   (   )
2. 분말소화약제는 냉각효과와
   질식효과가 있다.   (   )

정답 1. X 2. X

| 해설 |
1. ABC분말 소화약제의 주성분
   은 제1인산암모늄이다.
2. 분말소화약제는 질식효과와 부
   촉매효과가 있다.

---

47) 탄산수소나트륨과 황산의 화학반응
48) 물 + 탄산칼륨을 소화약제로 하는 소화기로 빙점을 −30℃까지 낮춘 겨울철에 사용하는 소화기
49) 할로겐화탄화수소의 약칭으로 탄소 또는 탄화수소에 플루오린, 염소, 브로민이 함께 포함되어 있는 물질
50) 주성분 : 제1인산암모늄($NH_4H_2PO_4$)
51) 주성분 : 탄산수소나트륨($NaHCO_3$), 탄산수소칼륨($KHCO_3$)
52) 냉각효과와 질식효과는 물리적 소화이고, 부촉매효과는 화학적 소화이다.
53) 저비점으로 증발 시 기화열(117kJ/kg)로 주위의 열량을 흡수하기 때문에 냉각효과가 있다.

PART **04**

소방시설의 구조·
점검 및 실습

01

소방시설의 종류 및 기준

출제포인트
- 소방시설의 종류(5가지)
- 숙박시설이 있는 특정소방대상물의 수용인원 산정하기
- 숙박시설 외의 특정소방대상물의 수용인원 산정하기

기출 키워드

소방시설, 수용인원, 종사자 수, 침대 수

1. 소방시설의 종류(소방시설법 영 별표 1)[54]

중요도★☆☆

소화설비	경보설비	피난구조설비	소화활동설비	소화용수설비
• 소화기구 • 자동소화장치 • 옥내소화전설비 • 스프링클러설비등 • 물분무등소화설비 • 옥외소화전설비	• 단독경보형 감지기 • 비상경보설비 • 시각경보기 • 자동화재탐지설비 • 화재알림설비 • 비상방송설비 • 자동화재속보설비 • 통합감시시설 • 누전경보기 • 가스누설경보기	• 피난기구 • 인명구조기구 • 유도등 • 비상조명등 및 휴대용 비상조명등	• 제연설비 • 연결송수관설비 • 연결살수설비 • 비상콘센트설비 • 무선통신보조설비 • 연소방지설비	• 상수도 소화용수설비 • 소화수조, 저수조 그 밖의 소화용수설비

[소방시설의 종류]

(1) 소화설비

물 또는 그 밖의 소화약제를 사용하여 소화하는 기계·기구 또는 설비

① **소화기구** : 소화기, 간이소화용구(에어로졸식·투척용·소공간용 소화용구 외의 것을 이용한 간이소화용구), 자동확산소화기

② **자동소화장치** : 주거용 주방자동소화장치, 상업용 주방자동소화장치, 캐비닛형 자동소화장치, 가스자동소화장치, 분말자동소화장치, 고체에어로졸자동소화장치

③ **옥내소화전설비**[호스릴(Hose Reel) 옥내소화전설비 포함]

④ **스프링클러설비 등** : 스프링클러설비, 간이스프링클러설비(캐비닛형 간이스프링클러설비 포함), 화재조기진압용 스프링클러설비

---

54) 암기 Tip : 소경피활용

⑤ 물분무등소화설비 : 물분무소화설비, 미분무소화설비, 포소화설비, 이산화탄소소화설비, 할론소화설비, 할로겐화합물 및 불활성기체소화설비(다른 원소와 화학반응을 일으키기 어려운 기체), 분말소화설비, 강화액소화설비, 고체에어로졸소화설비

(2) 경보설비

화재 발생 사실을 통보하는 기계·기구 또는 설비

① 단독경보형 감지기
② 비상경보설비(비상벨설비, 자동식 사이렌설비)
③ 자동화재탐지설비
④ 시각경보기
⑤ 화재알림설비
⑥ 비상방송설비
⑦ 자동화재속보설비
⑧ 통합감시시설
⑨ 누전경보기
⑩ 가스누설경보기

(3) 피난구조설비

화재가 발생할 경우 피난하기 위하여 사용하는 기구 또는 설비

① 피난기구(피난사다리, 구조대, 완강기, 간이완강기, 그 밖에 화재안전기준으로 정하는 것)
② 인명구조기구[방열복, 방화복(안전모, 보호장갑 및 안전화 포함), 인공소생기]
③ 유도등(피난유도선, 피난구유도등, 통로유도등, 객석유도등, 유도표지)
④ 비상조명등 및 휴대용 비상조명등

(4) 소화용수설비

화재를 진압하는 데 필요한 물을 공급하거나 저장하는 설비

① 상수도 소화용수설비
② 소화수조·저수조, 그 밖의 소화용수설비

(5) 소화활동설비

화재를 진압하거나 인명구조활동을 위하여 사용하는 설비

① 제연설비
② 연결송수관설비
③ 연결살수설비
④ 비상콘센트설비
⑤ 무선통신보조설비
⑥ 연소방지설비

+ 괄호문제

다음 괄호 안에 알맞은 내용을 쓰시오.
① 화재를 진압하는 데 필요한 물을 공급하거나 저장하는 설비를 ( )설비라 한다.
② 비상콘센트설비는 소방시설의 종류 중 ( )설비에 해당한다.

| 정답 |
① 소화용수
② 소화활동

확인! OX

소방시설에 대한 설명이다. 옳으면 "○", 틀리면 "×"로 표시하시오.

1. 자동화재탐지설비와 자동화재속보설비는 화재 발생 사실을 통보하는 경보설비이다. ( )
2. 방열복, 방화복, 인공소생기, 피난구유도등은 피난구조설비 중 인명구조기구에 해당한다. ( )

정답 1. ○ 2. ×

| 해설 |
2. 피난구유도등은 피난구조설비 중 유도등에 속한다.

+ 괄호문제

다음 괄호 안에 알맞은 내용을 쓰시오.

① 바닥면적의 산정에서 복도, ( ), 화장실은 바닥면적에 포함하지 않는다.

② 침대가 있는 숙박시설의 경우 수용인원은 종사자 수에 ( )를 더하여 계산한다.

| 정답 |
① 계단
② 침대 수

2. 수용인원의 산정방법(소방시설법 영 별표 7)   중요도★☆☆

(1) 숙박시설이 있는 특정소방대상물

① 침대가 있는 숙박시설 : 종사자 수 + 침대 수(2인용 침대는 2개로 산정)

② 침대가 없는 숙박시설 : 종사자 수 + (바닥면적의 합계/3m²)

(2) 숙박시설 외의 특정소방대상물   중요도★☆☆

① 강의실, 교무실, 상담실, 실습실, 휴게실 등 : $\dfrac{\text{바닥면적의 합계}}{1.9\text{m}^2}$

② 강당, 문화 및 집회시설, 운동시설, 종교시설 : $\dfrac{\text{바닥면적의 합계}}{4.6\text{m}^2}$

③ 기타 : $\dfrac{\text{바닥면적의 합계}}{3\text{m}^2}$

(3) 바닥면적의 산정

① 복도(준불연재료 이상의 것을 사용하여 바닥에서 천장까지 벽으로 구획한 것), 계단, 화장실은 바닥면적에 포함하지 않는다.

② 계산 결과 소수점 이하의 수는 반올림한다.

확인! OX

숙박시설 외의 특정소방대상물에 대한 설명이다. 옳으면 "○", 틀리면 "×"로 표시하시오.

1. 강의실, 교무실, 상담실, 실습실, 휴게실 등의 용도로 쓰는 특정소방대상물은 해당 용도로 사용하는 바닥면적의 합계를 1.9m²로 나누어 얻은 수를 수용인원으로 산정한다. ( )

2. 강당, 문화 및 집회시설, 운동시설, 종교시설 등의 용도로 쓰는 특정소방대상물은 해당 용도로 사용하는 바닥면적의 합계를 3m²로 나누어 얻은 수를 수용인원으로 산정한다. ( )

정답 1. ○ 2. ×

| 해설 |
2. 바닥면적의 합계를 4.6m²로 나누어 얻은 수를 수용인원으로 산정한다.

소화설비

출제포인트
• 소형 및 대형소화기의 능력단위와 설치기준
• 적응화재
• 소화기의 종류와 주성분 및 점검방법
• 옥내·옥외소화전설비의 구성과 성능시험 및 설치기준
• 스프링클러설비 및 물분무등소화설비의 종류와 작동순서

제1절 | 수계 소화설비

기출 키워드

적응화재, 분말소화기, 방수량, 방수압, 수원, 가압송수장치, 펌프의 성능시험, 스프링클러설비, 이산화탄소소화설비, 솔레노이드밸브 격발시험

1. 소화기구

(1) 정의

물과 그 밖의 소화약제를 사용하여 화재 초기 관계인이 수동으로 조작하여 소화하거나 자동으로 작동되어 소화하는 기계 또는 기구를 말한다.

(2) 종류[55]

① **소화기** : 소화약제를 압력에 따라 방사하는 기구로 사람이 수동으로 조작하여 소화한다.

② **간이소화용구** : 초기진화에 사용하는 보조 소화용구로 투척용 소화용구, 에어로졸식 소화용구 등이 있다.

③ **자동확산소화기** : 화재를 감지하여 자동으로 소화약제를 방출, 확산시켜 국소적으로 소화한다.

(3) 소화기구의 설치기준

종류		능력단위 기준	보행거리
소형소화기		1단위 이상	20m 이내
대형소화기	A급	10단위 이상	30m 이내
	B급	20단위 이상	

① 구획된 거실(바닥면적 **33m² 이상**)마다 소화기를 설치할 것

② 소화기구(자동확산소화기 제외)는 바닥으로부터 **높이 1.5m 이하**의 곳에 비치할 것

---

55) 암기 Tip : 소간자

① 능력단위가 1단위 이상이고 대형소화기의 능력단위 (　)인 것을 소형소화기라 한다.
② 분말소화기의 적응화재에는 ABC급인 제1인산암모늄과 (　)급인 탄산수소나트륨 등이 있다.

| 정답 |
① 미만
② BC

(4) 적응화재

① **A급 화재(일반화재)** : 나무, 섬유, 종이, 고무, 플라스틱류와 같은 일반가연물이 타고 나서 **재가 남는** 화재
② **B급 화재(유류화재)** : 인화성 액체 · 가연성 액체 · 석유 그리스 · 알코올 등과 같이 유류가 타고 나서 **재가 남지 않는** 화재
③ **C급 화재(전기화재)** : 전류가 흐르는 전기기기, 배선과 관련된 화재
④ **D급 화재(금속화재)** : 마그네슘, 나트륨, 칼륨 등과 같은 금속에서 자연발화와 분진폭발의 형태로 화재가 발생
⑤ **K급 화재(주방화재)** : 주방에서 동식물유를 취급하는 조리기구에서 일어나는 화재

(5) 소화기의 종류   중요도★☆☆

종류	적응화재	주성분	소화효과	구조
분말소화기	ABC급	제1인산암모늄($NH_4H_2PO_4$) (담홍색)	질식, 부촉매(억제)	
	BC급	탄산수소나트륨($NaHCO_3$) (백색)		
		탄산수소칼륨($KHCO_3$) (담회색)		
		탄산수소칼륨+요소 (회색)		
이산화탄소소화기	BC급	이산화탄소(CO_2)	질식, 냉각	
할로겐소화기	ABC급	할론1211(CF_2ClBr) ※지시압력계 있음	질식, 부촉매(억제)	
		할론1301(CF_3Br) ※지시압력계 없음		
	BC급	할론2402($C_2F_4Br_2$) ※지시압력계 있음		

소화기구에 대한 설명이다. 옳으면 "○", 틀리면 "×"로 표시하시오.

1. 초기진화에 사용하는 보조 소화용구로 투척용 소화용구, 에어로졸식 소화용구 등을 자동확산소화기라 한다.　(　)

2. 이산화탄소소화기는 ABC급으로 주 소화효과는 질식과 냉각이다.　(　)

정답 1. X　2. X

| 해설 |
1. 간이소화용구에 대한 설명이다.
2. 이산화탄소소화기는 BC급이다.

(6) 분말소화기의 구조

중요도★★☆

① 가압식 소화기 : 가압용 가스용기를 별도로 설치, 현재는 사용 중단됨

② 축압식 소화기

    ㉠ 본체 용기 내에는 소화약제와 질소가스가 충전되어 있다.

    ㉡ 용기 내 압력을 확인하기 위해 지시압력계가 부착되어 있다.

    ㉢ 사용 가능한 압력범위는 **0.7MPa 이상 0.98MPa 이하**이다.

    ㉣ 지시압력계의 사용 가능한 압력범위는 **녹색**으로 되어 있다.

③ 분말소화기 내용연수 : **10년**

    내용연수가 지난 제품은 교체하거나 성능검사에 합격한 소화기는 내용연수 등이 경과
한 날의 다음 달부터 다음의 기간동안 사용할 수 있다.

    ㉠ 내용연수 경과 후 10년 미만 : 3년

    ㉡ 내용연수 경과 후 10년 이상 : 1년

(7) 소화기의 점검방법

① 외관점검 : 외형의 변형, 호스 파손, 레버 변형, 안전핀의 고정 여부

② 지시압력계 확인 : 정상(녹색), 재충전(노랑), 과충전(빨강)

③ 이산화탄소소화기 : 지시압력계가 없으므로 명판의 총중량에서 용기중량을 빼서 약
제중량을 확인한다.

④ 내구연한 : 분말소화기의 내용연수는 10년(가스계 소화기는 미해당)

(8) 특정소방대상물별 소화기구의 능력단위 기준

중요도★★☆

특정소방대상물	소화기구의 능력단위
위락시설	바닥면적 30m² 마다 1단위 이상
공연장·집회장·관람장·문화재(국가유산)·장례식장 및 의료시설	바닥면적 50m² 마다 1단위 이상
근린생활시설·판매시설·운수시설·숙박시설·노유자시설·전시장·공동주택·업무시설·방송통신시설·공장·창고시설·항공기 및 자동차 관련 시설 및 관광휴게시설	바닥면적 100m² 마다 1단위 이상
기타	바닥면적 200m² 마다 1단위 이상

※ 건축물의 주요구조부가 내화구조이고, 벽 및 반자의 실내에 면하는 부분이 불연재료·준
불연재료 또는 난연재료로 된 특정소방대상물의 경우 바닥면적의 2배를 해당 특정소방대
상물의 기준면적으로 한다.

+ 괄호문제

다음 괄호 안에 알맞은 내용을 쓰
시오.

① 축압식 소화기에서 사용 가
능한 압력범위는 0.7MPa 이
상 0.98MPa 이하이며 (　)으
로 표시된다.

② 위락시설의 경우 소화기구의
능력단위는 바닥면적 (　)m²
마다 1단위 이상이다.

| 정답 |

① 녹색

② 30

확인! OX

소화기의 점검방법에 대한 설명
이다. 옳으면 "○", 틀리면 "×"로
표시하시오.

1. 소화기의 지시압력계 점검 시
녹색은 재충전이 필요함을 의
미한다. (　)

2. 분말소화기는 지시압력계가
없으므로 명판의 총중량에
서 용기중량을 빼서 소화약
제 중량을 확인한다. (　)

정답 1. X 2. X

| 해설 |

1. 녹색은 정상 상태를 의미한다.

2. 이산화탄소소화기의 경우 지시
압력계가 없다.

2. 자동소화장치

(1) 개념 : 화재 발생 시 소화약제를 자동으로 방사하는 고정된 소화장치

(2) 종류

① 주거용 주방자동소화장치 : 주거용 주방에 설치된 열발생 조리기구의 사용으로 인한 화재 발생 시 열원(전기 또는 가스)을 자동으로 차단하며 소화약제를 방출하는 소화장치

② 상업용 주방자동소화장치 : 상업용 주방에 설치된 열발생 조리기구의 사용으로 인한 화재 발생 시 열원(전기 또는 가스)을 자동으로 차단하며 소화약제를 방출하는 소화장치

③ 캐비닛형 자동소화장치 : 열, 연기 또는 불꽃 등을 감지하여 소화약제를 방사하여 소화하는 캐비닛 형태의 소화장치

④ 가스자동소화장치 : 열, 연기 또는 불꽃 등을 감지하여 가스계 소화약제를 방사하여 소화하는 소화장치

⑤ 분말자동소화장치 : 열, 연기 또는 불꽃 등을 감지하여 분말의 소화약제를 방사하여 소화하는 소화장치

⑥ 고체에어로졸자동소화장치 : 열, 연기 또는 불꽃 등을 감지하여 에어로졸의 소화약제를 방사하여 소화하는 소화장치

(3) 주거용 주방자동소화장치의 설치기준

① 소화약제 방출구는 환기구의 청소 부분과 분리되어 있어야 하며, 형식승인 받은 유효 설치 높이 및 방호면적에 따라 설치할 것

② 감지부는 형식승인 받은 유효한 높이 및 위치에 설치할 것

③ 차단장치(전기 또는 가스)는 상시 확인 및 점검이 가능하도록 설치할 것

④ 가스용 주방자동소화장치를 사용하는 경우 탐지부는 수신부와 분리하여 설치하되, 공기보다 가벼운 가스를 사용하는 경우에는 천장면으로부터 30cm 이하의 위치에 설치하고, 공기보다 무거운 가스를 사용하는 장소에는 바닥면으로부터 30cm 이하의 위치에 설치할 것

⑤ 수신부는 주위의 열기류 또는 습기 등과 주위온도에 영향을 받지 않고 사용자가 상시 볼 수 있는 장소에 설치할 것

(4) 설치대상 : 아파트 및 오피스텔의 모든 층

(5) 기능 : 과열감지기능, 가스누설감지 및 차단기능, 화재의 자동소화기능 및 수신부 자동감시기능

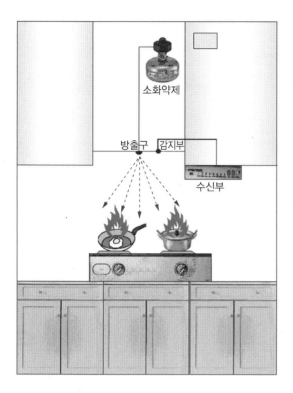

소화약제

방출구　감지부

수신부

※ 점검항목
- 가스누설탐지부 점검
- 가스누설차단밸브 시험
- 예비전원시험
- 감지부 시험
- 제어반(수신부) 점검
- 소화약제 저장용기 점검

※ 설치 시 주의사항
소화약제 중량은 3kg, 총중량은 4.79kg으로 상당히 무거워 텍스에 설치할 경우 탈락될 수 있으므로, 천장 콘크리트에 앵커를 박아 설치하는 것이 안전하다(천장에 튼튼하게 고정 설치한다).

3. 옥내소화전설비(Indoor Fire Hydrant)

(1) 개념

건물 내에 화재 발생 시 해당 소방대상물의 관계자 또는 자체소방대원이 이를 사용하여 발화 초기에 신속하게 진화할 수 있도록 건물 내에 설치하는 소화설비이다.

(2) 옥내소화전의 사용순서

문을 연다. → 호스를 빼고 노즐을 잡는다. → 밸브를 돌린다. → 불을 향해 쏜다.

① 물올림장치 : 펌프 내부에 공기 유입을 방지하기 위해 펌프 위 2m 상단에 설치하며 펌프의 공회전을 방지한다.
② 압력체임버 : 펌프를 자동으로 기동 및 정지시키는 역할을 하며, 압력스위치(P/S)의 나사를 돌려 Diff와 Range(정지점)를 세팅한다.
③ MCC(Motor Control Center) : 동력을 제어하는 판넬로 주펌프와 충압펌프의 작동과 정지가 수동으로 가능하다.

(3) 계통도

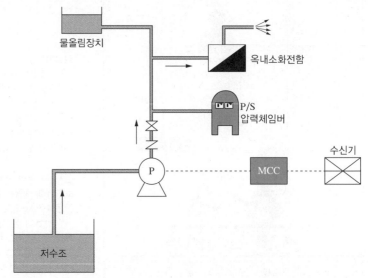

(4) 방수량과 방수압력   [중요도 ★★☆]

① 방수량 : 130L/min 이상

② 방수압력 : 0.17MPa 이상 0.7MPa 이하

(5) 수원의 양(호스릴 옥내소화전설비 포함)[56]

$$Q = 2.6 \times N \, \text{m}^3 \text{ 이상}$$
$$= (130 \text{L/min} \times \text{방사시간} \times 10^{-3}) \times N \, \text{m}^3 \text{ 이상}$$

① N : 가장 많은 층의 소화전 개수

 ㉠ 1~29층 : 한 층의 2개 이상은 2개

 ㉡ 30층 이상 : 5개 이상은 5개

② 층별 방사시간 : 높이에 따라 초기소화 작업에 걸리는 시간이 다름

 ㉠ 1~29층 : 20분

 ㉡ 30~49층 : 40분

 ㉢ 50층 이상 : 60분

---

56) 방수량(29층 이하) : 130L/min × 20min × N(설치개수) = 2,600L × N = 2.6m³
  방수량(30~49층 이하) : 130L/min × 40min × N(설치개수) = 5,200L × N = 5.2m³
  방수량(50층 이상) : 130L/min × 60min × N(설치개수) = 7,800L × N = 7.8m³

개념 다지기 옥내소화전의 수원 계산

- 4층 건물에 옥내소화전(1층 3개, 2~4층 1개) 설치 시 필요한 수원(m^3) 계산
  - 29층 이하 건물이므로 가장 많은 설치개수를 가진 층(1층)이 3개이므로(2개 이상은 2개) 조건을 N에 대입한다. 방사시간은 1~29층 사이의 건축물이므로 20분이다.
  - $Q = 130L/min × 20min × 2개 = 5,200L = 5.2m^3$
- 35층 건물에 옥내소화전(1~20층 4개, 21~34층 5개, 35층 8개) 설치 시 필요한 수원(L) 계산
  - 30층 이상 건물이므로 가장 많이 설치된 층(5개 이상 5개)을 적용한다. 방사시간은 30~49층 사이의 건축물이므로 40분이다.
  - $Q = 130L/min × 40min × 5개 = 26,000L$

(6) 옥상수조

① 옥내소화전설비의 옥상에 수조를 설치하는 이유는 지하수조의 주펌프가 고장 났을 때 여분의 개념으로 옥상에 고가수조를 설치하고 중력에 의한 압력으로 진화 작업이 가능하도록 설치한다.

② 옥상수조의 저수량은 지하수조 유효수량의 1/3로 설치한다.

③ 옥상수조의 설치예외

　㉠ 지하층만 있는 건축물

　㉡ 동결의 우려가 있는 장소

　㉢ 건축물의 높이가 10m 이하인 경우

　㉣ 고가수조 또는 가압수조를 가압송수장치로 설치한 옥내소화전설비

　㉤ 수원이 건축물의 최상층에 설치된 방수구보다 높은 위치에 설치된 경우

　㉥ 충압펌프 이외에 주펌프와 동등 이상의 성능이 있는 예비펌프를 설치한 경우

(7) 가압송수장치

규정 방수압력과 방수유량을 얻기 위한 설비　　중요도★★☆

펌프방식	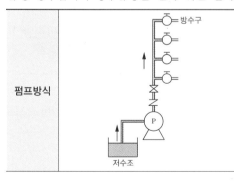	• 수동기동방식(원격기동방식) : 소화전함 ON-OFF 버튼 • 자동기동방식(기동용 수압개폐장치방식) : 압력체임버의 P/S가 압력이 감소함을 감지하여 펌프를 자동으로 기동하여 계속 방수된다.

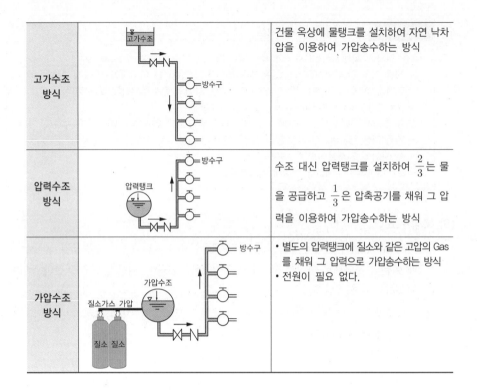

고가수조 방식		건물 옥상에 물탱크를 설치하여 자연 낙차압을 이용하여 가압송수하는 방식
압력수조 방식		수조 대신 압력탱크를 설치하여 $\frac{2}{3}$ 는 물을 공급하고 $\frac{1}{3}$ 은 압축공기를 채워 그 압력을 이용하여 가압송수하는 방식
가압수조 방식		• 별도의 압력탱크에 질소와 같은 고압의 Gas를 채워 그 압력으로 가압송수하는 방식 • 전원이 필요 없다.

(8) 배관 및 부속품

① 풋밸브(Foot Valve)[57] : 펌프의 흡입관 하단에 설치되어 물의 역류를 방지하는 체크밸브

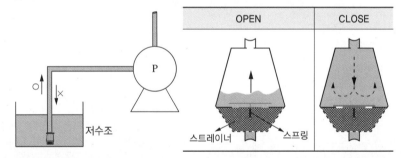

② 개폐밸브(Open/Close Valve) : 배관을 여닫아 유체의 흐름을 제어하는 밸브로 OS&Y밸브[58]와 버터플라이밸브가 있으며 버터플라이밸브는 마찰손실이 크므로 펌프 흡입 측에 설치할 수 없다.

---

57) 풋밸브는 후드밸브라고도 불린다. 흡입수조의 수질이 좋지 않을 가능성이 높기 때문에 풋밸브에는 보통 스트레이너(망)가 설치되어 있다.

58) OS&Y밸브 : 바깥나사 게이트 밸브(Outside Screw & Yoke Type Gate Valve). 바깥나사의 위치를 통해 밸브의 개폐 여부를 쉽게 알아볼 수 있도록 한 밸브로 개폐 상태를 제어반에서 확인할 수 있도록 탬퍼 스위치를 달아주어야 한다.

[OS&Y밸브]

[버터플라이밸브]

③ 체크밸브 : 한쪽 방향으로만 흐르게 하는 기능이 있는 밸브로 스모렌스키 체크밸브와 스윙 체크밸브가 있다.

[스모렌스키 체크밸브]

[스윙 체크밸브]

④ 물올림탱크 : 수원이 펌프보다 낮은 경우 진공을 통해 물을 흡입해야 한다. 그런데 배관에 물이 없으면 아래에 있는 물을 흡입하지 못하여 공회전하게 된다. 흡입을 위해 흡입 측 배관에 존재해야 하는 물을 마중물(Priming Water)[59]이라고 표현한다.

⑤ 순환배관 : 가압송수장치의 체절운전[60] 시 수온의 상승을 방지하기 위하여 **체크밸브와 펌프 사이**에서 분기한 구경 **20mm 이상**의 배관에 **체절압력 미만에서 개방**되는 **릴리프밸브**를 설치해야 한다. 중요도★★☆

⑥ 릴리프밸브(Relief Valve) : 배관 내 압력이 릴리프밸브 설정압력 이상이 되면, 과압을 방출하여 수온 상승을 방지하는 설비이다.

⑦ 성능시험배관 : 펌프의 성능을 시험하기 위하여 설치하는 배관으로, 펌프 토출 측 개폐밸브 이전에 분기하여 설치하고 평상시에는 밸브를 닫아 놓는다.

---

59) 펌프질을 할 때 물을 끌어올리기 위하여 위에서 붓는 물
60) 토출 측 배관의 밸브가 모두 잠긴 상태에서 펌프를 계속 기동하여 최고 높은 압력에서 펌프가 공회전 운전을 하는 것

+ 괄호문제

다음 괄호 안에 알맞은 내용을 쓰시오.

① 체크밸브는 한쪽 방향으로만 흐르게 하는 기능이 있는 밸브로 스모렌스키 체크밸브와 ( ) 체크밸브가 있다.
② 순환배관은 체크밸브와 펌프 사이에서 분기한 구경 ( )mm 이상의 배관에 체절압력 미만에서 개방되는 릴리프밸브를 설치해야 한다.

| 정답 |
① 스윙
② 20

확인! OX

순환배관과 성능시험배관에 대한 설명이다. 옳으면 "○", 틀리면 "×"로 표시하시오.

1. 가압송수장치의 체절운전 시 수온의 상승을 방지하기 위하여 체절압력 이상에서 개방되도록 순환배관에 릴리프밸브를 설치한다. ( )
2. 성능시험배관은 펌프의 성능을 시험하기 위해 펌프 토출 측 개폐밸브 이전에 분기하여 설치하고, 평상시 밸브를 닫아 놓는다. ( )

정답 1. X 2. O

| 해설 |
1. 체절압력 미만에서 개방되는 릴리프밸브를 설치해야 한다.

다음 괄호 안에 알맞은 내용을 쓰시오.

① 화재 발생 시 소방펌프차와 연결하여 압력수를 멀리 보내는 데 쓰이는 호스접결구를 ( )라 한다.

② 옥내소화전에서 소화펌프 풋밸브와 급수펌프 풋밸브 사이의 수량을 ( )수량이라고 한다.

| 정답 |
① 송수구
② 유효

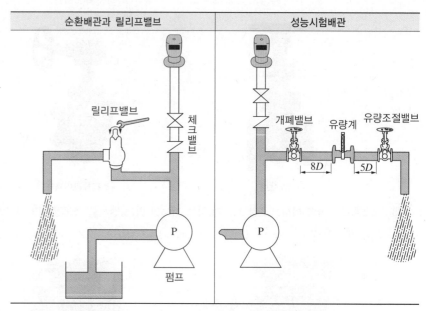

| 순환배관과 릴리프밸브 | 성능시험배관 |

⑧ 송수구 : 화재 발생 시 소방펌프차와 연결하여 압력수를 멀리 보내는 데 쓰이는 호스접결구이다.

(9) 옥내소화전함 등 설치기준

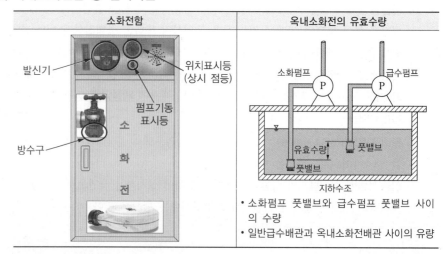

| 소화전함 | 옥내소화전의 유효수량 |

• 소화펌프 풋밸브와 급수펌프 풋밸브 사이의 수량
• 일반급수배관과 옥내소화전배관 사이의 유량

확인! OX

방수구의 설치기준에 대한 설명이다. 옳으면 "○", 틀리면 "×"로 표시하시오.

1. 방수구는 특정소방대상물의 층마다 설치한다. ( )
2. 특정소방대상물의 각 부분으로부터 하나의 옥내소화전 방수구까지의 수평거리는 40m 이하가 되도록 한다. ( )

정답 1. O 2. X

| 해설 |
2. 수평거리는 25m 이하가 되도록 하며, 호스의 구경은 40mm 이상이 되도록 한다.

개념 다지기 방수구의 설치기준   중요도 ★☆☆

• 특정소방대상물의 층마다 설치하되, 해당 특정소방대상물의 각 부분으로부터 하나의 옥내소화전 방수구까지의 **수평거리가 25m 이하**가 되도록 할 것
• **바닥으로부터 1.5m 이하**가 되도록 할 것
• 호스는 **구경 40mm**(호스릴 옥내소화전설비의 경우 25mm) **이상**일 것

(10) 기동용 수압개폐장치(압력체임버)의 역할

① 배관 내 설정압력 유지 : 압력스위치로 수압의 변화를 감지하고, 설정된 펌프의 기동·정지점이 될 때 펌프를 자동으로 기동·정지시켜 준다.

② 완충작용 : 체임버(Chamber) 상부의 공기가 완충작용을 하여 급격한 압력 변화를 방지한다.

    ㉠ 용적 : **100L 이상**

    ㉡ 안전밸브 : **과압방출**

    ㉢ 압력스위치 : 압력의 증감을 전기적 신호로 변환

(11) 제어반

① 수신기 : 자탐설비에서 각 경계구역의 화재표시, 경보, 전화통화, 작동시험, 단선유무 및 수신기의 예비전원 적합 여부를 판단하고 화재상황을 수신한다.

② 동력제어반 : 각종 동력 장치의 감시 및 제어기능이 있는 것을 말하며, 소화펌프의 직근에 설치한다.

    ㉠ 펌프 전원을 공급 또는 차단(ON/OFF)한다.

    ㉡ 펌프를 자동 또는 수동 기동(Auto/Manu)으로 선택한다.

    ㉢ 외함의 두께는 1.5mm 이상의 강판으로 설치한다.

③ 감시제어반 : 평상시 설비를 감시하다가 화재 시 설비, 즉 펌프를 작동시키는 역할을 한다.

    ㉠ 소화전 주펌프와 충압펌프의 운전 선택스위치가 자동 위치에 있는지 확인한다.

    ㉡ 펌프 압력스위치 표시등과 저수위 감시스위치 표시등이 소등되어 있는지 확인한다.

④ 복합형수신기 : 수신기와 감시제어반이 함께 설치되는 경우 복합형수신기라 부른다.

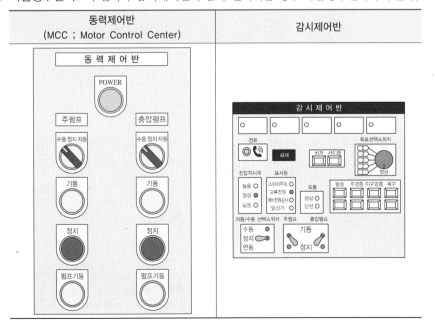

동력제어반 (MCC ; Motor Control Center)	감시제어반

+ 괄호문제

다음 괄호 안에 알맞은 내용을 쓰시오.

① 펌프를 자동으로 기동 시 사용하는 설비로 배관 내 설정압력을 유지하고 완충작용을 하는 것을 ( )라고 한다.

② 압력체임버의 용적은 ( )L 이상이어야 한다.

| 정답 |

① 기동용 수압개폐장치(압력체임버)

② 100

확인! OX

제어반에 대한 설명이다. 옳으면 "○", 틀리면 "×"로 표시하시오.

1. 각종 동력 장치의 감시 및 제어기능이 있는 것으로 소화펌프의 직근에 설치하는 것을 감시제어반이라 한다. ( )

2. 수신기와 감시제어반이 함께 설치되어 경우 복합형수신기라 한다. ( )

정답 1. X 2. O

| 해설 |

1. 동력제어반에 대한 설명이다.

+ 괄호문제

다음 괄호 안에 알맞은 내용을 쓰시오.

① 방수압력 측정 시 정상 압력은 (　)MPa 이상 (　)MPa 이하이다.

② 방수압력의 측정은 노즐 선단에 (　)게이지를 근접시켜 측정하며 봉상주수 상태에서 (　)으로 측정해야 한다.

| 정답 |

① 0.17, 0.7
② 피토, 수직

(12) 방수압력의 측정

중요도★☆☆

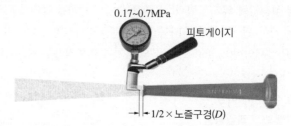

0.17~0.7MPa
피토게이지
1/2×노즐구경(D)

① **직사형 관창과 피토게이지**를 이용하여 측정한다.

② 피토게이지는 노즐 선단에 근접(노즐 구경의 1/2)하여 측정한다.

③ 방수압력 측정 시 정상 압력은 **0.17MPa 이상 0.7MPa 이하**이다.

④ 피토게이지는 봉상주수 상태에서 **수직**으로 측정해야 한다.

⑤ 초기 방수 시 물속에 존재하는 이물질이나 공기 등이 완전히 배출된 후에 측정해야 막힘이나 고장을 방지할 수 있다.

(13) 펌프의 성능시험

중요도★★☆

① 성능시험 및 체절운전

　　㉠ 성능시험 : 과부하운전[61](최대운전), 정격부하운전, 체절운전에서 펌프 성능의 정상 여부를 확인하는 것

　　㉡ 체절운전[62] : 펌프 성능시험을 목적으로 펌프 토출 측 밸브를 닫은 상태에서 운전하는 것

② 펌프의 성능시험 순서

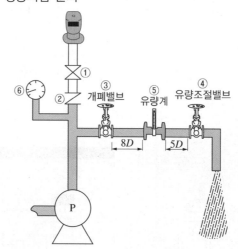

⑥　②　①　③ 개폐밸브　⑤ 유량계　④ 유량조절밸브

8D　5D

P

D : 배관직경[mm]

[성능시험 배관]

확인! OX

펌프의 성능시험에 대한 설명이다. 옳으면 "○", 틀리면 "×"로 표시하시오.

1. 펌프의 성능시험을 목적으로 펌프 토출 측 밸브를 닫은 상태에서 운전하는 것을 체절운전이라 한다. 　　(　)

2. 펌프의 성능시험은 과부하운전(최대운전), 정격부하운전, 체절운전에서 펌프 성능의 정상 여부를 확인하는 것이다. 　　(　)

정답 1. ○　2. ○

---

61) 화재 시 스프링클러헤드 또는 소화전 개방 개수에 따라 펌프의 유량이 달라진다. 스프링클러헤드가 기준 개수보다 많이 터지는 경우 또는 2개 층 이상에서 화재가 발생할 때 정격토출량을 초과할 수 있다.

62) 오작동 시 펌프의 토출량은 없으므로 수온이 상승하게 되고 펌프에 소손이 발생할 수 있다. 이를 방지하기 위해 순환배관을 설치하여 수온상승을 방지한다.

ⓐ 감시제어반 : 선택스위치 정지, 동력제어반 : 선택스위치 수동

ⓑ 펌프 토출 측 개폐밸브(그림 ①)를 잠근다.

ⓒ 펌프의 명판(토출량, 양정)을 파악하여 표를 작성한다.

펌프 성능시험 결과표						Sobang Pump		
구분		체절운전	정격운전 (100%)	정격유량의 150% 운전	적정 여부	모델명		
토출량 (L/min)	이론치	0	1,450L/min	2,175L/min		양수량	전양정	
	실측치	0				1.45m³/min	60m	
토출압 (MPa)	이론치	0.84MPa	0.60MPa	0.39MPa		출력	30kW	회전수
	실측치					인천펌프(주)		1,750rpm
릴리프밸브 작동압력 : 0.84MPa								

ⓓ 유량계(그림 ⑤)에 100%, 150% 유량 표

ⓔ 체절운전(No Flow Condition)

순환배관과 릴리프밸브	체절운전 순서
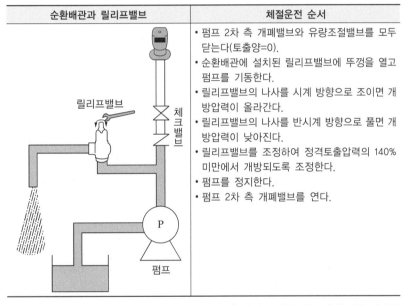	• 펌프 2차 측 개폐밸브와 유량조절밸브를 모두 닫는다(토출양=0). • 순환배관에 설치된 릴리프밸브에 뚜껑을 열고 펌프를 기동한다. • 릴리프밸브의 나사를 시계 방향으로 조이면 개방압력이 올라간다. • 릴리프밸브의 나사를 반시계 방향으로 풀면 개방압력이 낮아진다. • 릴리프밸브를 조정하여 정격토출압력의 140% 미만에서 개방되도록 조정한다. • 펌프를 정지한다. • 펌프 2차 측 개폐밸브를 연다.

ⓕ 정격부하운전(100% 유량운전) : 펌프를 기동한 상태에서 유량조절밸브를 개방하여 유량계의 유량이 정격유량상태(100%)일 때, 정격토출압력 이상이 되는지 확인하는 시험이다.

- 성능시험배관상의 개폐밸브(그림 ③)를 완전 개방, 유량조절밸브(그림 ④)를 약간 개방한다.
- 주펌프를 수동기동한다.
- 유량계를 보면서 유량조절밸브를 서서히 개방하여 정격토출량(100% 유량)일 때의 압력을 측정(그림 ⑥)한다.
- 주펌프를 정지한다.

ⓖ 최대운전(150% 유량운전, Peak Load) : 유량조절밸브를 더욱 개방하여 유량계의 유량이 정격토출량의 150%가 되었을 때 정격토출압의 65% 이상이 되는지를 확인하는 시험이다.

- 유량조절밸브(그림 ④)를 중간 정도만 개방시켜 놓는다.
- 주펌프를 수동기동한다.
- 유량계를 보면서 유량조절밸브를 조절하여 정격토출량의 150%일 때의 압력을 측정(그림 ⑥)한다.
- 주펌프를 정지한다.

◎ 복구
- 성능시험배관상의 개폐밸브(그림 ③)와 유량조절밸브(그림 ④)를 폐쇄하고, 펌프 토출 측 개폐밸브(그림 ①)를 개방한다.
- 제어반에서 주펌프와 충압펌프 선택스위치를 자동전환(먼저 충압펌프 자동전환 후 주펌프 자동전환)한다.

③ 펌프의 성능판단

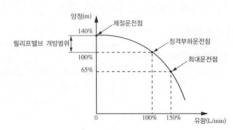

[펌프의 성능곡선]

㉠ 체절운전 시 정격토출압력의 140% 이하인지, 체절압력 미만에서 릴리프밸브[63]가 작동하는지 확인한다.
㉡ 정격부하운전 시 정격유량상태(100%)에서 정격토출압 이상이 되는지 확인한다.
㉢ 최대운전 시 정격토출량의 150%일 때 정격토출압의 65% 이상이 되는지 확인한다.
㉣ 가압송수장치가 확실히 작동되는지 확인한다.
㉤ 전동기의 운전전류값이 적용범위 내인지 확인한다.
㉥ 운전 중에 불규칙적인 소음, 진동, 발열은 없는지 확인한다.

구분	토출유량	토출압력
과부하운전	정격토출유량의 150%	정격토출압력의 65% 이상일 것
정격부하운전	정격토출유량의 100%	정격토출압력의 100% 이상일 것
체절운전	정격토출유량의 0%	정격토출압력의 140% 미만에서 릴리프밸브가 개방될 것

(14) 옥내소화전 펌프의 기동점과 정지점

① 압력스위치
㉠ 기동용 수압개폐장치(압력챔버)의 압력스위치에는 Range와 Diff의 눈금이 있으며, 펌프의 기동압력과 정지압력을 눈금으로 세팅한다.
- Diff = 정지압력(Range) − 기동압력
- 기동압력 = Range − Diff
∴ 펌프의 운전범위 : 기동압력~정지압력

---

63) 릴리프밸브의 조정방법
 – 조절볼트를 조이면(시계 방향) 릴리프밸브 작동압력이 높아진다.
 – 조절볼트를 풀면(반시계 방향) 릴리프밸브 작동압력이 낮아진다.

ⓒ 평상시 전 배관의 압력을 검지하고 있다가 일정 압력의 변동이 있을 시 압력스위치가 작동하여 감시제어반으로 신호를 보내고 제어 순서에 따라 펌프를 자동 기동 및 정지시키는 역할을 한다.

② 계산방법

정지점 계산	주펌프의 정지점	펌프의 양정을 압력으로 환산 예 양정이 80m라면 1/100을 곱해 0.8MPa로 설정
	충압펌프의 정지점	주펌프보다 0.05~0.1MPa 낮게 설정
기동점 계산	주펌프의 기동점	자연낙차압 + 0.2MPa(옥내소화전설비) [또는 0.15MPa(스프링클러설비)]
	충압펌프의 기동점	주펌프보다 0.05MPa 높게 설정

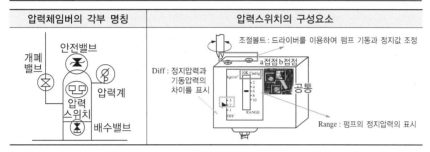

압력체임버의 각부 명칭	압력스위치의 구성요소

+ 괄호문제

다음 괄호 안에 알맞은 내용을 쓰시오.
① 주펌프의 정지점은 펌프의 ( )을 압력으로 환산한 값이다.
② 주펌프의 기동점을 계산할 때 자연낙차압에 옥내소화전설비의 경우 ( )MPa을 더한다.

| 정답 |
① 양정
② 0.2

4. 옥외소화전설비(건축물 외부에 설치하는 물소화설비)

(1) 방수량과 방수압력

① 방수량 : 350L/min 이상

② 방수압력 : 0.25MPa 이상 0.7MPa 이하

(2) 수원의 용량

$$Q = 7 \times N\text{m}^3$$
여기서, N : 옥외소화전 개수(최대 2개)

(3) 설치기준

① 배관 등의 설치기준 　　　　　　　　　　　　　중요도 ★☆☆

　㉠ 호스접결구는 지면으로부터의 높이가 0.5m 이상 1m 이하의 위치에 설치하고, 특정소방대상물의 각 부분으로부터 하나의 호스접결구까지의 수평거리가 40m 이하가 되도록 설치한다.

　㉡ 호스는 구경 65mm의 것으로 해야 한다.

확인! OX

옥외소화전설비에 대한 설명이다. 옳으면 "○", 틀리면 "×"로 표시하시오.

1. 옥외소화전설비 수원의 용량은 7m³에 소화전 설치개수를 곱한 양 이상이어야 한다.
( )

2. 옥외소화전 호스접결구는 지면으로부터의 높이가 0.5m 이상 1m 이하의 위치에 설치해야 하며, 호스의 구경은 65mm의 것으로 해야 한다.
( )

정답 1. ○ 2. ○

② 옥외소화전함의 설치기준 : 설치거리는 옥외소화전으로부터 5m 이내의 장소에 소화
전함을 설치해야 한다.

　㉠ 옥외소화전 10개 이하 : 5m 이내의 장소에 1개 이상 설치

　㉡ 옥외소화전 11~30개 이하 : 11개 이상의 소화전함을 각각 분산하여 설치

　㉢ 옥외소화전 31개 이상 : 옥외소화전 3개마다 1개 이상 설치

③ 옥외소화전 위치표시등과 펌프기동표시등

　㉠ 위치표시등 : 평상시 점등

　㉡ 펌프기동표시등 : 주펌프 기동시에만 점등

5. 스프링클러설비

(1) 개념

물을 소화약제로 하는 자동식 소화설비로 냉각 및 질식효과[64]를 통해 화재를 진압할
수 있는 소화설비이다.

(2) 구성요소

① 감열부 유무에 따른 스프링클러헤드의 종류

구분	폐쇄형	개방형
그림	프레임 감열체 디플렉터	디플렉터
감열부	○	×
구조	방수구가 폐쇄되어 있음	방수구가 개방되어 있음

---

64) 물이 수증기가 될 경우 부수적으로 질식효과가 있다.

② 설치위치에 따른 스프링클러헤드의 종류

구분	상향식	하향식	측벽형
그림			

③ 주위온도에 따른 스프링클러헤드의 종류 중요도 ★☆☆

설치장소의 최고 주위온도[65]	표시온도(헤드 작동온도)[66]
39℃ 미만	79℃ 미만
39℃ 이상 64℃ 미만	79℃ 이상 121℃ 미만
64℃ 이상 106℃ 미만	121℃ 이상 162℃ 미만
106℃ 이상	162℃ 이상

[예외] 높이가 **4m 이상**인 **공장**에 설치하는 스프링클러헤드는 주위온도에 관계없이 표시온도 **121℃ 이상**인 것으로 한다.

④ 방수량과 방수압력 중요도 ★☆☆

  ㉠ 방수량 : **80L/min·개 이상**

  ㉡ 방수압력 : **0.1MPa 이상 1.2MPa 이하**

⑤ 헤드의 기준개수 : 펌프 용량과 수원의 양을 계산하는 기준이 된다. 중요도 ★★★

스프링클러설비의 설치장소			기준개수(개)
지하층을 제외한 층수가 10층 이하인 특정소방대상물	공장	특수가연물[67]을 저장·취급하는 것	30
		그 밖의 것	20
	근린생활시설[68], 판매시설, 운수시설 또는 복합건축물	판매시설 또는 복합건축물 (판매시설이 설치되는 복합건축물)	30
		그 밖의 것	20
	기타	헤드의 부착높이가 8m 이상	20
		헤드의 부착높이가 8m 미만	10
지하층을 제외한 층수가 11층 이상 특정소방대상물, **지하가** 또는 지하역사			30

[비고] 하나의 소방대상물이 2 이상의 "스프링클러헤드의 기준개수"란에 해당하는 때에는 기준개수가 많은 것을 기준으로 한다. 다만, 각 기준개수에 해당하는 수원을 별도로 설치하는 경우에는 그렇지 않다.

---

65) 암기 Tip : 삼국유사(3964)는 106페이지!
66) 암기 Tip : 79 12 11 62(친구 한둘을 11세에 만나 62세까지 놀자!)
67) 가연물이란 불에 잘 타는 물질을 말하며, 가연물 중에서도 화재가 발생할 경우 불길이 빠르게 번지는 물질을 특수가연물이라 한다(면화류, 나무껍질, 종이부스러기, 사류, 볏짚류, 가연성 고체류, 석탄 등).
68) 주택가와 인접해 주민들의 생활 편의를 도울 수 있는 시설 등(슈퍼마켓, 병원, 제과점, 목욕탕, 미용실, 동사무소 등)

+ 괄호문제

다음 괄호 안에 알맞은 내용을 쓰시오.

① 높이가 4m 이상인 공장에 설치하는 스프링클러헤드는 주위온도에 관계없이 표시온도 ( )℃ 이상인 것으로 한다.

② 지하층을 제외한 층수가 10층 이하인 특정소방대상물의 경우 특수가연물을 저장·취급하는 장소에는 스프링클러헤드의 기준개수를 ( )개로 한다.

| 정답 |
① 121
② 30

확인! OX

스프링클러설비의 구성요소에 대한 설명이다. 옳으면 "○", 틀리면 "×"로 표시하시오.

1. 감열부 유무에 따른 스프링클러헤드의 종류에는 상향식과 하향식, 측벽식이 있다. ( )

2. 스프링클러헤드가 설치된 장소의 최고 주위온도가 39℃ 미만인 경우 표시온도는 79℃ 미만이다. ( )

정답 1. X 2. O

| 해설 |
1. 설치위치에 따른 구분이다.

⑥ 수원

$$Q = 1.6 \times N\text{m}^3$$
여기서, N : 폐쇄형 헤드의 기준개수

ⓐ 수원량(저수량) = N(기준개수) $\times$ 80L/min $\times$ 20min
= N(10, 20, 30개) $\times$ 1,600L = $1.6N\text{m}^3$

ⓑ 30층 이상의 특정소방대상물(고층건축물)
• 30~49층 건축물 = N(기준개수) $\times$ 80L/min $\times$ 40min = $3.2N\text{m}^3$
• 50층 이상 건축물 = N(기준개수) $\times$ 80L/min $\times$ 60min = $4.8N\text{m}^3$

⑦ 스프링클러설비 배관의 구분

ⓐ 가지배관 : 스프링클러헤드가 설치되어 있는 배관, 교차배관에서 분기되는 지점을 기준으로 한쪽 가지배관에 설치되는 헤드는 8개 이하로 할 것. 가지배관의 구조는 토너먼트 방식이면 안 된다.

ⓑ 교차배관 : 직접 또는 수직배관을 통하여 가지배관에 급수하는 배관이며, 교차배관 끝에 청소구를 설치하고 나사보호용 캡으로 마감한다.

ⓒ 주배관 : 각 층을 수직으로 관통하는 수직배관

ⓓ 수평주행배관 : 교차배관으로 물을 공급하는 배관

ⓔ 수직배수배관 : 유수검지장치가 설치된 층마다 물을 배수하는 수직배관

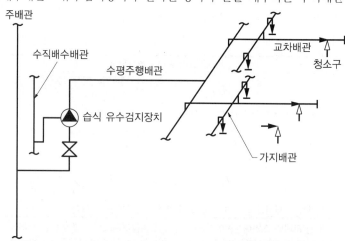

⑧ 유수검지장치(Water Flow Indicator) : 스프링클러설비 내의 유수현상을 자동적으로 검지하여 신호 또는 경보를 내는 장치

ⓐ 알람밸브(습식)

ⓑ 건식밸브(건식)

ⓒ 프리액션밸브(준비작동식)

ⓓ 일제개방밸브(일제살수식)

(3) 스프링클러설비의 4가지 종류 중요도★☆☆

종류	헤드	감지기 유무	밸브	배관	수동조작함 유무 (SVP ; Supervisory Panel)
습식	폐쇄형	×	알람밸브	• 1차 측 : 가압수 • 2차 측 : 가압수	×
건식		×	건식밸브	• 1차 측 : 가압수 • 2차 측 : 압축공기 또는 질소	×
준비작동식		○	준비작동밸브 (프리액션밸브)	• 1차 측 : 가압수 • 2차 측 : 대기압	○
일제살수식	개방형	○	일제개방밸브	• 1차 측 : 가압수 • 2차 측 : 대기압	○

① 습식

㉠ 알람밸브(습식 유수검지장치)를 기준으로 1, 2차 측 모두 가압수로 구성되어 있으며, 화재 시 폐쇄형 헤드가 개방되어 소화수가 방출된다.

㉡ 작동순서

- 화재 발생
- 폐쇄형 헤드 개방, 방수
- 2차 측 배관 압력 저하
- 1차 측 압력에 의해 습식 유수검지장치의 클래퍼 개방
- 습식 유수검지장치의 압력스위치 작동 → **사이렌 경보, 감시제어반의 화재표시등, 밸브 개방표시등의 점등**
- 배관 내 압력저하로 기동용 수압개폐장치의 압력스위치 작동 → **펌프 기동**

㉢ 계통도

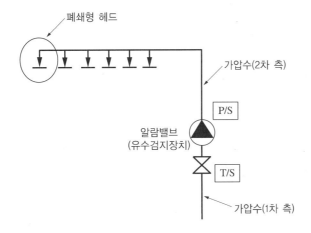

② 건식

㉠ 헤드가 개방되어 클래퍼 2차 측 공기의 압력이 낮아지면, 급속개방기구[69]가 작동하여 클래퍼를 신속히 개방시켜 1차 측의 물을 헤드로 공급하며, 습식 유수검지장치와 같이 시트링의 홀을 통해 압력스위치를 작동시켜 제어반으로 사이렌, 화재표시등, 밸브 개방표시등의 신호를 보낸다.

---

69) 급속개방기구(Quick Opening Device) : 2차 측 배관 내 압축공기가 헤드를 통해 빠져나가는 데 시간이 소요되기 때문에 액셀러레이터를 사용하여 클래퍼를 신속히 개방시킨다.

＋ 괄호문제

다음 괄호 안에 알맞은 내용을 쓰시오.

① 습식 스프링클러설비는 (   ) 밸브를 기준으로 1, 2차 측 모두 (   )로 채워져 있으며, 화재 시 폐쇄형 헤드가 개방되어 소화하는 방식이다.

② 건식 스프링클러설비는 헤드가 개방되어 1차 측의 물이 헤드로 공급되면 건식밸브 압력스위치가 작동되어 사이렌이 경보되고 감시제어반의 화재표시등과 밸브 개방표시등이 (   )된다.

| 정답 |
① 알람, 가압수
② 점등

확인! OX

습식 스프링클러설비에 대한 설명이다. 옳으면 "○", 틀리면 "×"로 표시하시오.

1. 습식 유수검지장치인 알람밸브를 기준으로 1, 2차 측 모두 가압수로 채워져 있다.
(   )

2. 화재 시 개방형 헤드가 개방되어 소화수가 방출되며, 감시제어반의 화재표시등이 점등된다.
(   )

정답 1. ○ 2. X

| 해설 |
2. 화재 시 폐쇄형 헤드가 개방되어 소화수가 방출된다.

ⓛ 작동순서

- 화재 발생
- 폐쇄형 헤드 개방, 압축공기 방출
- 2차 측 공기압 저하
- 클래퍼 작동(급속개방기구 작동)
- 1차 측 가압수 2차 측으로 흘러 헤드로 방수
  → 건식밸브의 압력스위치 작동으로 사이렌 경보, 감시제어반 화재표시등과 밸브 개방표시등 점등
- 배관 내 압력 저하로 기동용 수압개폐장치[70]의 압력스위치 작동 → 펌프 기동

ⓒ 계통도

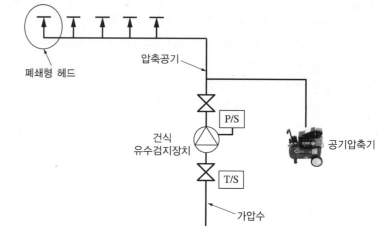

③ 준비작동식

ⓝ 감지기 A, B가 모두 동작하면 중간체임버와 연결된 솔레노이드밸브[71]가 개방되면서 중간체임버의 물이 배수되어 클래퍼가 밀려 1차 측 배관의 물이 2차 측으로 유수된다.

ⓛ 작동순서

- 화재 발생
- 교차회로 방식의 A or B 감지기 작동(경종&사이렌 경보, 화재표시등 점등)
- A and B 감지기 작동 또는 수동조작함(SVP) 작동
- 준비작동식 유수검지장치[72] 작동 → 솔레노이드밸브 작동, 중간체임버 감압, 밸브 개방, 압력스위치 작동(사이렌 경보, 밸브 개방표시등 점등)
- 2차 측으로 급수
- 폐쇄형 헤드 개방, 방수
- 배관 내 압력 저하 → 기동용 수압개폐장치의 압력스위치 작동 → 펌프 기동

---

70) 압력체임버
71) 전자밸브 vs 솔레노이드밸브 차이점
72) 프리액션밸브

ⓒ 계통도

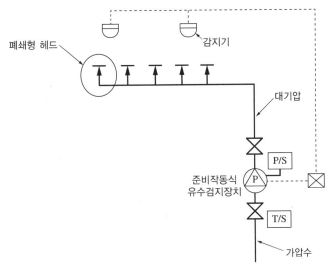

④ 일제살수식
  ㉠ 개방형 헤드를 사용하는 스프링클러설비로 화재 발생 시 자동 또는 수동식 기동장치에 따라 밸브가 열린다.
  ㉡ 작동순서
    • 화재 발생
    • 교차회로 방식의 A or B 감지기 작동(경종&사이렌 경보, 화재표시등 점등)
    • A and B 감지기 작동 또는 수동조작함(SVP) 작동
    • 일제개방밸브 작동 → 솔레노이드밸브 작동, 중간챔버 감압, 밸브 개방, 압력스위치 작동(사이렌 경보, 밸브 개방표시등 점등)
    • 2차 측으로 급수
    • 개방형 헤드에서 바로 방수
    • 배관 내 압력 저하 → 기동용 수압개폐장치의 압력스위치 작동 → 펌프 기동
  ㉢ 계통도

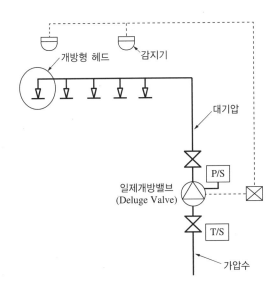

+ 괄호문제

다음 괄호 안에 알맞은 내용을 쓰시오.

① 동파의 우려가 있는 장소에도 설치가 가능하며, 컴프레서 설치 등에 의해 설치면적이 크고 배관의 기밀성이 요구되는 것을 ( ) 스프링클러설비라고 한다.

② 동파의 우려가 있는 장소에는 부적당하지만, 구조가 간단하고 화재 시 방수 속도가 가장 빠른 것은 ( ) 스프링클러설비이다.

| 정답 |
① 건식
② 습식

(4) 스프링클러설비의 종류별 장단점

① 습식

　㉠ 장점

　　• 구조가 간단하다.

　　• 화재 시 방수 속도가 빠르다.

　㉡ 단점 : 동파의 우려가 있는 장소에는 부적당하다.

　㉢ 경제성 : 설치비가 저렴하다.

② 건식

　㉠ 장점 : 동파의 우려가 있는 장소에도 설치가 가능하다.

　㉡ 단점 : 컴프레서 설치 등에 의해 설치면적이 크며, 배관의 기밀성이 요구된다.

　㉢ 경제성 : 감지기를 설치할 필요가 없으므로 준비작동식에 비해 경제적이다.

③ 준비작동식

　㉠ 장점 : 동파의 우려가 있는 장소에도 설치가 가능하다.

　㉡ 단점

　　• 감지기를 설치해야 하므로 경비가 많이 소요된다.

　　• 오동작의 우려가 크다.

　㉢ 경제성 : 감지기를 설치해야 하고 밸브의 가격이 비싸 비용이 많이 소요된다.

④ 일제살수식

　㉠ 장점

　　• 동파의 우려가 있는 장소에도 설치가 가능하다.

　　• 화재진압이 가장 빠르다.

　㉡ 단점

　　• 감지기를 설치해야 하므로 경비가 많이 소요된다.

　　• 감지기 오동작으로 인한 물의 피해가 크다.

　㉢ 경제성 : 감지기를 설치해야 하고 밸브의 가격이 비싸 비용이 많이 든다.

(5) 습식 스프링클러설비의 점검

① 점검 시 경보스위치를 정지시킨다.

② 시험장치 개폐밸브(시험밸브)를 개방하여 가압수를 배출시킨다.

③ 알람밸브 2차 측 압력이 저하되어 클래퍼가 개방된다.

④ 확인사항

　㉠ 감시제어반의 화재표시등 점등 확인, 해당 구역 밸브개방표시등 점등 확인

　㉡ 해당 구역의 경보상태 확인

　㉢ 소화펌프 자동기동 확인

⑤ 복구

　㉠ 시험밸브를 잠근다.

　㉡ 클래퍼가 복구되면 펌프는 자동으로 정지된다.

　　※ 펌프가 자동으로 정지하지 않을 때는 주펌프만 수동으로 정지한다.

확인! OX

습식 스프링클러설비의 점검에 대한 설명이다. 옳으면 "○", 틀리면 "×"로 표시하시오.

1. 습식 스프링클러설비의 점검 전 알람스위치를 정지시킨다. ( )

2. 시험밸브를 개방하여 가압수가 배출되면 알람밸브 2차 측 압력이 저하되고 클래퍼가 개방된다. ( )

정답 1. X 2. ○

| 해설 |
1. 경보스위치를 정지한다.

(6) 준비작동식 스프링클러설비의 점검

① 수신반에서 경보스위치를 정지시킨 후, 2차 측 개폐밸브를 잠그고 배수밸브를 개방시킨다.

② 유수검지장치의 작동방법(5가지) 중요도★★★

  ㉠ 감지기 2회로 작동

  ㉡ 수동조작함 조작

  ㉢ 수동기동밸브 개방

  ㉣ 제어반의 수동기동 스위치 작동

    ※ 프리액션밸브 선택스위치는 수동, 수동기동 스위치는 기동으로 변환한다.

  ㉤ 동작시험 S/W를 누르고, 회로선택스위치를 2회로 작동

③ 확인사항

  ㉠ 화재표시등 점등 확인, A and B 감지기 지구표시등 점등 확인

  ㉡ 솔레노이드밸브 개방 여부 확인

  ㉢ 수신반 준비작동식 밸브개방 표시등 점등 여부 확인

  ㉣ 사이렌, 경종의 작동 여부 확인

  ㉤ 펌프의 자동기동 여부 확인

④ 복구

  ㉠ 1차 측 개폐밸브를 닫기 → 펌프 정지

  ㉡ 제어반 복구 → 솔레노이드밸브 복구

  ㉢ 배수밸브 닫기

  ㉣ 세팅밸브를 열어 중간챔버에 급수

  ㉤ 1차 측 압력계를 상승함을 확인하고 1차 측 개폐밸브 개방

  ㉥ 세팅밸브 닫기

  ㉦ 2차 측 개폐밸브 개방

+ 괄호문제

다음 괄호 안에 알맞은 내용을 쓰시오.

① 이산화탄소소화설비는 가연물 내부에서 연소하는 (　) 화재에 적합하며, 비전도성으로 (　)화재에 적합하다는 장점이 있다.
② 소화약제 방출방식 중 밀폐 방호구역 전체에 소화약제를 방출하는 방식을 (　)방식이라 한다.

| 정답 |
① 심부, 전기
② 전역방출

제2절 가스계 소화설비

1. 정의

물을 사용하지 않고 방출 후 가스 상태인 설비로 이산화탄소, 할론, 할로겐화합물, 불활성기체 소화약제를 사용하여 가스 상태로 화재를 진압하는 설비를 의미한다.

2. 분류

(1) 소화약제 종류에 따른 분류

① 이산화탄소소화설비 　　　　　　　　　　　　　　　　　중요도★★☆

장점	단점
• 가연물 내부에서 연소하는 심부화재[73]에 적합하다. • 화재진화 후 깨끗하다. • 피연소물에 피해가 적다. • 비전도성이므로 전기화재에 좋다.	• 사람에게 질식의 우려가 있다. • 방사 시 동상[74]의 우려가 있다. • 설비가 고압으로 특별한 주의와 관리가 필요하다.

② 할론소화설비
③ 할로겐화합물 및 불활성기체 소화설비

(2) 소화약제 방출방식에 따른 분류 　　　　　　　　　중요도★☆☆

① 전역방출방식 : 밀폐 방호구역 전체에 소화약제를 방출하는 방식
② 국소방출방식 : 직접 화점에 소화약제를 방출하는 방식
③ 호스릴방출방식 : 사람이 직접 화점에 소화수 또는 소화약제를 방출하는 방식

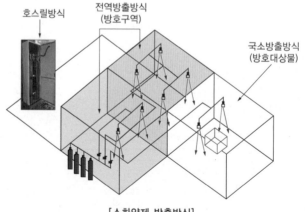

[소화약제 방출방식]

확인! OX

가스계 소화설비에 대한 설명이다. 옳으면 "○", 틀리면 "×"로 표시하시오.

1. 직접 화점에 소화약제를 방출하는 설비를 전역방출방식이라고 한다. 　　　　(　)
2. 이산화탄소소화설비는 화재진화 후 깨끗하고 피연소물에 대한 피해가 적은 반면, 방사 시 동상과 질식 우려가 있어 소화설비 오작동에 대한 철저한 관리가 필요하다. 　　　　(　)

정답 1. X 2. O

| 해설 |
1. 화점에 직접 소화약제를 방출하는 설비를 국소방출방식이라고 한다.

---

73) 목재 또는 섬유와 같이 가연물 내부에서 연소하는 화재를 말한다.
74) CO_2는 액체에서 가스로 변할 때 부피가 539배로 팽창하며, 기화잠열(액체가 기체로 변할 때 소비되는 열량)도 커서 온도를 떨어뜨리는 냉각효과가 크다.

(3) 구성요소 중요도★☆☆

① 저장용기 : 소화약제를 저장하는 용기

② 기동용 가스용기 : 질소 등의 비활성 기체가 저장되어 있으며 6.0MPa 이상으로 충전되어 있어, Sol밸브 작동 시 기동용 가스가 동관을 통하여 방출되어 저장용기의 봉판을 파괴하고 소화약제를 방출하는 역할

③ 솔레노이드밸브 : 기동용 가스용기의 동판을 파괴하여 기동용 가스를 방출시키는 역할

④ 선택밸브 : 소화약제 방출 시 방출구역을 선택해주는 밸브

⑤ 압력스위치 : 소화약제 방출 시 방출표시등을 점등시키는 역할

⑥ 방출표시등 : 압력스위치 작동에 의해 점등되며 방호구역 내로 사람이 집입하는 것을 방지하는 역할

⑦ 수동조작함 : 화재 시 수동조작에 의해 소화약제를 방출하는 역할

⑧ 방출헤드 : 소화약제를 방출하는 역할

저장용기	기동용 가스용기	솔레노이드밸브	선택밸브
압력스위치	방출표시등	수동조작함	방출헤드

(4) 작동순서 중요도★★☆

화재 발생 → 감지기 A and B 동작(또는 수동기동장치 ON) → 제어반(화재수신, 자탐경보) → 지연시간(30초) → 솔레노이드밸브 격발 → 기동용 가스용기 개방 → 선택밸브 개방(압력스위치 동작, 경보발생, 방출표시등 점등) → 분사헤드 작동(소화약제 방출)

+ 괄호문제

다음 괄호 안에 알맞은 내용을 쓰시오.

① 가스계 소화설비의 구성요소 중 기동용 가스용기의 동판을 파괴하여 기동용 가스를 방출시키는 역할을 하는 것을 (   )밸브라 한다.

② 가스계 소화설비의 압력스위치는 소화약제 방출 시 방출표시등을 (   )시키는 역할을 한다.

| 정답 |
① 솔레노이드
② 점등

확인! OX

가스계 소화설비의 구성요소에 대한 설명이다. 옳으면 "○", 틀리면 "×"로 표시하시오.

1. 화재 시 수동조작에 의해 소화약제를 방출하는 역할을 하는 것을 압력스위치라 한다. (   )

2. 솔레노이드밸브 작동 시 기동용 가스가 동관을 통하여 방출되어 저장용기의 봉판을 파괴하고 소화약제를 방출하는 역할을 하는 것이 저장용기이다. (   )

정답 1. X 2. X

| 해설 |
1. 수동조작함에 대한 설명이다.
2. 기동용 가스용기에 대한 설명이다.

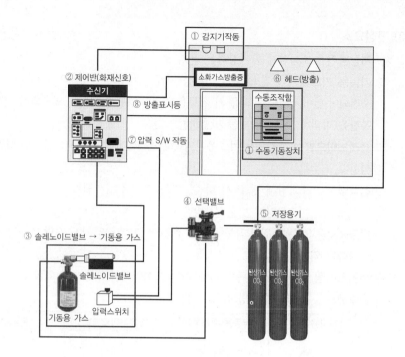

(5) 기동용 가스용기 솔레노이드밸브 격발 시험순서(제어반 수동기동 시험)

① 기동용 가스용기에서 선택밸브에 연결된 조작동관 분리
② 기동용 가스용기에서 저장용기에 연결된 개방용 동관 분리
③ 솔레노이드 밸브 선택스위치 수동전환
④ 솔레노이드밸브 안전핀 체결 후 분리, 안전핀 제거 후 격발 준비
⑤ 기동스위치 누름

(6) 기동용 가스용기 솔레노이드밸브 격발 시험방법　　　중요도★★★

① 수동조작버튼 작동(즉시 격발)
② 수동조작함 작동
③ 교차회로감지기 작동
④ 제어반 수동조작스위치 동작

(7) 점검 후 복구방법　　　중요도★☆☆

① 제어반의 복구스위치 복구
② 제어반의 솔레노이드밸브 연동 정지
③ 솔레노이드밸브 복구 : 작동점검 시 격발된 솔레노이드밸브를 복구
④ 솔레노이드밸브에 안전핀을 체결한 후 기동용 가스용기에 결합
⑤ 제어반의 스위치가 연동 상태인지 확인 후 솔레노이드밸브에서 안전핀 분리
⑥ 점검 전 분리했던 조작동관을 결합

CHAPTER 03

경보설비

출제포인트
- 자동화재탐지설비의 구성요소
- P형 수신기의 점검방법
- 감지기 설치 시 유효면적과 설치개수
- 경계구역 구하기
- 발신기의 설치기준
- 경보방식

1. 자동화재탐지설비의 구성요소

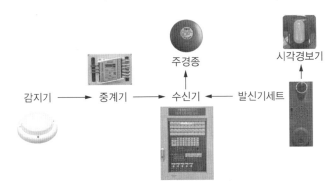

기출 키워드

자동화재탐지설비, 경계구역, P형 수신기, 발신기, 경보방식

(1) 경계구역

특정소방대상물 중 화재 신호를 발신하고, 그 신호를 수신하여 제어할 수 있는 구역

(2) 수신기

감지기나 발신기에서 발하는 화재 신호를 직접 수신하거나 중계기를 통하여 수신하여 화재의 발생을 표시 및 경보하여 주는 장치

(3) 중계기

감지기, 발신기 또는 전기적인 접점 등의 작동에 따른 신호를 받아 이를 수신기에 전송하는 장치

(4) 감지기

화재 시 발생하는 열, 연기, 불꽃 또는 연소생성물을 자동으로 감지하여 수신기에 화재 신호 등을 발신하는 장치

(5) 발신기

수동누름버튼 등의 작동으로 화재 신호를 수신기에 발신하는 장치

다음 괄호 안에 알맞은 내용을 쓰시오.

① 자동화재탐지설비에서 발하는 화재 신호를 시각경보기에 전달하여 ( )장애인에게 점멸형태로 시각 경보를 주는 것을 ( )장치라 한다.

② ( )이란 자동화재탐지설비의 1회선이 화재의 발생을 효율적으로 감지할 수 있도록 범위를 정한 구역을 말한다.

| 정답 |

① 청각, 시각경보

② 경계구역

(6) 시각경보장치

자동화재탐지설비에서 발하는 화재 신호를 시각경보기에 전달하여 청각장애인에게 점멸형태의 시각 경보를 하는 것

(7) 거실

거주·집무·작업·집회·오락, 그 밖에 이와 유사한 목적을 위하여 사용하는 실

(8) 신호처리방식

화재 신호 및 상태 신호 등을 송수신하는 방식

① 유선식 : 화재 신호 등을 배선으로 송수신하는 방식

② 무선식 : 화재 신호 등을 전파에 의해 송수신하는 방식

2. 자동화재탐지설비를 설치해야 하는 대상(소방시설법 영 별표 4)

설치대상	설치기준
기숙사 및 숙박시설	모든 층
층수가 6층 이상인 건축물	모든 층
노유자 생활시설	모든 층
지하구	전부
판매시설 중 전통시장	전부
근린생활시설(목욕장 제외), 의료시설(정신의료기관, 요양병원 제외), 위락시설, 장례시설 및 복합건축물	연면적 600m^2 이상 모든 층
목욕장	연면적 1,000m^2 이상 모든 층
교육연구시설, 수련시설, 동물 및 식물 관련 시설, 교정 및 군사시설 또는 묘지 관련 시설	연면적 2,000m^2 이상 모든 층
터널	1,000m 이상

경계구역에 대한 설명이다. 옳으면 "○", 틀리면 "×"로 표시하시오.

1. 하나의 경계구역이 2 이상의 건축물에 미치지 않도록 해야 한다. 다만, 500m^2 이하의 범위 안에서 2개의 건물을 하나의 경계구역으로 설정할 수 있다. ( )

2. 거주·집무·작업·집회·오락 등 유사한 목적을 위하여 사용하는 실을 거실이라 한다. ( )

정답 1. X 2. O

| 해설 |

1. 2개의 건물이 아닌 2개의 층을 하나의 경계구역으로 할 수 있다.

3. 경계구역

중요도 ★★☆

특정소방대상물 중 화재 신호를 발신하고 그 신호를 수신 및 유효하게 제어할 수 있는 구역. 자동화재탐지설비의 1회선이 화재의 발생을 효율적으로 감지할 수 있도록 범위를 정한 구역

(1) 하나의 경계구역이 2 이상의 건축물에 미치지 않도록 할 것

(2) 하나의 경계구역이 2 이상의 층에 미치지 않도록 할 것. 다만, 500m^2 이하의 범위 안에서는 2개의 층을 하나의 경계구역으로 할 수 있다.

(3) 하나의 경계구역의 면적은 600m² 이하로 하고, 한 변의 길이는 50m 이하로 할 것. 다만, 해당 특정소방대상물의 주된 출입구에서 그 내부 전체가 보이는 것에 있어서는 한 변의 길이가 50m의 범위 내에서 1,000m² 이하로 할 수 있다.

건물 A와 건물 B의 경계구역을 분리하여 설정	1층과 2층의 바닥면적 합계가 500m² 이하이므로 하나의 경계구역으로 설정	하나의 경계구역은 면적 600m² 이하이고 한 변의 길이는 50m 이하
건물 A 건물 B	2층 200m² 1층 300m²	600m² 이하 50m 이하 50m 이하

4. 수신기

(1) P형 수신기(소유주의, Proprietary)

① 감지기 또는 발신기로부터 발하여지는 신호를 직접 또는 중계기를 통하여 공통신호로서 수신하여 화재의 발생을 해당 소방대상물의 관계자에게 경보하여 주는 것을 말한다.
② 화재 신호를 접점 신호인 공통신호로 수신하기 때문에 경계구역마다 별도의 실선배선(Hard Wire)으로 연결한다. 따라서, 경계구역 수가 증가할수록 회선 수가 증가하게 되므로 소규모 건물에 설치한다.

(2) R형 수신기(기록, Record)

① 감지기 또는 발신기로부터 발하여지는 신호를 직접 또는 중계기를 통하여 고유신호로서 수신하여 화재의 발생을 해당 소방대상물의 관계자에게 경보하여 주는 것을 말한다.
② 통신신호방식으로 신호를 주고받기 때문에 하나의 선로를 통하여 많은 신호를 주고받을 수 있어 배선 수를 획기적으로 감소시킬 수 있다. 따라서, 경계구역 수가 많은 대형 건물에 많이 설치한다.

(3) 수신기의 설치기준 〔중요도★☆☆〕

① 수신기가 설치된 장소에는 경계구역 일람도를 비치할 것
② 수신기의 조작스위치 높이 : 바닥으로부터 높이가 0.8m 이상 1.5m 이하
③ 수위실(방재실, 경비실) 등 상시 사람이 근무하고 있는 장소에 설치할 것

(4) 수신기 스위치별 기능 〔중요도★☆☆〕

① 화재표시등 : 화재 발생 시 적색으로 표시
② 지구표시등(경계구역 표시등) : 화재 신호가 발생한 각 경계구역을 나타내는 표시등
③ 전압표시등 : 수신기의 공급전압을 표시
④ 예비전원(축전지)감시표시등 : 예비전원의 이상 유무를 확인하여 주는 표시등

⑤ **발신기응답표시등(작동등)** : 수신기에 수신된 신호가 발신기의 조작에 의한 신호인지의 여부를 식별해 주는 표시장치

⑥ **스위치주의표시등** : 각 조작스위치가 정상위치에 있지 않을 때 점멸·점등을 반복

⑦ **도통시험표시등** : 도통시험에서 해당 회로의 불량(적색등 점등)과 정상(녹색등 점등) 여부를 쉽게 판별할 수 있는 표시등

⑧ **예비전원시험스위치** : 예비전원의 배터리 충전상태 점검 시 사용(평상시 LED 램프가 소등 상태 유지)

⑨ **주경종정지스위치** : 수신기 옆 또는 내부에 있는 주경종을 정지할 때 사용(평상시 LED 램프가 소등 상태 유지)

⑩ **지구경종정지스위치** : 지구경종의 명동을 정지할 때 사용하는 스위치(평상시 LED 램프가 소등 상태 유지)

⑪ **동작시험스위치** : 수신기에 화재 신호를 수동으로 입력하여 수신기가 정상적으로 동작하는지를 점검하는 시험스위치

⑫ **도통시험스위치** : 도통시험스위치를 누르고 회로선택스위치를 회전시키거나 버튼을 눌러 선택된 회로의 결선 상태를 확인할 때 사용

⑬ **회로선택스위치** : 스위치 주위에 회로 번호가 표시되어 있으며, 동작시험이나 회로도통시험을 실시할 때 필요한 회로를 선택하기 위하여 사용하는 스위치

⑭ **자동복구스위치** : 스위치가 시험 위치에 놓여 있을 때는 감지기의 복구에 따라 수신기의 동작 상태가 자동복구

⑮ **화재복구스위치** : 수신기의 동작 상태를 정상으로 복구할 때 사용

⑯ **버저** : 발신기의 전화잭에 송수화기를 연결 시 버저가 울림

⑰ **전화잭** : 발신기와 수신기, 수신기 상호간 통화 가능

⑱ **비상방송정지스위치** : 비상방송 연동을 정지시킴

⑲ **축적스위치** : 일시적으로 발생한 열·연기 또는 먼지 등으로 인하여 감지기가 화재 신호를 발신할 우려가 있는 경우에 대비하기 위하여 사용되는 스위치(LED 램프가 점등되었을 때는 축적이고, LED가 소등되었을 때는 비축적 상태)

(5) P형 수신기의 점검방법 `중요도★★★`

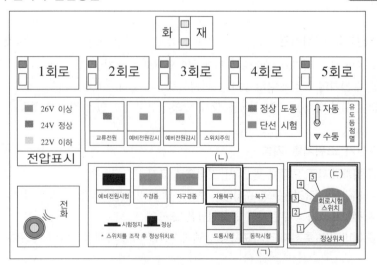

① 동작시험 : 수신기에 화재 신호를 수동으로 입력하여 수신기가 정상적으로 동작하는
지 확인하기 위한 시험이다.
　　㉠ 순서 : (ㄱ) 동작시험스위치 누름 → (ㄴ) 자동복구스위치 누름 → (ㄷ) 회로시험스
위치 돌림
　　㉡ 복구순서 : (ㄷ) 회로시험스위치 돌림 → (ㄱ) 동작시험스위치 누름 → (ㄴ) 자동복
구스위치 누름
② 회로도통시험 : 수신기와 감지기 사이 회로의 단선유무와 기기 등의 접속 상태를
확인하기 위한 시험이다.
　　㉠ 순서 : 도통시험스위치 누름 → 회로시험스위치 돌림
　　㉡ 복구순서 : 도통시험스위치 복구
③ 예비전원시험
　　㉠ 순서 : 예비전원시험스위치 누름(누르고 있는 동안 시험 확인)
　　㉡ 적부 판정방법
　　　• 전압계 방식 : 19~29V 정상
　　　• 램프 방식 : 녹색등 점등

5. 발신기의 설치기준　　중요도★☆☆

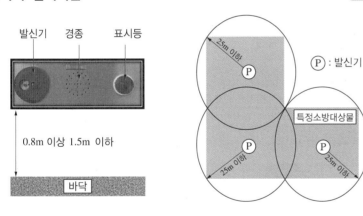

발신기　경종　표시등

0.8m 이상 1.5m 이하

바닥

ⓟ : 발신기

특정소방대상물

25m 이하

(1) 조작이 쉬운 장소에 설치하고, 스위치는 바닥으로부터 **0.8m 이상 1.5m 이하**의 높
이에 설치한다.

(2) 특정소방대상물의 층마다 설치하되, 해당 층의 각 부분으로부터 하나의 발신기까지
의 수평거리가 **25m 이하가** 되도록 설치한다. 다만, 복도 또는 별도로 구획된 실로
서 보행거리가 40m 이상일 경우에는 추가로 설치해야 한다.

(3) 발신기 누름스위치를 누르면 수신기 동작으로 **화재표시등, 지구표시등, 발신기표시
등이 점등**된다.
※ 복구방법은 발신기 누름스위치를 원위치로 복귀하고 수신기에서 복구스위치를 누른다.

6. 감지기

(1) 감지기의 종류

열감지기	차동식75)	분포형	넓은 범위에서 열효과에 작동
		스포트형	일국소에서 열효과에 작동 (거실, 사무실 등에 설치)
	정온식76)	감지선형	일국소 주위온도가 일정 이상의 온도가 되면 작동
		스포트형	바이메탈을 이용한 방식, 금속의 팽창계수차를 이용한 방식 등 (보일러실, 주방 등 온도 변화가 큰 곳에 설치)
	보상식	스포트형	차동식 + 정온식 겸용
연기감지기 (계단, 복도 등에 설치)	이온화식	비축적형	연기에 의한 이온전류의 변화를 이용
		축적형	
	광전식	산란광식	빛의 투과를 측정하여 연기의 존재를 감지
		감광식	

(2) 감지기의 구조

구분	차동식 스포트형 감지기	정온식 스포트형 감지기
구조		
원리	화재 시 온도 상승 → 감열실 내 공기가 팽창 → 다이어프램의 가동접점이 고정접점에 접촉 → 수신기로 신호를 발신	화재 시 감열판에 열전달 → 바이메탈이 휘어져 접점이 붙음 → 수신기로 신호를 발신
주요 부분	리크 구멍 : 감지기 오동작 방지	바이메탈 : 열변형을 이용하여 접점을 이동

구분	광전식 스포트형 감지기			
그림				
작동 순서	망으로 연기가 침투	커버를 분리하면 발광부 LED와 수광부 센서가 있음	발광부에서 빛이 발광되면 수광부로 빛이 침투되지 않음(빛은 직진성이 있음)	화재 시 연기가 침투되면 연기에 빛이 반사되어 수광부로 빛이 침투되고 화재를 감지하여 감지기 동작표시등을 점등

75) 급격한 온도 변화에 의해 내부 공기가 팽창하고 접점이 붙어 화재를 감지한다. 온도 변화가 작은 거실과 방, 사무실에 주로 설치한다.

76) 정해진 온도 이상일 때 동작하는 감지기로 내부의 바이메탈이 동작하면 접점이 붙어 화재를 감지한다. 주방이나 보일러실, 난로 주변에 설치한다.

(3) 감지기의 설치 유효면적[77]

중요도★☆☆

① 화재안전기준에는 열감지기의 설치기준이 있으며, 이는 화재를 효과적으로 감지할 수 있도록 정해놓은 기준이다.

② 감지기의 부착높이, 특정소방대상물의 구분(내화구조와 기타구조), 감지기의 종류(차동식·보상식·정온식)에 따라서 감지기가 감지할 수 있는 면적이 달라진다.

③ 감지기는 높은 곳에 설치해야 하며, 내화구조가 아닌 경우 감지기를 더 많이 설치해야 한다.

부착높이 및 특정소방대상물의 구분		감지기의 종류(단위 : m²)				
		차동식·보상식 스포트형		정온식 스포트형		
		1종	2종	특종	1종	2종
4m 미만	내화구조	90	70	70	60	20
	기타구조	50	40	40	30	15
4m 이상 8m 미만	내화구조	45	35	35	30	–
	기타구조	30	25	25	15	–

(4) 송배선식 감지기의 결선 방법

① 감지기 사이의 회로는 배선을 송배선식으로 해야 한다.

② 송배선식의 목적은 도통시험을 확실하게 하기 위한 배선 방식이며 일명 보내기 배선이라고도 한다.

③ 송배선식의 감지기 배선은 감지기 1극에 2개씩 총 4개의 단자를 이용하여 배선을 하며, 배선이 도중에 분기하지 않도록 아래 그림과 같이 시공하는 배선 방식이다.

④ 감지기 회로 말단에 있는 발신기 내에 종단저항을 설치하여 도통시험이 용이하도록 한다.

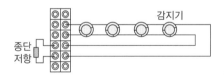

감지기 / 종단 저항

77) 암기 Tip

차동식·보상식 스포트형		정온식 스포트형		
1종	2종	특종	1종	2종
90	70	70	60	20
1/2+5	1/2+5	1/2+5	30	15
1/2	1/2	1/2	30	–
30	1/2-10	1/2-10	15	–

+ 괄호문제

다음 괄호 안에 알맞은 내용을 쓰시오.

① 감지기의 부착높이, 특정소방대상물의 구분, 감지기의 종류에 따라서 감지기가 감지할 수 있는 (   )이 달라진다.

② 2종 차동식 스포트형 감지기의 4m 미만 내화구조의 기준은 (   )m²마다 1개이다.

| 정답 |

① 면적

② 70

확인! OX

송배선식 감지기의 결선 방법에 대한 설명이다. 옳으면 "○", 틀리면 "✕"로 표시하시오.

1. 감지기 사이 회로의 배선은 감지기를 직렬로 연결하는 방법인 송배선식으로 해야 한다.   (   )

2. 송배선식의 목적은 도통시험을 확실하게 하기 위한 방법이며, 감지기 회로 말단에 있는 발신기 내에 종단저항을 설치해야 도통시험이 가능하다.   (   )

정답 1. ✕ 2. ○

| 해설 |

1. 감지기는 병렬로 연결한다.

7. 음향장치

(1) 종류

① 주음향장치 : 수신기의 내부 또는 직근에 설치할 것
② 지구음향장치 : 각 경계구역에 설치할 것

(2) 설치기준

① 주음향장치는 수신기의 내부 또는 그 직근에 설치할 것
② 층수가 11층(공동주택의 경우에는 16층) 이상의 특정소방대상물은 다음에 따라 경보를 발할 수 있도록 해야 한다.
③ 지구음향장치는 특정소방대상물의 층마다 설치하되, 해당 층의 각 부분으로부터 하나의 음향장치까지의 수평거리가 25m 이하가 되도록 하고, 해당 층의 각 부분에 유효하게 경보를 발할 수 있도록 설치할 것

(3) 구조 및 성능기준

① 정격전압의 80% 전압에서 음향을 발할 수 있는 것으로 할 것. 다만, 건전지를 주전원으로 사용하는 음향장치는 그렇지 않다.
② 음향의 크기는 부착된 음향장치의 중심으로부터 **1m** 떨어진 위치에서 **90dB 이상**이 되는 것으로 할 것
③ 감지기 및 발신기의 작동과 연동하여 작동할 수 있는 것으로 할 것

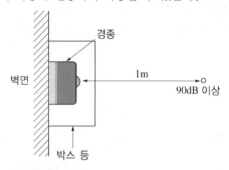

[수신기]

[발신기]

(4) 경보방식

① 일제경보방식 : 11층(공동주택은 16층) 미만

  ㉠ 2층 이상 발화 시 : 전층 일제경보에 경보를 발할 것

  ㉡ 1층 발화 시 : 전층 일제경보에 경보를 발할 것

  ㉢ 지하층 발화 시 : 전층 일제경보에 경보를 발할 것

  ※ 어느 1개 층에 화재가 감지되더라고 전층에 화재경보가 울리도록 하여 재실자가 화재 정보를 신속히 인지하여 대피할 수 있도록 한다.

② 우선경보방식 : 11층(공동주택은 16층) 이상

  ㉠ 2층 이상 발화 시 : 발화층, 직상 4개 층에 경보를 발할 것

  ㉡ 1층 발화 시 : 발화층, 직상 4개 층, 지하층에 경보를 발할 것

  ㉢ 지하층 발화 시 : 발화층, 직상층, 기타의 지하층에 경보를 발할 것

③ 우선경보방식의 경보 및 화재발생

11층 이상				
⋮				
6층	●			
5층	●	●		
4층	●	●		
3층	●	●		
2층	🔥●	●		
1층		🔥●	●	
지하 1층		●	🔥●	●
지하 2층		●	●	🔥●
지하 3층		●	●	●

※ ● : 경보발생, 🔥 : 화재발생

CHAPTER 04 피난구조설비

출제포인트
- 피난기구의 종류
- 비상조명등의 유효 작동시간
- 유도등의 종류
- 설치장소별 피난기구의 적응성
- 휴대용 비상조명등의 설치대상

기출 키워드

피난기구, 피난구유도등, 통로유도등, 객석유도등의 설치개수, 2선식 유도등, 3선식 유도등

1. 피난기구의 종류

(1) 정의

① **구조대** : 포지 등을 사용하여 자루 형태로 만든 것으로서 화재 시 사용자가 그 내부에 들어가서 내려옴으로써 대피할 수 있는 것을 말한다.

② **완강기** : 사용자의 몸무게에 따라 자동으로 내려올 수 있는 기구 중 사용자가 교대하여 연속적으로 사용할 수 있는 것을 말한다.

③ **간이완강기** : 사용자의 몸무게에 따라 자동으로 내려올 수 있는 기구 중 사용자가 연속적으로 사용할 수 없는 것을 말한다.

④ **피난사다리** : 화재 시 긴급대피를 위해 사용하는 사다리를 말한다.

⑤ **미끄럼대** : 사용자가 미끄럼식으로 신속하게 지상 또는 피난층으로 이동할 수 있는 피난기구로써 장애인복지시설, 노약자수용시설, 병원 등에 설치하는 피난기구를 말한다.

⑥ **다수인 피난장비** : 화재 시 2인 이상의 피난자가 동시에 해당 층에서 지상 또는 피난층으로 하강하는 피난기구를 말한다.

⑦ **공기안전매트** : 화재 발생 시 사람이 건축물 내에서 외부로 긴급히 뛰어내릴 때 충격을 흡수하여 안전하게 지상에 도달할 수 있도록 포지에 공기 등을 주입하는 구조로 되어 있는 것을 말한다.

⑧ **승강식 피난기** : 사용자의 몸무게에 의하여 자동으로 하강하고 내려서면 스스로 상승하여 연속적으로 사용할 수 있는 무동력 승강식 피난기를 말한다.

⑨ **하향식 피난구용 내림식사다리** : 하향식 피난구 해치에 격납하여 보관하고 사용 시에는 사다리 등이 소방대상물과 접촉되지 않는 내림식 사다리를 말한다.

⑩ **피난교** : 인접 건축물 또는 피난층과 연결된 다리 형태의 피난기구를 말한다.

⑪ **피난용트랩** : 화재층과 직상층을 연결하는 계단 형태의 피난기구를 말한다.

(2) 구조

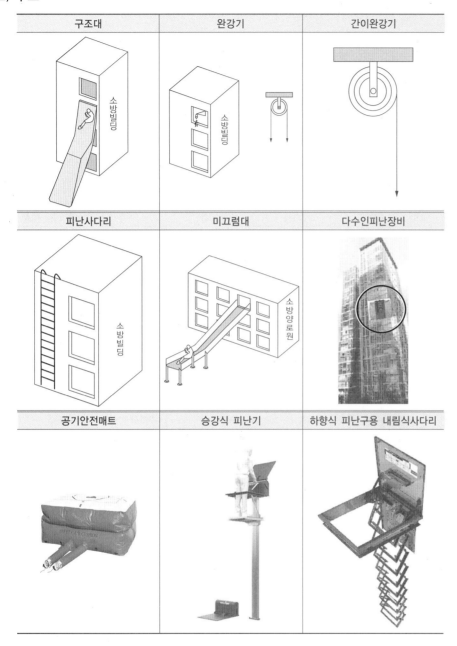

구조대	완강기	간이완강기
소방빌딩	소방빌딩	
피난사다리	**미끄럼대**	**다수인피난장비**
소방빌딩	소방양로원	
공기안전매트	**승강식 피난기**	**하향식 피난구용 내림식사다리**

+ 괄호문제

다음 괄호 안에 알맞은 내용을 쓰시오.

① 사용자의 몸무게에 따라 자동으로 내려올 수 있는 기구 중 사용자가 교대하여 연속적으로 사용할 수 있는 것을 (　)라 하며, 사용자가 연속적으로 사용할 수 없는 것을 (　)라고 한다.

② 화재 시 신속히 지상으로 피난할 수 있도록 제조된 피난기구로 장애인복지시설, 노약자수용시설, 병원 등에 설치하는 것을 (　)라고 한다.

| 정답 |
① 완강기, 간이완강기
② 미끄럼대

2. 설치개수

(1) 층마다 설치하되, 숙박시설·노유자시설 및 의료시설로 사용되는 층에 있어서는 그 층의 바닥면적 500m²마다, 위락시설·문화집회 및 운동시설·판매시설로 사용되는 층 또는 복합용도의 층에 있어서는 그 층의 바닥면적 800m²마다, 계단실형 아파트에 있어서는 각 세대마다, 그 밖의 용도의 층에 있어서는 그 층의 바닥면적 1,000m²마다 1개 이상 설치해야 한다.

확인! OX

피난기구에 대한 설명이다. 옳으면 "○", 틀리면 "×"로 표시하시오.

1. 화재 시 2인 이상의 피난자가 동시에 해당 층에서 지상 또는 피난층으로 하강하는 피난기구를 피난용 트랩이라고 한다. (　)

2. 화재가 발생할 경우 소방대상물에 거주하는 사람들이 안전한 장소로 피난할 때 사용하는 기구 또는 설비를 피난구조설비라 한다. (　)

정답 1. ✕ 2. ○

| 해설 |
1. 다수인 피난장비에 대한 설명이다.

다음 괄호 안에 알맞은 내용을 쓰시오.

① 노유자시설 3층에 설치해야 하는 피난기구로는 미끄럼대, 구조대, 피난교, 다수인 피난장비, (　)가 있다.
② 구조대의 적응성은 장애인 관련 시설로서 주된 사용자 중 스스로 (　)이 불가한 자가 있는 경우에 따라 추가로 설치하는 경우에 한한다.

| 정답 |
① 승강식 피난기
② 피난

(2) (1)에 따라 설치한 피난기구 외에 숙박시설(휴양콘도미니엄을 제외)의 경우에는 추가로 객실마다 완강기 또는 2 이상의 간이완강기를 설치해야 한다.

(3) 의무관리대상 공동주택의 경우에는 하나의 관리주체가 관리하는 공동주택 구역마다 공기안전매트 1개 이상을 추가로 설치해야 한다. 다만, 옥상으로 피난이 가능하거나 수평 또는 수직 방향의 인접세대로 피난할 수 있는 구조인 경우에는 추가로 설치하지 않을 수 있다.

3. 설치장소별 피난기구의 적응성

구분	1층	2층	3층	4층 이상 10층 이하
노유자시설[78]	• 미끄럼대 • 구조대 • 피난교 • 다수인 피난장비 • 승강식 피난기	• 미끄럼대 • 구조대 • 피난교 • 다수인 피난장비 • 승강식 피난기	• 미끄럼대 • 구조대 • 피난교 • 다수인 피난장비 • 승강식 피난기	• 구조대* • 피난교 • 다수인 피난장비 • 승강식 피난기
의료시설 · 근린생활시설[79] 중 입원실이 있는 의원 · 접골원[80] · 조산원	–	–	• 미끄럼대 • 구조대 • 피난교 • 피난용 트랩 • 다수인 피난장비 • 승강식 피난기	• 구조대 • 피난교 • 피난용 트랩 • 다수인 피난장비 • 승강식 피난기
다중이용업소로서 영업장의 위치가 4층 이하인 다중이용업소[81]	–	• 미끄럼대 • 구조대 • 피난사다리 • 다수인 피난장비 • 승강식 피난기 • 완강기	• 미끄럼대 • 구조대 • 피난사다리 • 다수인 피난장비 • 승강식 피난기 • 완강기	• 미끄럼대 • 구조대 • 피난사다리 • 다수인 피난장비 • 승강식 피난기 • 완강기
그 밖의 것			• 미끄럼대 • 구조대 • 피난교 • 피난사다리 • 피난용 트랩 • 다수인 피난장비 • 승강식 피난기 • 완강기 • 간이완강기** • 공기안전매트	• 구조대 • 피난교 • 피난사다리 • 다수인 피난장비 • 승강식 피난기 • 완강기 • 간이완강기** • 공기안전매트

[비고]
* : 구조대의 적응성은 장애인 관련 시설로서 주된 사용자 중 스스로 피난이 불가한 자가 있는 경우에 따라 추가로 설치하는 경우에 한한다.
** : 간이완강기의 적응성은 숙박시설의 3층 이상에 있는 객실에 추가로 설치하는 경우에 한한다.

---

78) 노약자, 아동 등을 위한 시설
79) 주택가와 인접해 주민들의 생활에 편의를 줄 수 있는 시설물(소매점, 음식점, 제과점, 미용원, 목욕탕, 세탁소, 의원, 탁구장, 마을회관, 부동산, 금융업소 등)
80) 어긋나거나 부러진 뼈를 이어 맞추는 일을 전문으로 하는 곳
81) 불특정 다수가 이용하는 영업소 중 화재 등 재난 발생 시 피해가 발생할 우려가 큰 업소

확인! OX

설치장소별 피난기구의 적응성에 대한 설명이다. 옳으면 "○", 틀리면 "×"로 표시하시오.

1. 의료시설 2층에는 구조대, 피난교, 피난용 트랩, 다수인 피난장비, 승강식 피난기를 설치해야 한다. (　)
2. 노유자시설의 4층에는 미끄럼대를 반드시 설치해야 한다. (　)

정답 1. X 2. X

| 해설 |
1. 의료시설의 4층 이상 10층 이하에 설치하는 피난기구이다. 2층에는 설치할 필요가 없다.
2. 미끄럼대는 노유자시설의 1층, 2층, 3층에만 설치한다.

4. 인명구조기구

(1) 종류

① 방열복 : 고온의 복사열에 가까이 접근하여 소방활동을 수행할 수 있는 내열피복을 말한다.

② 인공소생기 : 호흡 부전 상태인 사람에게 인공호흡을 시켜 환자를 보호하거나 구급하는 기구를 말한다.

③ 공기호흡기 : 소화활동 시에 화재로 인하여 발생하는 각종 유독가스 중에서 일정시간 사용할 수 있도록 제조된 압축공기식 개인호흡장비(보조마스크 포함)를 말한다.

④ 방화복 : 화재진압 등의 소방활동을 수행할 수 있는 피복을 말한다.

방열복	인공소생기	공기호흡기	방화복

(2) 특정소방대상물의 용도 및 장소별로 설치해야 할 인명구조기구

특정소방대상물	인명구조기구	설치 수량
(지하층 포함) 층수가 7층 이상인 관광호텔 및 5층 이상인 병원	• 방열복 또는 방화복(안전모, 보호장갑 및 안전화 포함) • 공기호흡기 • 인공소생기	각 2개 이상 비치할 것(단, 병원의 경우 인공소생기를 설치하지 않을 수 있다)
• 문화 및 집회시설 중 수용인원 100명 이상인 영화상영관 • 판매시설 중 대규모 점포 • 운수시설 중 지하역사 • 지하상가	공기호흡기	층마다 2개 이상 비치할 것(단, 각 층마다 갖추어 두어야 할 공기호흡기 중 일부를 직원이 상주하는 인근 사무실에 갖추어 둘 수 있다)
물분무등소화설비 중 이산화탄소소화설비를 설치해야 하는 특정소방대상물	공기호흡기	이산화탄소소화설비가 설치된 장소의 출입구 외부 인근에 1개 이상 비치할 것

5. 비상조명등

화재 발생 등에 따른 정전 시 안전하고 원활한 피난활동을 할 수 있도록 거실 및 피난통로 등에 설치되어 자동 점등되는 조명등을 의미한다.

(1) 조도[조명도(照明度)][82]

각 부분의 바닥에서 1lx[83] 이상

(2) 설치대상(소방시설법 영 별표 4)

① (지하층 포함) 층수가 5층 이상 건축물로 연면적이 3,000m² 이상인 경우에는 모든 층
② 지하층 또는 무창층으로 바닥면적이 450m² 이상인 경우에는 모든 층
③ 터널로서 그 길이가 500m 이상인 것

(3) 설치위치

특정소방대상물의 각 거실과 그로부터 지상에 이르는 복도, 계단 및 그 밖에 통로에 설치할 것

(4) 예비전원 내장 시

① 점등 여부를 확인할 수 있는 점검 스위치를 설치할 것
② 축전지와 예비전원 충전장치를 내장한 것

(5) 유효 작동시간

구분		내용
용량	20분 이상	일반적인 경우
	60분 이상	지하층을 제외한 층수가 11층 이상
		지하층 또는 무창층으로서 도매시장 · 소매시장 · 여객자동차터미널 · 지하역사 또는 지하상가

[비상조명등]

---

82) 등의 밝기
83) 빛의 조도를 나타내는 SI 단위

6. 휴대용 비상조명등

화재 발생 등으로 정전 시 안전하고 원활한 피난을 위하여 피난자가 휴대할 수 있는
조명등을 의미한다.

(1) 설치기준

① 건전지(방전 방지조치) 및 충전식 배터리(상시 충전)의 용량은 20분 이상 유효하게
   사용할 수 있는 것으로 할 것
② 어둠 속에서 위치를 확인할 수 있고 사용 시 자동으로 점등되는 구조일 것

(2) 설치대상

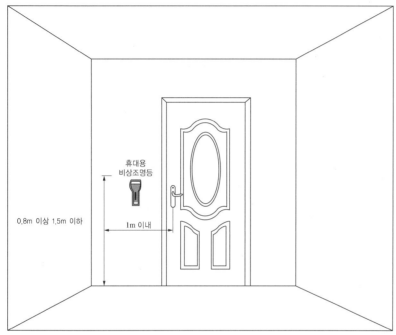

설치개수	설치대상	설치장소
1개 이상	숙박시설, 다중이용업소	객실 또는 영업장 안의 구획된 실마다 잘 보이는 곳에 설치
3개 이상	영화상영관, 판매시설 중 대규모 점포 (수용인원 100명 이상)	보행거리 50m마다
	지하역사, 지하상가	보행거리 25m마다(인공조명)

7. 유도등과 유도표지

(1) 개념

화재 시 피난을 유도하기 위한 등 및 표지로, 평상시 상용전원이 점등되고 정전 시 비상전
원으로 자동절환되며 20분 이상 작동해야 한다(단, 11층 이상이거나 지하상가의 경우
60분 이상 작동).

+ 괄호문제

다음 괄호 안에 알맞은 내용을 쓰
시오.
① 화재 발생 등으로 정전 시 안
   전하고 원활한 피난을 위하
   여 피난자가 휴대할 수 있는
   조명등을 (   ) 비상조명등이
   라 한다.
② 휴대용 비상조명등은 어둠 속
   에서 위치를 확인할 수 있고
   사용 시 자동으로 (   )되는
   구조이다.

| 정답 |
① 휴대용
② 점등

확인! OX

휴대용 비상조명등에 대한 설명
이다. 옳으면 "○", 틀리면 "×"로
표시하시오.
1. 건전지 및 충전식 배터리의
   용량은 20분 이상 유효하게
   사용할 수 있어야 한다.
                        (   )
2. 지하역사, 지하상가의 경우
   보행거리 50m마다 3개 이상
   설치해야 한다.   (   )

정답 1. ○ 2. ×

| 해설 |
2. 지하역사, 지하상가는 보행거
   리 25m마다 설치해야 한다.

(2) 종류

① 공연장, 집회장, 관람장, 운동시설, 유흥주점 영업시설 : **대**형피난구유도등, **통**로유도등, **객**석유도등

② 위락시설 : **대**형피난구유도등, **통**로유도등

③ 오피스텔, 지하층, 무창층 또는 층수가 11층 이상인 특정소방대상물 : **중**형피난구유도등, **통**로유도등

④ 교정 및 군사시설, 복합건축물 : **소**형피난구유도등, **통**로유도등

8. 유도등의 설치

(1) 피난구유도등의 설치장소

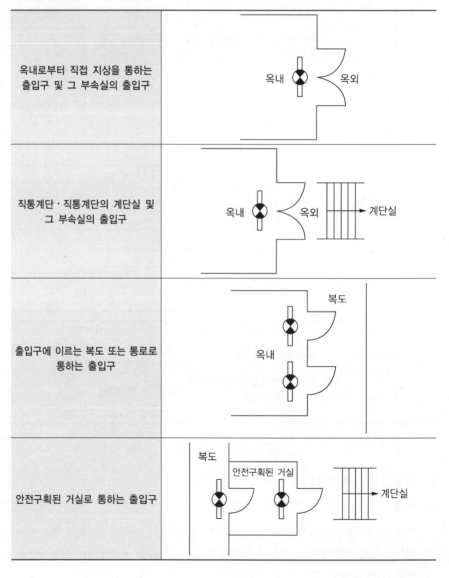

옥내로부터 직접 지상을 통하는 출입구 및 그 부속실의 출입구	옥내 / 옥외
직통계단·직통계단의 계단실 및 그 부속실의 출입구	옥내 / 옥외 → 계단실
출입구에 이르는 복도 또는 통로로 통하는 출입구	복도 / 옥내
안전구획된 거실로 통하는 출입구	복도 / 안전구획된 거실 → 계단실

(2) 피난구유도등, 통로유도등, 객석유도등의 비교 중요도★☆☆

구분	피난구유도등	통로유도등			객석유도등
		복도	계단	거실	
용도	출입구를 표시하여 피난을 유도	복도에 설치하고 피난구의 방향을 명시	계단에 설치하는 유도등으로 바닥면을 비춤	거실에 설치하는 유도등으로 피난의 방향을 명시	객석의 통로, 바닥 또는 벽에 설치하는 유도등
예시	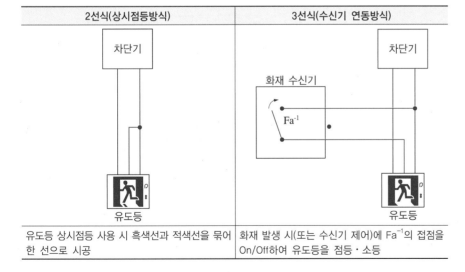				
설치장소 (위치)	출입구 (상부 설치)	일반 복도 (하부 설치)	일반 계단 (하부 설치)	주차장, 도서관 등 (상부 설치)	공연장, 극장 등 (하부 설치)
설치기준	바닥으로부터 1.5m 이상 출입구에 인접하게 설치	구부러진 모퉁이 및 보행거리 20m 마다 설치. 바닥으로부터 1m 이하의 위치에 설치	각 층의 경사로 참 또는 계단참[84] 마다 설치. 바닥으로부터 1m 이하의 위치에 설치	구부러진 모퉁이 및 보행거리 20m 마다 설치. 바닥으로부터 1.5m 이상의 위치에 설치	–

개념 다지기 객석유도등의 설치기준 중요도★☆☆

$$\text{설치개수} = \frac{\text{객석 통로의 직선부분 길이(m)}}{4} - 1$$

(단, 소수점 이하의 수는 1로 본다)

---

9. 유도등의 점검

(1) 유도등의 종류

2선식(상시점등방식)	3선식(수신기 연동방식)
차단기 / 유도등	차단기 / 화재 수신기 Fa⁻¹ / 유도등
유도등 상시점등 사용 시 흑색선과 적색선을 묶어 한 선으로 시공	화재 발생 시(또는 수신기 제어)에 Fa⁻¹의 접점을 On/Off하여 유도등을 점등·소등

---

84) 층과 층간의 연결되는 계단의 조금 넓은 평면 공간

+ 괄호문제

다음 괄호 안에 알맞은 내용을 쓰시오.

① 2선식 유도등을 점검하는 방법은 점등되지 않은 곳의 (   ) 스위치를 눌러본다. 스위치를 눌러도 점등되지 않는다면 전구를 교체한다.

② 평상시 유도등이 꺼져 있으므로 전기를 아낄 수 있고 유도등 또한 오래 사용할 수 있는 방식은 (   ) 유도등이다.

| 정답 |
① 점검
② 3선식

(2) 점검방법

① **2선식 유도등** : 평상시 유도등이 항상 켜져 있으므로 유도등에 문제가 있을 때 쉽게 식별할 수 있어 관리가 쉽다. 하지만, 항상 켜져 있어 전기를 지속해서 소모하므로 유도등의 수명이 짧다.

2선식 유도등 점검방법

점검 스위치

전원등
축전지 감시등

㉠ 유도등이 평상시 점등되어 있는지 확인한다.

㉡ 점등되지 않은 곳은 점검 스위치를 눌러 본다(스위치를 눌러도 점등되지 않은 곳은 등의 수명이 다했으므로 전구를 교체).

※ 2선식 유도등의 절전을 위해 Off 상태로 두면 예비전원(배터리)이 방전되어 비상시 점등되지 않는다.

② **3선식 유도등** : 평상시 유도등이 꺼져 있으므로 전기를 아낄 수 있고 유도등 또한 오래 사용할 수 있다. 하지만, 평상시 유도등의 문제가 있는지 식별이 되지 않아 화재나 비상시에 고장난 유도등이 동작하지 않을 확률이 높다.

3선식 유도등 점검방법

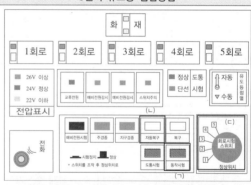

확인! OX

유도등의 점검방법에 대한 설명이다. 옳으면 "○", 틀리면 "×"로 표시하시오.

1. 3선식 유도등을 절전을 위해 Off 상태로 두면 예비전원이 방전되어 비상시 점등되지 않는다.   (   )

2. 2선식 유도등은 평상시 소등되어 있어, 유도등의 문제가 있는지 식별이 되지 않아 화재나 비상시에 고장난 유도등이 동작하지 않을 수 있다.   (   )

정답 1. X   2. X

| 해설 |
1. 2선식 유도등에 대한 설명이다.
2. 3선식 유도등에 대한 설명이다.

ⓘ 화재수신기에서 유도등 수동 스위치를 점등(On)으로 변경하거나 경보설비 점검방식에 따른 화재시험을 한다.
ⓛ 유도등의 점등 상태를 확인한다.
ⓒ 점등되지 않은 곳은 점검 스위치를 눌러본다(스위치를 눌러 점등되지 않는다면 전구를 교체).

(3) 3선식 유도등의 설치장소

특정소방대상물 또는 그 부분에 사람이 없거나 다음의 어느 하나에 해당하는 장소
① 외부의 빛에 의해 피난구 또는 피난 방향을 쉽게 식별할 수 있는 장소
② 공연장, 암실 등으로서 어두워야 할 필요가 있는 장소
③ 특정소방대상물의 관계인 또는 종사원이 주로 사용하는 장소

(4) 3선식 유도등이 점등되는 경우 중요도★★☆

① 자동화재탐지설비의 감지기 또는 발신기가 작동되는 때
② 비상경보설비의 발신기가 작동되는 때
③ 상용전원이 정전되거나 전원선이 단선될 때
④ 방재업무를 통제하는 곳 또는 전기실의 배전반에서 수동으로 점등하는 때
⑤ 자동소화설비가 작동할 때

개념 다지기 옥내소화전

방수구에 호스를 연결하여 방수구의 앵글밸브를 개방하고 호스의 노즐을 개방해야 소화수가 방사되는 원리이므로 수동식 소화설비라고 할 수 있다.

+ 괄호문제

다음 괄호 안에 알맞은 내용을 쓰시오.
① 3선식 유도등 점검 시 수신기의 유도등 수동 스위치를 (　)으로 변경하여 확인한다.
② 특정소방대상물의 관계인 또는 종사원이 주로 사용하는 장소에는 (　) 유도등을 설치한다.

| 정답 |
① 점등
② 3선식

확인! OX

유도등의 설치장소에 대한 설명이다. 옳으면 "○", 틀리면 "×"로 표시하시오.
1. 피난 방향을 쉽게 식별할 수 있는 장소에는 2선식 유도등을 설치한다. (　)
2. 공연장, 암실 등으로 어두워야 할 필요가 있는 장소에는 3선식 유도등을 설치한다. (　)

정답 1. × 2. ○

| 해설 |
1. 피난 방향을 쉽게 식별할 수 있는 장소에는 3선식 유도등을 설치한다.

소화용수설비

출제포인트
- 상수도 소화용수설비의 설치대상
- 소요수량에 따른 흡수관 투입구의 수
- 저수량 구하기
- 소요수량에 따른 채수구의 설치개수

기출 키워드

소화용수설비, 저수량, 흡수관 투입구, 채수구

1. 소화용수설비

화재를 진압하는 데 필요한 물을 공급하거나 저장하는 설비이다.

2. 상수도 소화용수설비

(1) 설치대상(소방시설법 영 별표 4)

설치대상	설치조건
연면적 5,000m² 이상(가스시설, 터널, 지하구는 제외)	전부 해당
가스시설(지상에 노출된 탱크)	저장용량 합계가 100t 이상
폐기물재활용시설 및 폐기물처분시설	전부 해당

(2) 설치기준

중요도 ★☆☆

① 호칭지름 75mm 이상의 수도배관에 호칭지름 100mm 이상의 소화전을 접속한다.
② 소화전은 소방자동차 등의 진입이 쉬운 도로면 또는 공지에 설치한다.
③ 소화전은 특정소방대상물의 수평투영면의 각 부분으로부터 140m 이하가 되도록 설치한다.
④ 지상식 소화전의 호스접결구는 지면으로부터 높이가 0.5m 이상 1m 이하가 되도록 설치한다.

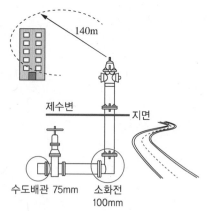

3. 소화수조 및 저수조

(1) 상수도 소화용수설비를 설치할 수 없을 경우에 설치하여 소방대에 필요한 물을 공급받을 수 있도록 한 설비이다.

(2) 채수구 또는 흡수관 투입구는 소방차가 2m 이내의 지점까지 접근할 수 있는 위치에 설치한다.

(3) 저수량 **중요도★★☆**

$$저수량 = \frac{소방대상물의 연면적}{기준면적} \times 20m^3$$

(단, 소수점 이하의 수는 1로 계산한다)

소방대상물의 구분	기준면적
1층 및 2층 바닥면적의 합계가 15,000m² 이상인 소방대상물	7,500m²
기타	12,500m²

(4) 흡수관 투입구의 설치개수 **중요도★★☆**

흡수관 투입구는 한 변이 0.6m 이상이거나 직경이 0.6m 이상인 것으로 하고, 소요수량이 80m³ 미만인 것은 1개 이상, 80m³ 이상인 것은 2개 이상을 설치해야 한다.

소요수량	80m³ 미만	80m³ 이상
흡수관 투입구의 수(개)	1개 이상	2개 이상

(5) 채수구의 설치개수

소요수량	20m³ 이상 40m³ 미만	40m³ 이상 100m³ 미만	100m³ 이상
채수구의 수(개)	1개	2개	3개

소화활동설비

출제포인트

- 제연설비의 차압
- 연결송수관설비의 설치대상
- 송수구, 방수구의 설치기준
- 연결살수설비의 설치대상
- 비상콘센트설비의 설치기준
- 무선통신보조설비의 설치대상

기출 키워드

차압, 출입문의 개방력, 송수구, 방수구, 비상콘센트설비

1. 제연설비

(1) 계단실 또는 부속실을 화재가 발생한 장소보다 공기압을 높여 옥내의 연기가 계단실 및 부속실 안으로 침입하는 것을 방지함으로써 연기에 의한 질식 방지로 피난자의 안전을 도모하고 소화활동을 원활하게 할 수 있도록 보조하는 소화활동설비이다.

(2) 제연설비의 구분

구분	거실 제연설비	부속실 제연설비
목적	인명안전, 수평피난, 소화활동	인명안전, 수직피난, 소화활동
적용	활재실(거실)	피난로(부속실, 승강장, 계단실)
제연방식	급 · 배기 방식	급기가압방식

(3) 급기가압 제연설비

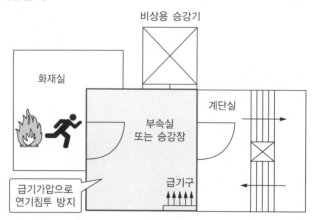

※ 비상용 승강기가 없는 경우 특별피난계단으로 볼 수 있다.

(4) 차압

중요도 ★☆☆

① 계단으로의 연기 유입을 막기 위해 제연구역과 옥내와의 사이에 유지되어야 하는 일정한 기압을 말한다.

② 제연구역과 옥내와의 사이에 유지해야 하는 최소 차압은 40Pa(옥내에 스프링클러설비가 설치된 경우에는 12.5Pa) 이상으로 해야 한다.

③ 제연설비가 가동되었을 경우 출입문의 개방에 필요한 힘은 110N 이하로 해야 한다.

※ 최대 차압을 제한하는 이유는 부속실(전실) 제연설비가 작동하더라도 제연구역에 연결된 출입문을 열고 피난하는 데 지장이 없기 때문이다.

(5) 방연풍속

중요도 ★☆☆

옥내(또는 화재실)의 연기가 제연구역 내로 유입되는 것을 방지하기 위함이다.

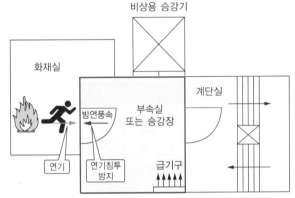

제연구역		방연풍속
계단실 및 그 부속실을 동시에 제연하는 것 또는 계단실만 단독으로 제연하는 것		0.5m/s 이상
부속실만 단독으로 제연하는 것	부속실 또는 승강장이 면하는 옥내가 거실인 경우	0.7m/s 이상
	부속실이 면하는 옥내가 복도로서 그 구조가 방화구조(내화시간이 30분 이상인 구조를 포함한다)인 것	0.5m/s 이상

(6) 제연설비의 점검방법

중요도 ★★★

① 평상시 제연설비 동력제어반의 각 스위치 및 표시등 상태

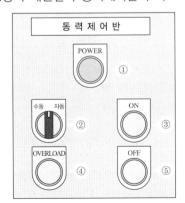

[동력제어반]
① : 점등
② : 자동
③ : 소등
④ : 소등
⑤ : 점등

+ 괄호문제

다음 괄호 안에 알맞은 내용을 쓰시오.

① 제연설비의 구분 중 화재 공간에 있는 사람들의 피난 안전성을 확보해 주는 급·배기 방식의 제연설비를 ( ) 제연설비라 한다.

② 계단으로의 연기 유입을 막기 위해 제연구역과 옥내와의 사이에 유지되어야 하는 최소 차압은 스프링클러설비가 설치된 경우 ( )Pa 이상이다.

| 정답 |
① 거실
② 12.5

확인! OX

방연풍속에 대한 설명이다. 옳으면 "○", 틀리면 "✕"로 표시하시오.

1. 방연풍속이란 옥내(또는 화재실)로부터 제연구역 내로 연기의 유입을 유효하게 방지할 수 있는 풍속을 말한다.
( )

2. 계단실 및 그 부속실을 동시에 제연하는 경우 방연풍속은 0.7m/s 이상이어야 한다.
( )

정답 1. ○ 2. ✕

| 해설 |
2. 계단실 및 그 부속실을 동시에 제연하는 경우 방연풍속은 0.5m/s 이상이어야 한다.

+ 괄호문제

다음 괄호 안에 알맞은 내용을 쓰시오.

① 평상시 제연설비 동력제어반의 전원은 ( )상태를 유지해야 한다.
② 제연설비 댐퍼 수동조작함의 수동기동스위치를 누르면 댐퍼와 송풍기 동작 표시등이 ( )된다.

| 정답 |
① 점등
② 점등

② 댐퍼 수동조작함의 수동기동스위치를 작동시켰을 때 감시제어반 표시등 작동상태

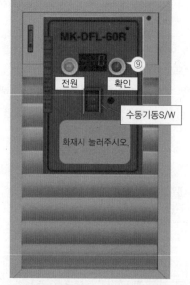

[감시제어반]
① : 소등
③ : 점등
④ : 점등
⑤ : 점등
⑥ : 점등
[댐퍼 수동조작함]
⑨ : 점등

감시제어반							
● ①	● ②	● ③	● ④	● ⑤	● ⑥	● ⑦	● ⑧
감지기		댐퍼(지구)	수동기동	댐퍼(동작)	송풍기(동작)		

③ 감지기 동작 시 감시제어반 표시등 작동상태

[감시제어반]
① : 점등
③ : 점등
④ : 소등
⑤ : 점등
⑥ : 점등
[연기감지기]
⑨ : 점등

감시제어반							
● ①	● ②	● ③	● ④	● ⑤	● ⑥	● ⑦	● ⑧
감지기		댐퍼(지구)	수동기동	댐퍼(동작)	송풍기(동작)		

④ 댐퍼를 작동시키는 방법
　㉠ 감시제어반의 급기댐퍼 스위치를 수동 위치에 놓는다.
　㉡ 댐퍼 수동조작함의 수동기동 스위치를 작동시킨다.

⑤ 송풍기를 작동시키는 방법
　㉠ 동력제어반의 ON 버튼을 누른다.
　㉡ 동력제어반 및 감시제어반의 모든 스위치를 자동으로 놓고 감지기를 동작시킨다.
　㉢ 동력제어반의 스위치를 자동으로 전환하고 감시제어반 급기 송풍기 스위치를 수동 위치에 놓는다.

확인! OX

제연설비에서 감지기 동작 시 감시제어반에 대한 설명이다. 옳으면 "○", 틀리면 "×"로 표시하시오.

1. 감지기가 동작하면 댐퍼와 송풍기가 작동한다. ( )
2. 감지기가 동작하면 감지기 표시등은 소등되고 수동기동 표시등이 점등된다. ( )

정답 1. ○ 2. ×

| 해설 |
2. 감지기가 동작하면 감지기 표시등은 점등되고 수동기동 표시등이 소등된다.

2. 연결송수관설비

(1) 고층 또는 지하 건축물 등에 설치하여 소방대가 건물 내 소화 작업 시 외부의 송수구에서 물을 공급하여 방수구에서 물을 사용하여 소화할 수 있도록 하는 소화활동설비이다.

(2) 설치목적

① 소화펌프 작동정지에 대응
② 수원의 고갈에 대응
③ 소방차에서 직접 살수 시 도달 높이 및 장애물의 한계를 극복

(3) 종류

① 건식 : 평상시 연결송수관설비의 배관 내부가 비어 있는 상태이며, 지면으로부터 높이가 31m 미만인 특정소방대상물 또는 지상 11층 미만인 특정소방대상물에만 설치한다.
② 습식 : 평상시 연결송수관설비의 배관 내부가 물로 충전되어 있는 상태이며, 지면으로부터 높이가 31m 이상인 특정소방대상물 또는 지상 11층 이상인 특정소방대상물에 설치한다.

(4) 설치대상(소방시설법 영 별표 4)

설치대상	설치조건
층수가 5층 이상+연면적 6,000m² 이상	전부 해당
(지하층 포함) 7층 이상	
지하 3층 이상 + 바닥면적의 합계가 1,000m² 이상	
터널	1,000m 이상

※ 위험물 저장 및 처리시설 중 가스시설 및 지하구는 제외한다.

(5) 송수구

① 소방차가 쉽게 접근할 수 있고 잘 보이는 장소에 설치할 것
② 지면으로부터 높이가 0.5m 이상 1m 이하의 위치에 설치할 것
③ 구경 65mm의 쌍구형으로 할 것
④ 송수구에는 그 가까운 곳의 보기 쉬운 곳에 송수압력범위를 표시한 표지를 할 것
⑤ 송수구에는 이물질을 막기 위한 마개를 씌울 것

(6) 방수구

① 연결송수관설비의 방수구는 그 특정소방대상물의 층마다 설치할 것
② 호스접결구는 바닥으로부터 높이가 0.5m 이상 1m 이하의 위치에 설치할 것
③ 방수구는 연결송수관설비의 전용 방수구 또는 옥내소화전 방수구로서 구경 65mm의 것으로 할 것

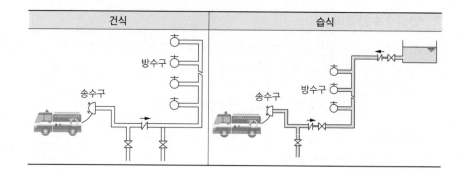

3. 연결살수설비

(1) 화재 발생 시 소방대의 진입이 어려운 지하가 또는 지하층에 설치하여 지상의 송수구를 통하여 물을 공급하여 살수헤드로 물을 방사하여 소화하는 소화활동설비이다.

(2) **구성요소 : 송수구, 배관, 살수헤드**

(3) **설치대상(소방시설법 영 별표 4)**

설치대상	설치조건
지하층 (피난층으로 주된 출입구가 도로와 접한 경우는 제외)	바닥면적의 합계가 150m² 이상
판매시설, 운수시설, 창고시설 중 물류터미널	바닥면적의 합계가 1,000m² 이상
가스시설 중 지상으로 노출된 탱크	용량이 30t 이상
연결통로 (지하층, 판매시설, 운수시설, 창고시설 중 물류터미널에 부속된 것)	전부

(4) **계통도**

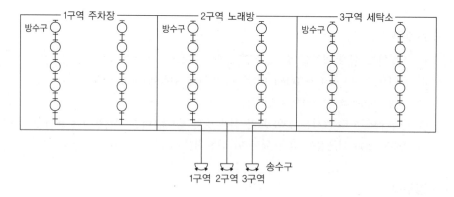

4. 비상콘센트설비

(1) 화재 시 소방대의 조명장치, 파괴기구 등을 접속하여 사용하는 비상전원설비로 소화활동을 용이하게 하기 위한 설비이다.

종류 : 단상교류
전압 : 220V
공급용량 : 1.5kVA 이상
플러그접속기 : 접지형 2극

(2) 설치대상(소방시설법 영 별표 4)

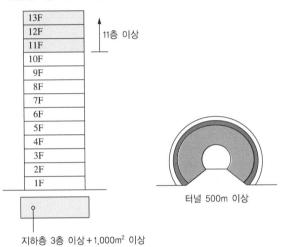

터널 500m 이상

지하층 3층 이상+1,000m² 이상

구분	설치대상
지상층	층수가 11층 이상인 특정소방대상물의 경우 11층 이상의 층
지하층	지하층의 층수가 3층 이상이고 지하층의 바닥면적의 합계가 1,000m² 이상인 것은 지하층의 모든 층
터널	길이가 500m 이상인 것

(3) 설치기준

① 바닥으로부터 높이 0.8m 이상 1.5m 이하의 위치에 설치할 것

② 바닥면적이 1,000m² 미만인 층은 계단의 출입구로부터 5m 이내에 설치한다.

③ 바닥면적이 1,000m² 이상인 층은 각 계단의 출입구 또는 계단부속실의 출입구로부터 5m 이내에 설치한다.

  ㉠ 지하상가 또는 지하층의 바닥면적의 합계가 3,000m² 이상은 수평거리 25m 이하마다 설치한다.

  ㉡ ㉠에 해당하지 않는 것은 수평거리 50m 이하마다 설치한다.

+ 괄호문제

다음 괄호 안에 알맞은 내용을 쓰시오.

① 무선통신보조설비란 지하층의 화재 발생 시 지상과 지하층 사이의 소방대 상호 간의 (　)통신을 용이하게 하기 위한 소화활동설비이다.

② 무선통신보조설비는 소화활동상에 필요한 설비로 누설동축케이블 방식, (　) 방식 등이 있다.

| 정답 |
① 무선
② 안테나

5. 무선통신보조설비

(1) 지하층의 화재 발생 시 누설동축케이블 등을 설치하여 지상과 지하층 사이의 소방대 상호 간의 무선통신을 용이하게 하기 위한 소화활동상 필요한 설비이다.

(2) 종류

① 누설동축케이블 방식
② 안테나 방식

(3) 설치대상(소방시설법 영 별표 4)

① 지하상가로서 연면적 $1,000m^2$ 이상인 것
② 지하층
　㉠ 바닥면적 합계가 $3,000m^2$ 이상인 지하층
　㉡ 지하층의 층수가 3층 이상이고 바닥면적 합계가 $1,000m^2$ 이상인 지하층의 모든 층
③ 터널로서 길이가 500m 이상인 것
④ 공동구
⑤ 고층 건축물 : 층수가 30층 이상인 것으로서 16층 이상 부분의 모든 층

6. 연소방지설비

(1) 전력 및 통신선 등이 설치된 지하구에 화재가 발생하였을 때 지상의 송수구를 통하여 소방펌프차로 송수를 하고 배관을 통해 연소방지설비 전용헤드로 방수되는 설비이다.

(2) 송수구, 배관, 방수헤드로 구성되어 있다.

(3) 설치대상(소방시설법 영 별표 4)

연소방지설비는 지하구(전력 또는 통신사업용인 것만 해당)에 설치해야 한다.
① 영업(사업)을 목적으로 설치되는 전력 또는 통신용 지하구일 것
② 집합 수용하기 위하여 설치한 지하 인공구조물일 것
③ 사람이 점검 또는 보수하기 위하여 출입이 가능할 것
④ 폭 1.8m 이상, 높이 2m 이상, 길이 500m 이상일 것

확인! OX

연소방지설비에 대한 설명이다. 옳으면 "○", 틀리면 "×"로 표시하시오.

1. 전력 및 통신선 등이 설치된 지하구에 화재가 발생했을 때 필요한 설비이다. (　)

2. 화재가 발생했을 때 지상의 방수구를 통하여 소방펌프차로 방수하고, 배관을 통해 연소방지설비 전용헤드로 송수된다. (　)

정답 1. ○ 2. X

| 해설 |
2. 지상의 송수구를 통하여 소방펌프차로 송수하고, 배관을 통해 연소방지설비 전용헤드로 방수된다.

소방계획 및 초기대응 체계와 교육 훈련

소방계획의 수립

2%
출제율

출제포인트
• 소방계획의 주요 내용
• 소방계획의 주요 원리
• 소방계획의 수립 절차

1. 소방계획

소방안전관리대상물의 화재로 인한 재난 발생을 사전에 예방·대비하고 화재 시 신속하고 효율적으로 대응·복구함으로써 인명 및 재산피해를 최소화하기 위해 작성·운영하고 유지·관리하는 위험관리계획을 의미한다.

2. 소방계획의 주요 내용

(1) **소방훈련·교육**에 관한 계획

(2) 위험물의 저장·취급에 관한 사항

(3) 화재 예방을 위한 **자체점검계획** 및 **대응대책**

(4) 소화에 관한 사항과 **연소 방지**에 관한 사항

(5) 관리의 권원[85]이 분리된 소방안전관리에 관한 사항

(6) **소방시설·피난시설 및 방화시설의 점검·정비계획**

(7) 소방안전관리에 대한 업무수행에 관한 기록 및 유지에 관한 사항

(8) 화재 발생 시 화재경보, 초기소화 및 피난유도 등 초기대응에 관한 사항

(9) 소방안전관리대상물의 위치·구조·연면적·용도 및 수용인원 등 일반 현황

(10) **화기 취급 작업**에 대한 사전안전조치 및 감독 등 공사 중 소방안전관리에 관한 사항

(11) 소방안전관리대상물에 설치한 소방시설·방화시설[86], 전기시설·가스시설 및 위험물시설의 현황

(12) 피난층 및 피난시설의 위치와 피난경로의 설정, 화재안전취약자[87]의 피난계획 등을 포함한 피난계획

(13) 방화구획, 제연구획, 건축물의 내부 마감재료 및 방염대상물품의 사용현황과 그 밖의 방화구조 및 설비의 유지·관리계획

---

85) 일정한 법률상 또는 사실상의 행위를 하는 것을 정당화하는 법률상의 원인
86) 화재를 진압하는 데 필요한 물을 공급하거나 저장하는 설비(상수도 소화용수설비, 소화수조, 저수조 등)
87) 어린이, 노인, 장애인

(14) 소방안전관리대상물의 근무자 및 거주자의 자위소방대[88] 조직과 대원의 임무(화재안 전취약자의 피난보조 임무를 포함한다)에 관한 사항

(15) 그 밖에 **소방본부장 또는 소방서장**이 소방안전관리대상물의 위치·구조·설비 또는 관리 상황 등을 고려하여 소방안전관리에 필요하여 요청하는 사항

3. 소방계획의 주요 원리 중요도★☆☆

(1) 종합적 안전관리
① 모든 형태의 위험을 포괄
② 재난의 전주기적(예방·대비 → 대응 → 복구) 단계의 위험성 평가

(2) 통합적 안전관리
① 외부 : 거버넌스(정부−대상처−전문기관) 및 안전관리 네트워크 구축
② 내부 : 협력 및 파트너십 구축, 전원 참여

(3) 지속적 발전모델(PDCA Cycle)
① Plan : 계획
② Do : 이행/운영
③ Check : 모니터링
④ Act : 개선

4. 소방계획의 작성원칙[89] 중요도★☆☆
① **실현 가능한 계획** : 위험 요인의 관리는 반드시 실현 가능한 계획으로 구성
② **관계인의 참여** : 관계인(소유자, 관리자, 점유자), 재실자(상시거주자, 근무자) 및 방문자 등 전원이 참여하도록 수립
③ **계획 수립의 구조화** : 작성 → 검토 → 승인의 3단계의 구조화된 절차
④ **실행 우선** : 교육훈련 및 평가 등 이행의 과정이 있어야 소방계획이 완성

5. 소방계획의 수립 절차[90] 중요도★★☆

1단계(사전기획)	2단계(위험환경 분석)	3단계(설계 및 개발)	4단계(시행 및 유지관리)
작성준비	위험환경 식별	목표/전략수립	수립/시행
⇩	⇩	⇩	⇩
요구사항 검토	위험환경 분석/평가	실행계획 설계 및 개발	운영/유지관리
⇩	⇩		
작성계획 수립	위험경감대책 수립		

---

88) 화재 발생 시 즉각 출동할 수 있도록 조직된 민간 조직의 소방대
89) 암기 Tip : **실관계실**
90) 암기 Tip : **사위설시**

+ **괄호문제**

다음 괄호 안에 알맞은 내용을 쓰 시오.

① ( )이란 소방안전관리대상 물의 화재로 인한 재난 발생 을 사전에 예방·대비하고 화재 시 신속하고 효율적으 로 대응·복구함으로써 인 명 및 재산피해를 최소화하 기 위해 작성·운영하고 유 지·관리하는 위험관리 계획 을 의미한다.
② 소방계획의 주요 원리 중 PDCA Cycle을 주요 내용으로 하는 모델은 ( )이다.

| 정답 |
① 소방계획
② 지속적 발전모델

확인! OX

소방계획의 작성원칙에 대한 설 명이다. 옳으면 "○", 틀리면 "×" 로 표시하시오.

1. 소방계획의 작성에서 가장 핵 심적인 측면은 위험 요인의 관리이며 반드시 실현 가능한 계획으로 구성되어야 한다.
( )
2. 소방계획의 수립 및 시행 과 정은 소방안전관리대상물의 관계인만 참석하면 된다.
( )

정답 1. ○ 2. ×

| 해설 |
2. 소방안전관리대상물의 관계인, 재실자, 방문자 등 전원이 참석 하도록 수립해야 한다.

+ 괄호문제

다음 괄호 안에 알맞은 내용을 쓰시오.

① 소방계획서 작성항목의 구분으로는 일반사항, 관리계획, ( )계획이 있다.

② 일반현황 등의 작성, 자체점검, 업무대행, 화기취급 감독은 예방 및 완화 단계로 ( )계획에 해당한다.

| 정답 |

① 대응

② 관리

6. 2급 소방안전관리대상물의 소방계획서 작성항목

일반계획		
구분	단계	주요내용
일반사항	표지부	0.1 표지 0.2 목차 0.3 개정이력 0.4 작성안내(작성체계)
	내용부	1. 목적 2. 적용근거 3. 적용범위 4. 문서작성 및 기록유지
관리계획	예방 및 완화	5. 일반현황 등의 작성 6. 자체점검 7. 업무대행 8. 일상적 안전관리 9. 화재예방 및 홍보 10. 화기취급 감독
	대비	11. 공동 소방안전관리 협의회 12. 자위소방대 및 초기대응체계 구성·운영 13. 교육훈련 및 자체평가
대응계획	대응	14. 비상연락 15. 초기대응 16. 피난유도
	복구	17. 화재피해 복구

소방안전관리자 현황표(대상명 : 인천소방고등학교)

이 건축물의 소방안전관리자는 다음과 같습니다.

☐ 소방안전관리자 : 김미현(선임일자 : 2023년 3월 1일)

☐ 소방안전관리대상물 등급 : 2급

☐ 소방안전관리자 근무 위치(화재수신기 위치) : 행정실(당직실)

「화재의 예방 및 안전관리에 관한 법률」제26조 제1항에 따라 이 표지를 붙입니다.

소방안전관리자 연락처 : 010-1234-5678

[소방안전관리자 현황표]

확인! OX

소방안전관리자 현황표의 기입사항에 대한 설명이다. 옳으면 "○", 틀리면 "×"로 표시하시오.

1. 소방안전관리자 현황표에는 대상명이 들어가야 한다. ( )

2. 소방안전관리자 현황표에는 소방안전관리자의 수료일자가 들어가야 한다. ( )

정답 1. ○ 2. ×

| 해설 |

2. 소방안전관리자의 선임일자가 들어가야 한다.

자위소방대 및 초기대응체계 구성·운영

출제포인트
• 자위소방대의 개념
• 자위소방활동의 종류 및 업무 특성
• 자위소방대의 조직 편성기준

기출 키워드

자위소방대, 비상연락, 초기소화, 응급구조, 방호안전, 피난유도

1. 자위소방대

(1) 개념

① 관계인과 소방안전관리자로 구성된다.

② 소방교육 및 훈련을 실시한 기록결과는 **2년간** 보관해야 한다.

③ 소방안전관리자는 연 1회 이상 자위소방조직을 소집하여 편성 상태를 확인하고 교육·훈련을 실시해야 한다.

④ 화재 등 재난 발생 시 비상연락, 초기소화, 피난유도 및 인명·재산피해의 최소화를 위해 편성된 자율안전관리 조직이다.

⑤ 자위소방대는 소방안전관리대상물의 화재 시 초기소화, 조기피난 및 응급처치 등에 필요한 골든타임[91] 확보를 위해 필수적이다.

(2) 자위소방활동의 종류 및 업무 특성 중요도★☆☆

① 비상연락 : 화재 시 상황전파, 화재신고(119) 및 통보연락 업무

② 초기소화 : 초기소화설비를 이용한 초기 화재진압

③ 응급구조 : 응급상황 발생 시 응급처치 및 응급의료소 설치·지원

④ 방호안전 : 화재확산방지, 위험물 시설에 대한 제어 및 비상반출

⑤ 피난유도 : 재실자, 방문자의 피난유도 및 피난약자에 대한 피난보조활동

---

91) 화재 시 5분, CPR(심폐소생술)은 4~6분 이내

① 화재 등 재난 발생 시 비상연락, 초기소화, 피난유도 및 인명·재산피해의 최소화를 위해 편성된 자율안전관리 조직을 ( )라 한다.
② Type Ⅰ은 지휘조직인 지휘통제팀과 ( )조직인 비상연락팀, 초기소화팀, 피난유도팀, 응급구조팀, 방호안전팀으로 구성된다.

| 정답 |
① 자위소방대
② 현장대응

2. 자위소방대의 조직 편성기준

구분	대상	조직	기준
Type Ⅰ	• 특급 소방안전관리대상물 • 1급(연면적 30,000m² 이상 포함–공동주택 제외)	지휘	지휘통제팀
		현장대응 (본부대)	비상연락팀, 초기소화팀, 피난유도팀, 응급구조팀, 방호안전팀 * 필요시 팀 가감 편성
		현장대응 (지구대)	각 구역(Zone)별 현장대응팀 * 구역별 규모, 인력에 따라 편성
Type Ⅱ	• 1급[연면적 30,000m² 이상의 경우 Type Ⅰ을 참고 및 적용(공동주택 제외)] • 2급(상시 근무인원 50명 이상)	지휘	지휘통제팀
		현장대응	비상연락팀, 초기소화팀, 피난유도팀, 응급구조팀, 방호안전팀 * 필요시 팀 가감 편성
Type Ⅲ	2·3급[상시근무인원 50명 이상의 경우 Type Ⅱ 참고 및 적용]	지휘	지휘통제팀
		현장대응	(10명 미만 시) 현장대응팀 * 개별 팀 구분 없음 (10명 이상 시) 비상연락팀, 초기소화팀, 피난유도팀 * 필요시 팀 가감 편성
초기대응체계	상시근무 또는 거주인원	초기대응	초기대응팀(휴일 야간 포함)

① 지휘통제팀은 수신반, 종합방재실을 거점으로 화재 상황의 모니터링, 지휘통제 임무를 수행한다. 현장대응팀은 화재 등 재난현장에서 비상연락, 초기소화, 피난유도 등의 임무를 수행한다.
② 대원편성은 상시 근무 또는 거주 인원 중 자위소방활동이 가능한 인력을 기준으로 조직 구성한다.
③ 초기대응체계는 특정소방대상물의 이용시간 동안 운영한다.

3. 소방대상물의 조직 구성

(1) Type Ⅰ

① 지휘조직인 지휘통제팀과 현장대응조직인 비상연락팀, 초기소화팀, 피난유도팀, 응급구조팀, 방호안전팀으로 구성한다.
② 대상물의 관리·이용 형태 및 위험 특성을 고려하여 둘 이상의 현장대응조직을 운영할 수 있다. 이 경우, 최초의 현장대응조직은 본부대가 되면 추가적인 편성 조직은 지구대로 구분한다.
③ 본부대는 비상연락팀, 초기소화팀, 피난유도팀, 응급구조팀, 방호안전팀을 기본을 편성하며, 지구대는 각 구역(Zone)별 규모, 편성 대원 등 현장 운영 여건에 따라 필요한 팀을 구성할 수 있다.

자위소방활동에 대한 설명이다. 옳으면 "○", 틀리면 "×"로 표시하시오.

1. 자위소방대는 응급상황 발생 시 응급처치하고, 응급의료소를 설치 및 지원하는 등의 방호안전활동을 해야 한다. ( )
2. 자위소방대는 화재 발생 시 재실자, 방문자에게 피난할 수 있도록 유도하고 피난약자에 대한 피난보조활동을 하는 등 피난유도활동을 해야 한다. ( )

정답 1. X 2. O

| 해설 |
1. 응급처치, 응급의료소 설치 및 지원은 응급구조활동에 해당한다.

(2) Type Ⅱ

① 지휘조직인 지휘통제팀과 현장대응조직인 비상연락팀, 초기소화팀, 피난유도팀, 응급구조팀, 방호안전팀으로 구성한다.

② 현장대응조직은 조직 및 편성 대원의 여건에 따라 일부 팀을 가감하여 운영할 수 있다.

(3) Type Ⅲ

① 지휘조직과 현장대응조직으로 구성한다.

② 편성 대원 10명 미만의 현장대응조직은 하위조직(팀)의 구분 없이 운영할 수 있지만, 개인별 비상연락, 초기소화, 피난유도 등의 업무를 담당할 수 있도록 현장대응팀을 구성한다.

③ 편성 대원 10명 이상의 현장대응조직은 비상연락팀, 초기소화팀, 피난유도팀을 구성하여 해당 업무를 수행하며, 필요시 팀을 가감하여 편성한다.

4. 지구대 설정 시 고려할 수 있는 구역(Zone)별 설정 기준

구분	적용기준	구역설정
수직구역	대상물의 층(Floor)	단일 층 또는 일부 층(5층 이내)을 하나의 구역으로 설정
수평구역	대상물의 면적(Area)	하나의 층이 1,000m² 초과 시 구역을 추가 설정하거나 대상물의 방화구획 기준으로 구분
임차구역	대상구역의 관리권원(Tenacy)[92]	구역 내 관리권원(임차권)별로 분할하거나 다수의 관리권원을 통합해 설정
용도구역	대상구역의 용도(Occupancy)	비거주용도(주차장, 공장, 강당 등)는 구역설정에서 제외

---

92) 상가+오피스텔, 상가+공동주택 등 관리권원이 분리되는 경우 별도의 소방안전관리를 실시하도록 되어 있다.

+ 괄호문제

다음 괄호 안에 알맞은 내용을 쓰시오.

① 자위소방대 구성에서 지구대 설정 시 임차구역에 대한 적용기준은 대상구역의 (　　)이다.

② Type Ⅱ의 경우 현장대응조직은 조직 및 편성 대원의 여건에 따라 일부팀을 (　　)하여 운영할 수 있다.

| 정답 |
① 관리권원
② 가감

확인! OX

지구대 설정 시 고려할 수 있는 구역(Zone)별 설정 기준에 대한 설명이다. 옳으면 "○", 틀리면 "✕"로 표시하시오.

1. 수평구역은 대상물의 층을 기준으로 구역을 설정한다.
(　　)

2. 대상구역의 용도에 따라 구역을 설정할 때 주차장, 공장, 강당과 같은 비거주용도는 제외된다.
(　　)

정답 1. X 2. O

| 해설 |
1. 수평구역은 대상물의 면적을 기준으로 구역을 설정한다.

화재대응 및 교육 훈련

2%
출제율

출제포인트
- 화재 시 일반적인 피난행동
- 일반적인 피난계획 수립 절차
- 장애 유형별 피난보조방법
- 소방교육 및 훈련의 실시원칙

기출 키워드

옥상, 계단, 낮은 자세, 젖은 수건, 대피 공간, 청각장애인, 시각장애인

제1절 화재대응 및 피난

1. 화재대응의 요령

화재전파 및 접수 → 화재신고(119) → 비상방송 → 대원소집 및 임무부여 → 관계기관 통보·연락 → 초기소화

2. 화재 시 일반적인 피난행동

(1) **이동 시 한 손으로 벽을 집고 유도등, 유도표지**를 따라 대피한다.

(2) 아래층으로 대피할 수 없을 때에는 **옥상**으로 대피한다.

(3) 탈출하였으면 절대로 다시 화재 건물로 들어가지 않는다.

(4) 엘리베이터는 이용하지 않고 **계단**을 통해 옥외로 대피한다.

(5) 옷에 불이 붙었을 때는 눈과 입을 가리고 바닥에서 뒹군다.

(6) 출입문을 열기 전 문손잡이가 뜨거우면 문을 열지 말고 다른 길을 찾는다.

(7) 연기 발생 시 **낮은 자세**로 이동하고, 코와 입을 **젖은 수건** 등으로 막아 연기를 마시지 않도록 한다.

(8) 아파트의 경우 세대 밖으로 나가기 어려우면 세대 사이에 설치된 경량칸막이를 통해 옆 세대로 대피하거나 **세대 내 대피 공간**으로 대피한다.

화재 시 대피요령   화재 시 대피요령

엘리베이터

엘리베이터는 이용하지 않도록 하며
피난계단을 이용해 옥외로 대피

출입문을 열기 전 손잡이가 뜨거울 경우,
문을 열지 말고 다른 길을 찾음

화재 시 대피요령

- 마른 수건 : 약 3분 50초
- 휴지 16겹 : 약 6분
- 젖은 수건 : 약 10분

연기 발생 시 최대한 낮은 자세로 이동,
코와 입을 젖은 수건 등으로 막음

화재 시 대피요령

경량칸막이

아파트의 경우, 세대 사이에 설치된
경량칸막이를 통해 옆세대로 대피하거나
세대 내 대피공간으로 대피

+ 괄호문제

다음 괄호 안에 알맞은 내용을 쓰시오.

① 화재로 연기 발생 시 ( )로 이동하고, 코와 입을 ( ) 등으로 막아 연기를 마시지 않도록 한다.
② 휠체어 사용자는 평지보다 계단에서 주의가 필요하며, ( ) 사람이 보조할수록 상대적으로 ( ) 대피가 가능하다.

| 정답 |
① 낮은 자세, 젖은 수건
② 많은, 쉬운

3. 일반적인 피난계획 수립

사전 피난준비 → 피난개시 명령 → 피난유도 → 피난안전구역의 활용[93] → 집결[94]

4. 장애 유형별 피난보조방법

(1) 지체장애인

불가피한 경우를 제외하고 2인 이상이 1조가 되어 피난을 보조하고 장애 정도에 따라 보조기구를 적극 활용하며 계단 및 경사로에서 균형에 주의한다.

※ **휠체어 사용자** : 평지보다 계단에서 주의가 필요하며, **많은 사람이 보조할수록** 상대적으로 **쉬운 대피**가 가능하다.

(2) 청각장애인

시각적인 전달을 위해 표정이나 제스처를 쓰고 손전등과 같은 조명을 적극 활용한다.

(3) 시각장애인

① 평상시와 같이 지팡이를 이용하여 피난하도록 한다.
② 피난 유도 시 '여기, 저기' 등 애매한 표현보다 '좌측 1m'와 같이 명확하게 표현한다.
③ 여러 명의 시각장애인이 동시 대피하는 경우 서로 손을 잡고 피난한다.

(4) 지적장애인

공황 상태에 빠질 수 있으므로 차분하고 느린 어조로 도움을 주러 왔음을 밝히고 피난을 보조한다.

(5) 노약자

장애인에 준하여 피난을 보조한다.

확인! OX

장애 유형별 피난보조방법에 대한 설명이다. 옳으면 "○", 틀리면 "×"로 표시하시오.

1. 시각장애인의 경우 시각적인 전달을 위해 제스처를 쓰고 손전등과 같은 조명을 적극 활용한다.   ( )
2. 지적장애인의 경우 공황 상태에 빠질 수 있으므로 경쾌하고 빠른 어조로 도움을 주러 왔음을 밝히고 피난을 보조한다.   ( )

정답 1. X 2. X

| 해설 |
1. 청각장애인에 대한 피난보조방법이다.
2. 차분하고 느린 어조로 도움을 주러 왔음을 밝히고 피난을 보조한다.

93) 피난안전구역으로 피난 요구자를 일차적으로 대피 유도하고, 구조 상황에 따라 추가적인 피난을 유도할 수 있다.
94) 피난을 완료한 재실자 등이 다시 대상물로 재진입하지 못하도록 조치한다.

1. 소방교육 및 훈련의 실시원칙[95]

(1) 학습자 중심의 원칙

① 한 번에 한가지씩 습득 가능한 분량을 교육 및 훈련시킨다.

② 쉬운 것에서 어려운 것으로 교육을 실시하되 기능적 이해에 비중을 둔다.

③ 학습자에게 감동이 있는 교육이 되어야 한다.

(2) 동기부여의 원칙

① 교육의 중요성을 전달한다.

② 학습을 위해 적절한 스케줄을 배정한다.

③ 교육은 시기적절하게 이뤄져야 한다.

④ 핵심사항에 교육의 포커스를 맞춘다.

⑤ 학습에 대한 보상을 제공한다.

⑥ 교육에 재미를 부여한다.

⑦ 교육의 다양성을 활용한다.

⑧ 사회적 상호작용을 제공한다.

⑨ 전문성을 공유한다.

⑩ 초기 성공에 대해 격려한다.

(3) 목적의 원칙

① 어떠한 기술을 어느 정도까지 익혀야 하는가를 명확히 제시한다.

② 습득해야 할 기술이 활동 전체에서 어느 위치에 있는가를 인식한다.

(4) 현실의 원칙

학습자의 능력을 고려하지 않은 훈련은 비현실적이고 불완전하다.

(5) 실습의 원칙

① 실습을 통해 지식을 습득한다.

② 목적을 생각하고, 적절한 방법으로 정확하게 한다.

(6) 경험의 원칙

경험했던 사례를 들어 현실감 있게 한다.

(7) 관련성의 원칙

모든 교육 및 훈련 내용은 실무적인 접목과 현장성이 있어야 한다.

---

95) 암기 Tip : **학습/동기/목적**은 **현실**적인 **실습/경험**과의 **관련성**

PART

06

안전관리 및 응급처치

위험물 · 전기 · 가스 안전관리

출제포인트

- 위험물의 지정수량
- 위험물의 유별 특성
- 전기화재의 원인
- LNG와 LPG의 종류와 특징
- 제4류 위험물의 공통적인 성질
- 유류 취급 시 주의사항
- 전기화재의 예방방법
- 가스화재의 원인

기출 키워드

지정수량, 산화성 고체, 가연성 고체, 자연발화성 물질, 인화성 액체, 자기반응성 물질, 산화성 액체, 과전류, 단락, 지락, 누전, 누전차단기, LNG, LPG, 가스누설경보기, 증기비중, 연료가스탐지기

제1절 위험물안전관리

1. 위험물안전관리법[96]

(1) 정의(제2조)

① 위험물 : 인화성 또는 발화성 등의 성질을 가지는 것으로써 대통령령이 정하는 물품

② 지정수량 : 위험물의 종류별로 위험성을 고려하여 대통령령이 정하는 수량으로써 제조소 등의 설치허가 등에 있어서 최저의 기준이 되는 수량

(2) 위험물의 지정수량[97](영 별표 1) `중요도★☆☆`

① **황** : 100kg

② **휘발유** : 200L

③ **알코올류** : 400L

④ **등유 · 경유** : 1,000L

⑤ **중유** : 2,000L

⑥ **질산** : 300kg

2. 위험물의 유별 특성[98] `중요도★☆☆`

(1) 제1류 위험물(산화성 고체)

① **강산화제**로 불연성 물질이지만 다량의 산소를 함유하고 있다.

② 충격이나 가열에 의해 분해하여 산소를 방출한다.

③ 대부분 수용성이다.

④ 대부분 냉각소화, **알칼리금속의 과산화물**은 **물과 반응**하여 발열하므로 건조사를 이용한 질식소화를 한다.

---

96) 이 법은 **위험물**의 저장 · 취급 및 운반과 이에 따른 **안전관리**에 관한 사항을 규정함으로써 위험물로 인한 위해를 방지하여 공공의 안전을 확보함을 목적으로 한다.

97) 암기 Tip : 백황 휘이 알싸 등경천 중2 질3백

98) 암기 Tip : **산가자인자산**

(2) 제2류 위험물(가연성 고체)[99]

① 낮은 온도에서 연소하기 쉬운 가연성 물질이다.

② 물에 녹지 않으며 비중이 1보다 크다.

③ **금속분**은 **물**과 만나면 **수소**를 발생하여 발열한다.

④ 금속분은 건조사에 의한 질식소화, 그 외 주수에 의한 냉각소화를 한다.

⑤ 위험등급별 지정수량

    ㉠ Ⅱ등급 : 황화인, 황, 적린 – 지정수량 100kg

    ㉡ Ⅲ등급 : 철분, 마그네슘, 금속분 – 지정수량 500kg

    ㉢ Ⅲ등급 : 인화성 고체 – 지정수량 1,000kg

(3) 제3류 위험물(자연발화성 물질 및 금수성 물질)

① 물과 만나면 발열하여 가연성 가스를 발생한다.

② **공기**, **수분** 및 **산**과의 접촉을 피한다.

③ 건조사, 팽창질석, 팽창진주암 등을 사용한다.

④ **황린**은 **주수소화**를 한다.

개념 다지기　제3류 위험물

- 자연발화성 물질 : 공기 또는 물과 접촉하여 발화하거나 가연성 가스를 발생하는 물질
- 금수성 물질 : 물과 접촉하여 발열하거나 가연성 가스를 발생하는 물질
- 보호액
  - K(칼륨), Na(나트륨) : 등유, 경유, 파라핀 등의 석유류 속에 저장
  - 황린 : 물속에 저장

---

(4) 제4류 위험물(인화성 액체)

① 상온에서 액체이며 대단히 **인화**하기 쉽다.

② 비중은 **물보다 작으며**, 물에 녹지 않는다.

③ 발생된 **증기**는 비중이 1보다 **크다**.

④ 냉암소에 보관하고 가열과 화기를 피한다.

⑤ 정전기 발생 우려가 있는 장소는 접지하고, 액체의 흐름으로 인한 정전기 발생의 위험이 있는 것은 유속을 낮춘다.

⑥ 주수소화가 불가능한 것이 대부분이다.

⑦ 이산화탄소, 분말, 포, 할로겐화합물 소화약제로 질식소화한다.

---

99) 100 황유적/500 철마분/인고 1,000

+ 괄호문제

다음 괄호 안에 알맞은 내용을 쓰시오.

① 제4류 위험물은 인화성 ( )로, 발생된 증기는 비중이 1보다 ( ).

② 제2류 위험물 중 금속분은 물과 만나면 ( )를 발생하여 발열한다.

| 정답 |
① 액체, 크다
② 수소

확인! OX

위험물의 유별 특성에 대한 설명이다. 옳으면 "○", 틀리면 "×"로 표시하시오.

1. 제3류 위험물을 자연발화성 물질 및 금수성 물질이라 한다. ( )

2. 제4류 위험물인 인화성 액체는 대부분 주수소화가 가능하다. ( )

정답 1. ○　2. ×

| 해설 |
2. 인화성 액체는 대부분 주수소화가 불가능하다.

+ 괄호문제

다음 괄호 안에 알맞은 내용을 쓰시오.
① 제6류 위험물은 강산화제로 불연성 물질이지만 ( )를 다량 함유하고 있다.
② 제5류 위험물은 산소를 함유한 가연성 물질로 질식소화는 효과가 없으며 다량의 ( )로 냉각소화한다.

| 정답 |
① 산소
② 물

(5) 제5류 위험물(자기반응성 물질)

① 산소를 함유한 가연성 물질이므로 **자기연소**를 일으키기 쉽다.

② **연소속도**가 빨라서 폭발적인 연소를 한다.

③ 유기물[100]이므로 **가열, 충격, 마찰**에 의해 폭발하기 쉽다.

④ 상온에서 액체 또는 고체이며 비중이 1보다 크다.

⑤ 질식소화는 효과가 없으며 다량의 물로 냉각소화한다.
　　예 TNT(트라이나이트로톨루엔), 다이너마이트

(6) 제6류 위험물(산화성 액체)

① **강산화제**이다.

② 물과 잘 용해하며 물과 발열반응을 한다.

③ 불연성 물질이지만 **산소**를 **다량 함유**한다.

④ 부식성이 강하며 증기는 독성이 강하다.

⑤ 건조사나 이산화탄소로 소화한다.

⑥ 경우에 따라 무상주수[101], 다량의 물로 희석소화하기도 한다.

3. 제4류 위험물의 공통적인 성질　　중요도★☆☆

(1) 인화하기 쉽다.

(2) 착화온도가 낮을 경우 위험하다.

(3) 유증기는 대부분 공기보다 무겁다.

(4) 유증기는 공기와 혼합되어 연소·폭발한다.

(5) 대부분 물보다 가볍고 물에 녹지 않는다.

4. 유류 취급 시 주의사항

(1) 불을 켜두고 장시간 자리를 비우지 않는다.

(2) 불이 붙은 상태에서 석유난로를 이동하지 않는다.

(3) 이동식 석유난로는 이용 시 고정하여 사용한다.

(4) 기름을 주입할 때는 반드시 난롯불을 끈 후 연료를 주입한다.

(5) 유류가 들어있던 빈 드럼통을 확인하기 위해 라이터나 성냥을 사용하지 말고 반드시 손전등을 사용한다.

(6) 유류가 들어있던 빈 드럼통을 사용하기 위해 절단할 때는 빈 드럼통 속에 남아있는 유증기를 완전히 배출 후 작업한다.

확인! OX

제4류 위험물의 공통적인 성질에 대한 설명이다. 옳으면 "○", 틀리면 "×"로 표시하시오.

1. 제4류 위험물은 착화온도가 높은 경우 위험하다. ( )
2. 제4류 위험물의 유증기는 대부분 공기보다 가볍다.
　　　　　　　　　　( )

　　　정답 1. X　2. X

| 해설 |
1. 착화온도가 낮을 경우 위험하다.
2. 유증기는 대부분 공기보다 무겁다.

---

100) 유기물 : 탄소(C)와 수소(H)를 포함하며, 분자가 크다.
　　무기물 : 탄소(C)를 포함하는 경우가 드물고, 유기물에 비해 분자가 작다.
101) 무상(Spray)주수(=분무주수) : 물이 안개 모양 형태를 가지고 주수, 물 입자가 산소 공급을 차단하기 때문에 질식소화가 뛰어나다.

5. 위험물안전관리자의 선임 절차(위험물관리법 제15조)

(1) 위험물을 저장, 취급의 개시 전

(2) 안전관리자를 선임한 제조소 등의 관계인[102]은 그 안전관리자를 해임하거나 안전관리자가 퇴직한 때에는 해임하거나 퇴직한 날부터 **30일 이내**에 다시 안전관리자를 **선임**해야 한다.

(3) 안전관리자를 선임한 경우에는 선임한 날부터 **14일 이내**에 소방본부장 또는 소방서에 **신고**해야 한다.

+ 괄호문제

다음 괄호 안에 알맞은 내용을 쓰시오.

① 안전관리자를 선임한 제조소 등의 (   )은 그 안전관리자를 해임하거나 안전관리자가 퇴직한 때에는 해임하거나 퇴직한 날부터 30일 이내에 다시 안전관리자를 선임해야 한다.

② 안전관리자를 선임한 경우에는 선임한 날부터 (   )일 이내에 소방본부장 또는 소방서에 신고한다.

| 정답 |
① 관계인
② 14

제2절 | 전기안전관리

1. 전기화재

(1) 전기에 의한 발열체가 발화원이 되는 화재의 총칭이다.

(2) 전기회로 중에 발열, 방전을 수반하는 장소에 가연물 또는 가연성 가스가 존재하면 전기화재로 이어진다.

2. 전기화재의 원인

(1) 과전류에 의한 발화

① 전선에 전류가 줄의 법칙에 의하여 열이 발생하는데, 과전류에 의해 발열과 방열의 평형이 깨져 발화의 원인이 될 수 있다.

② 줄의 법칙($H = I^2 Rt$)으로 전기가 흐르는 전열기에서 발생하는 전열량(H)은 전류(I)의 제곱에 비례하고 통전시간(t)에 따라 비례한다.

③ 정격의 200~300% 과전류이면 피복이 변질되고, 500~600% 과전류이면 적열 후 용융한다.

(2) 단락(합선)[103]에 의한 발화

① 전선의 절연이 파괴되면 부하가 접속되어 있지 않은 상태로 전원만의 폐회로가 구성되는데, 이런 경우를 단락이라고 하며 이때 흐르는 전류를 단락전류라 한다.

② 단락 시 발생되는 스파크는 주위의 인화성 물질에 착화되어 발화의 원인이 된다.

③ 단락 시 발생되는 열에 의해 전선피복이 연소하여 발화의 원인이 된다.

확인! OX

위험물안전관리자의 선임 절차에 대한 설명이다. 옳으면 "○", 틀리면 "×"로 표시하시오.

1. 위험물을 저장, 취급의 개시 후에 선임신고를 한다. (   )

2. 제조소 등의 관계인은 안전관리자를 해임한 날로부터 14일 이내 다시 안전관리자를 선임해야 한다. (   )

정답 1. X 2. X

| 해설 |
1. 개시 전에 선임신고를 한다.
2. 30일 이내 선임해야 한다.

---

102) 관계인은 소유자, 관리자, 점유자로 위험물안전관리자 선임 의무자이다.

103) 단락은 전선이 합선되어 있다는 말로 쇼트와 같은 개념이다. 즉, +전선과 −전선이 바로 접속되어 있는 것과 같이 전류는 무한대로 흐르게 되어 결국 화재로 이어진다.

(3) 지락[104]에 의한 발화

① 전선로 중 전선의 하나 또는 두 선이 대지에 접촉하여 전류가 대지로 통하는 것을 지락이라고 하며, 이때 흐르는 전류를 지락전류라 한다.

② 금속체 등에 지락될 때 스파크에 의해 발화될 수 있다.

(4) 누전[105]에 의한 발화

① 전선이나 전기기기의 절연이 파괴되어 전류가 대지로 접촉되어 전로를 이탈하여 전기가 흐르는 것을 누전이라고 한다.

② 누설전류에 의한 발열이 발화 원인이 된다.

(5) 접촉부의 과열에 의한 발화

① 전기적 접촉 상태가 불완전할 때 접촉저항에 의한 발열이 발화 원인이 된다.

② 고유저항이 낮은 재료를 사용하면 접촉저항을 저감할 수 있다.

(6) 규격 미달의 전선, 전기기계기구 등의 과열, 배선 및 전기기계기구 등의 절연불량 또는 정전기로부터의 불꽃에 의한 발화

3. 전기화재의 예방방법

(1) 전선의 피복이 벗겨져 합선되는 경우가 많으므로, 수시로 전기설비 상태를 관리한다.

(2) 한 개의 콘센트에 여러 개의 전기기구를 사용하게 되면 과전류가 발생하여 고열로 인한 화재가 일어날 수 있다.

(3) 가전제품 내부의 먼지가 습기를 먹게 되면 전기합선의 우려가 있고, 화재의 원인이 될 수 있으니 주기적으로 제거한다.

(4) 계절용 전기기기[106]에서 발생하는 전기화재가 잦으므로 사용 시 안전수칙을 준수해서 사용한다.

(5) 과전류 발생 시 자동으로 차단해 주는 **누전차단기**를 설치하고 **월 1~2회** 동작 여부를 확인한다.

(6) 전선은 묶거나 꼬이지 않도록 한다.

---

104) 전기가 흐르는 전로와 대지 간의 절연이 파괴 또는 저하하여, 전기가 흐를 수 있는 도전성 물질에 의해 서로 연결되어 전로 또는 기기의 외부에 위험한 사고 전압이 발생하는 것이다.
105) 원하는 회로 외의 곳으로 전류가 흐르는 것으로 전력손실, 감전, 화재 등의 원인이 된다.
106) 겨울철 전기장판・열풍기, 여름철 선풍기・에어컨 등

1. 가스의 위험성

가스는 사용하기에 편리하고, 열량이 높고 공해가 적어 가정용, 공업용, 차량용 등 사용량이 날로 증가하고 있으나, 잘못 다루면 가스 중독 또는 폭발을 동반하는 대형화재를 유발 시킬 수 있다.

2. 연료가스의 종류와 특징   중요도★★☆

구분	액화천연가스(LNG ; Liquefied Natural Gas)	액화석유가스(LPG ; Liquefied Petroleum Gas)
구성성분	메테인(CH_4)	프로페인(C_3H_8), 뷰테인(C_4H_{10})
생성과정	천연가스의 주성분인 메테인을 액화시킨 것	원유 정제과정에서 생성되는 탄화수소에 압력을 가해 냉각 액화시킨 것
증기비중	0.6(공기보다 가벼움)	1.5~2.0(공기보다 무거움)
연소범위	5.0~15%	2.1~9.5%
용도	도시가스	가정용, 공업용, 자동차 연료용
가스누설경보기 설치위치	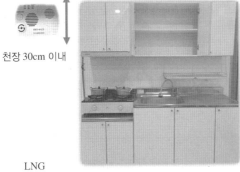 천장 30cm 이내 LNG 가스 연소기로부터 수평거리 8m 이내	바닥 30cm 이내 LPG 가스 연소기로부터 수평거리 4m 이내
연료가스 탐지기 설치위치	탐지기 하단은 천장면의 하단 30cm 이내 위치에 설치	탐지기 상단은 바닥면의 상방 30cm 이내 위치에 설치

3. 가스화재의 원인

(1) 공급자

① 용기 밸브의 오작동
② 배달원의 안전의식 결여
③ 고압가스 운반기준 미이행
④ 가스충전 작업 중 누설폭발
⑤ 용기 교체 작업 중 누설화재
⑥ 잔량 가스처리 및 취급 미숙

⑦ 배관 내의 공기치환 작업 미숙
⑧ 용기 보관실에서 점화원(라이터 등) 사용

(2) 사용자

① 코크 조작 미숙
② 호스 접속불량 방치
③ 조정기 분해 오조작
④ 인화성 물질 동시 사용
⑤ 환기불량에 의한 질식사
⑥ 성냥불로 누설확인 중 폭발
⑦ 실내에 용기 보관 중 가스누설
⑧ 가스 사용 중 장거리 자리 이탈
⑨ 점화 미확인으로 인한 누설폭발

4. 가스 사용 시 주의사항

과정	주의사항
사용 전	• 환기 : 가스를 사용하기 전에 반드시 창문을 열어 충분히 환기해야 하며, 특히 겨울철에는 환기를 소홀히 하기 쉬우므로 더욱 주의해야 합니다. • 냄새 확인 : 가스레인지나 보일러 주변에서 냄새가 나는지 확인하고, 가스 냄새가 난다면 즉시 사용을 중단하고 전문가에게 점검을 받아야 합니다. • 점검 - 가스레인지, 호스, 연결 부위 등에 이상이 없는지 확인하며 호스가 낡거나 손상된 경우 즉시 교체합니다. - 가스레인지 주변에 불이 붙기 쉬운 물건(빨래, 에어로졸, 식용유 등)을 가까이 두지 말아야 합니다.
사용 중	• 불꽃 확인 - 가스레인지 점화 시 불꽃이 제대로 붙었는지 확인합니다. - 불꽃이 불안정하거나 꺼진 경우 가스 누출의 위험이 있으므로 주의해야 합니다. - 사용 중 가스의 불꽃 색깔이 황색, 적색인 경우는 불완전 연소하여 일산화탄소가 발생되므로 공기조절장치를 움직여서 파란 불꽃 상태가 되도록 조절해야 합니다. • 화재 예방 - 가스레인지 주변에 불이 붙기 쉬운 물건을 두지 않습니다. - 음식물이 넘쳐 불이 꺼지지 않도록 하며, 튀김 요리를 할 때 기름의 온도가 너무 올라가지 않도록 주의합니다. • 환기 유지 : 가스 사용 중에도 지속적으로 환기를 유지합니다.
사용 후	• 밸브 잠금 - 가스레인지 사용 후에는 반드시 밸브를 잠가야 하며, 장시간 외출 시에는 중간밸브까지 잠그는 것이 안전합니다. - 취침 전에는 콕과 중간밸브가 꼭 잠겨 있는지 확인합니다. • 정기 점검 - 가스레인지와 호스를 정기적으로 점검하고 청소하며, 가스 누출 점검액이나 비눗물을 이용하여 호스나 연결 부위에 누출이 없는지 확인합니다. - 가스레인지 그릴 연적 접시에 기름 성분이 쌓이면 발화할 수 있으므로 물을 넣고 사용해야 합니다. • 가스 누출 시 대처 : 즉시 밸브를 잠그고 환기해야 하며, 점화 등 전기 스파크가 발생할 수 있는 행위는 하지 않아야 합니다.

+ 괄호문제

다음 괄호 안에 알맞은 내용을 쓰시오.

① 용기 보관실에서 점화원 사용으로 발생한 가스화재를 ( ) 측면에서의 원인이라 한다.
② 가스 사용 중 장거리 자리 이탈로 인해 발생한 가스화재를 ( ) 측면에서의 원인이라 한다.

| 정답 |
① 공급자
② 사용자

확인! OX

가스 사용 시 주의사항에 대한 설명이다. 옳으면 "O", 틀리면 "×"로 표시하시오.

1. 사용 전 호스가 낡거나 손상된 경우 즉시 교체해야 한다. ( )
2. 사용 후 장시간 외출 시 중간밸브는 열어두고, 메인밸브는 잠근다. ( )

정답 1. O 2. ×

| 해설 |
2. 중간밸브까지 잠그는 것이 안전하다.

공사장 안전관리 및 화기취급 감독

2%
출제율

출제포인트
- 안전관리의 필요성
- 안전관리계획서
- 임시소방시설의 종류와 설치기준
- 공사 현장 내 화재 유형
- 화기취급 작업

제1절 공사장 안전관리 계획 및 감독

기출 키워드

안전관리, 화재 유형, 안전관리 계획서, 화기취급 작업, 임시소방시설

1. 안전관리의 필요성

공사 현장은 다양한 위험 요소가 존재하는 곳으로, 안전관리는 필수적이다. 안전관리가 제대로 이루어지지 않으면 작업자뿐만 아니라 일반 시민에게도 심각한 피해를 줄 수 있다.

(1) 인명 피해 예방

① 공사 현장에서는 추락, 낙하, 장비사고 등 다양한 사고가 발생할 수 있다. 철저한 안전관리를 통해 이러한 사고를 예방하고 작업자의 생명과 건강을 보호해야 한다.

② 공사 현장 주변을 지나는 일반 시민들도 낙하물, 장비 이동 등으로 인해 위험에 노출될 수 있다. 안전관리는 시민들의 안전을 확보하는 데에도 중요한 역할을 한다.

(2) 재산 피해 최소화

① 안전사고는 공사 중단, 장비 파손, 시설물 붕괴 등 막대한 재산 피해를 야기할 수 있다. 안전관리를 통해 이러한 피해를 최소화하고 공사를 원활하게 진행할 수 있다.

② 사고 발생 시 주변 시설물이나 건물에도 피해를 줄 수 있다. 안전관리는 주변 환경을 보호하는 데에 기여한다.

(3) 법적 책임 준수

① 「산업안전보건법」 등 관련 법규에서는 공사 현장의 안전관리를 의무화하고 있다. 안전관리를 소홀히 하면 법적 처벌을 받을 수 있다.

② 안전관리는 기업의 사회적 책임을 다하고 신뢰도를 높이는 데 중요한 요소이다.

(4) 작업 효율성 향상

① 안전한 작업 환경은 작업자의 불안감을 해소하고 집중력을 높여 작업 효율성을 향상시킨다.

② 사고 발생 시 공사 중단으로 인한 손실을 예방하고 공사 기간을 단축할 수 있다.

+ 괄호문제

다음 괄호 안에 알맞은 내용을 쓰시오.

① 안전한 작업 환경은 작업자의 불안감을 해소하고 집중력을 높여 작업 (   )을 향상시킨다.

②「산업안전보건법」등 관련 법규에서는 공사 현장의 안전관리를 (   )하고 있으며, 안전관리를 소홀히 하면 법적 처벌을 받을 수 있다.

| 정답 |
① 효율성
② 의무화

확인! OX

공사 현장 내 화재 유형에 대한 설명이다. 옳으면 "○", 틀리면 "×"로 표시하시오.

1. 가연성 액체나 가스류는 증기가 공기보다 가벼워 천장에 체류하며, 점화 시 폭발적인 화재로 이어질 수 있다.　　( )

2. 습기가 많은 환경이나 우천 시에는 전기화재 위험이 더욱 낮아진다.　( )

정답 1. X 2. X

| 해설 |
1. 가연성 액체나 가스류는 증기가 공기보다 무거워 바닥에 체류하며, 점화 시 폭발적인 화재로 이어질 수 있다.
2. 전기화재 위험이 더욱 높아진다.

(5) 사회적 비용 절감

① 안전사고는 의료비, 보험금 지급 등 사회적 비용을 증가시킨다. 안전관리를 통해 이러한 비용을 절감할 수 있다.

② 안전한 사회를 만드는 데 기여하고 시민들의 삶의 질을 향상시킬 수 있다.

2. 공사 현장 내 화재 유형

공사 현장은 다양한 가연성 물질과 화기 작업이 많아 화재 발생 위험이 높다. 공사 현장 화재는 일반화재와는 다른 특성을 가지며, 유형별로 발생 원인과 위험성이 다르므로 각별한 주의가 필요하다.

(1) 용접, 용단 작업 중 화재

① 용접, 용단 작업 시 발생하는 불타는 고온으로, 주변의 가연성 물질에 쉽게 착화된다.

② 단열재, 페인트, 목재 등 가연성 자재가 많은 공사 현장에서는 순식간에 대형 화재로 번질 수 있다.

③ 특히, 밀폐된 공간이나 좁은 공간에서 작업할 경우 화재 발생 위험이 더욱 커진다.

(2) 전기화재

① 공사 현장에는 임시 배선, 전선 피복 손상, 과부하 등 전기화재 발생 요인이 많다.

② 전기기구 사용 시 누전, 단락 등으로 인한 화재가 발생할 수 있다.

③ 특히, 습기가 많은 환경이나 우천 시에는 전기화재 위험이 더욱 높아진다.

(3) 가연성 물질 화재

① 공사 현장에는 페인트, 시너, 접착제, 단열재 등 다양한 가연성 물질이 보관된다.

② 가연성 물질 등은 작은 불씨에도 쉽게 발화하며, 폭발 위험도 있다.

③ 가연성 액체나 가스류는 증기가 공기보다 무거워 바닥에 체류하며, 점화 시 폭발적인 화재로 이어질 수 있다.

(4) 작업자 부주의 화재

① 작업 중 흡연, 불씨 관리 소홀 등 작업자 부주의로 인한 화재도 자주 발생한다.

② 휴식 공간이나 흡연 구역에는 담뱃불로 인한 화재가 발생할 수 있다.

③ 겨울철에는 난방기구 사용 부주의로 인한 화재가 발생할 수 있다.

3. 공사 현장 내 화재 취약 요인

(1) 급격한 연소 확대

공사 현장에는 가연성 물질이 많아 화재 발생 시 급격하게 연소 확대될 수 있다.

(2) 유독가스 발생

단열재, 합성수지 등 연소 시 유독가스가 발생하여 인명 피해를 키울 수 있다.

(3) 진화의 어려움

공사 현장은 복잡한 구조와 장애물로 인해 화재 진압이 어려울 수 있다.

4. 안전관리계획서의 작성

공사장의 안전성을 확보하기 위해 사업주 스스로 안전관리계획서를 작성하고, 공사 중 계획서 이행 여부를 주기적으로 확인을 통해 공사의 품질을 높이고 안전성을 확보한다.

(1) 안전관리계획서의 심사절차(건설교통부)

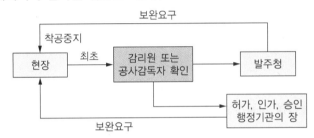

(2) 안전관리계획의 내용

① 건설공사 개요 및 안전관리 조직
　㉠ 공사 개요 : 공사의 종류, 규모, 기간, 위치 등 공사의 전반적인 정보
　㉡ 안전관리 조직 : 안전관리 책임자, 담당자, 협력업체 등 안전관리 체계
② 공정별 안전점검 계획
　㉠ 공정별 위험 요소 : 각 공정에서 발생할 수 있는 위험 요소 분석
　㉡ 안전점검 계획 : 위험 요소별 점검 항목, 점검 주기, 점검 방법
③ 공사장 주변의 안전관리 대책
　㉠ 주변 환경 분석 : 공사장 주변의 도로, 건물, 주민 등 환경 분석
　㉡ 안전관리 대책 : 주변 환경에 따른 안전시설 설치, 통행 안전 확보 방안
④ 통행 안전시설의 설치 및 교통 소통에 관한 계획
　㉠ 통행 안전시설 설치 : 안전 펜스, 안전 표지판, 신호등 등 설치 계획
　㉡ 교통 소통 계획 : 공사 차량 통행 경로, 교통 통제 방안
⑤ 안전관리비 집행 계획
　㉠ 안전관리비 항목 : 안전시설 설치, 안전 교육, 안전 점검 등에 필요한 예산
　㉡ 집행 계획 : 예산 집행 시기, 방법
⑥ 안전 교육 및 비상시 긴급조치 계획
　㉠ 안전 교육 계획 : 작업자 대상 안전 교육 내용, 교육 주기
　㉡ 비상시 긴급조치 계획 : 사고 발생 시 대응 절차, 비상 연락망

+ 괄호문제

다음 괄호 안에 알맞은 내용을 쓰시오.

① 공사장의 안전성을 확보하기 위해 사업주 스스로 (　　) 계획서를 작성하고, 공사 중 계획서 이행 여부를 주기적으로 확인을 통해 공사의 품질을 높이고 안전성을 확보한다.
② (　　)계획의 내용에는 공사의 종류, 규모, 기간, 위치 등 공사의 전반적인 정보가 포함된다.

| 정답 |
① 안전관리
② 안전관리

확인! OX

안전관리계획에 대한 설명이다. 옳으면 "○", 틀리면 "×"로 표시하시오.

1. 공사장 주변의 안전관리 대책에는 주변 환경 분석과 안전관리 대책이 포함된다.
(　　)
2. 통행 안전시설 설치와 교통 소통 계획은 공정별 안전점검 계획에 대한 내용이다.
(　　)

정답 1. ○ 2. ×

| 해설 |
2. 통행 안전시설의 설치 및 교통 소통에 관한 계획에 대한 내용이다.

+ 괄호문제

다음 괄호 안에 알맞은 내용을 쓰시오.

① 불이나 열을 발생시킬 수 있는 장비 또는 작업을 다루는 모든 활동을 (　) 작업이라 한다.

② 화기취급 작업 중 불꽃이 발생하는 연마 작업은 (　) 작업에 해당한다.

| 정답 |
① 화기취급
② 그라인더

확인! OX

화기취급 작업에 대한 설명이다. 옳으면 "○", 틀리면 "×"로 표시하시오.

1. 가스 용접, 아크 용접, 산소 절단 등은 용접 및 절단 작업에 해당하는 화기취급 작업이다. (　)
2. 가열, 소각, 도장 건조 등은 가연성 물질을 사용하는 작업에 해당한다. (　)

정답 1. ○　2. ×

| 해설 |
2. 가열, 소각, 도장 건조 등은 화염을 이용한 작업에 해당한다.

제2절　화기취급 감독 및 화재위험 작업 허가 · 관리

1. 화기취급 작업

불이나 열을 발생시킬 수 있는 장비 또는 작업을 다루는 모든 활동을 화기취급 작업이라 한다. 이러한 작업은 화재나 폭발 위험이 크므로, 사전에 안전조치를 철저히 해야 한다. 작업 전 안전점검, 화재 예방 조치, 소화 장비 준비 등이 필수적으로 이루어져야 한다.

(1) 용접 및 절단 작업

가스 용접, 아크 용접, 산소 절단 등

(2) 그라인더 작업

불꽃이 발생하는 연마 작업

(3) 화염을 이용한 작업

가열, 소각, 도장 건조 등

(4) 가연성 물질을 사용하는 작업

휘발유, 용제, 가스 등

2. 화재위험 관련 소방관계법령

(1) 화재의 예방조치 등(화재예방법 제17조)

① 화재예방강화지구의 금지행위

　※ PART 01, CHAPTER 02(화재예방법–화재의 예방조치 등) 참고

② 소방관서장은 화재 발생 위험이 크거나 소화 활동에 지장을 줄 수 있다고 인정되는 행위나 물건에 대하여 행위 당사자나 그 물건의 소유자, 관리자 또는 점유자에게 다음 각 호의 명령을 할 수 있다. 다만, ⓛ 및 ⓒ에 해당하는 물건의 소유자, 관리자 또는 점유자를 알 수 없는 경우 소속 공무원으로 하여금 그 물건을 옮기거나 보관하는 등 필요한 조치를 하게 할 수 있다.

ⓒ ①의 어느 하나에 해당하는 행위의 금지 또는 제한

ⓒ 목재, 플라스틱 등 가연성이 큰 물건의 제거, 이격, 적재 금지 등

ⓒ 소방 차량의 통행이나 소화 활동에 지장을 줄 수 있는 물건의 이동

③ ②에 따라 옮긴 물건 등에 대한 보관기간 및 보관기간 경과 후 처리 등에 필요한 사항은 대통령령으로 정한다.

④ 보일러, 난로, 건조설비, 가스·전기시설, 그 밖에 화재 발생 우려가 있는 대통령령으로 정하는 설비 또는 기구 등의 위치·구조 및 관리와 화재 예방을 위하여 불을 사용할 때 지켜야 하는 사항은 대통령령으로 정한다.

⑤ 화재가 발생하는 경우 불길이 빠르게 번지는 고무류·플라스틱류·석탄 및 목탄 등 대통령령으로 정하는 특수가연물의 저장 및 취급 기준은 대통령령으로 정한다.

(2) 특정소방대상물의 소방안전관리(화재예방법 제24조)

① 특정소방대상물 중 전문적인 안전관리가 요구되는 대통령령으로 정하는 특정소방대상물(소방안전관리대상물)의 관계인은 소방안전관리업무를 수행하기 위하여 제30조 제1항[107])에 따른 소방안전관리자 자격증을 발급받은 사람을 소방안전관리자로 선임해야 한다. 이 경우 소방안전관리자의 업무에 대하여 보조가 필요한 대통령령으로 정하는 소방안전관리대상물의 경우에는 소방안전관리자 외에 소방안전관리보조자를 추가로 선임해야 한다.

② 다른 안전관리자(전기·가스·위험물 등의 안전관리 업무에 종사하는 자)는 소방안전관리대상물 중 소방안전관리업무의 전담이 필요한 대통령령으로 정하는 소방안전관리대상물의 소방안전관리자를 겸할 수 없다. 다만, 다른 법령에 특별한 규정이 있는 경우에는 그렇지 않다.

③ ①에도 불구하고 제25조 제1항[108])에 따른 소방안전관리대상물의 관계인은 소방안전관리업무를 대행하는 관리업자(「소방시설 설치 및 관리에 관한 법률」 제29조 제1항[109])에 따른 소방시설관리업의 등록을 한 자)를 감독할 수 있는 사람을 지정하여 소방안전관리자로 선임할 수 있다. 이 경우 소방안전관리자로 선임된 자는 선임된 날부터 3개월 이내에 교육을 받아야 한다.

---

107) 소방청장이 실시하는 소방안전관리자 자격시험에 합격한 사람
108) 소방안전관리업무의 대행
109) 소방시설 등의 점검 및 관리를 업으로 하려는 자 또는 「화재예방법」 제25조에 따른 소방안전관리업무의 대행을 하려는 자는 대통령령으로 정하는 업종별로 시·도지사에게 소방시설관리업(관리업) 등록을 해야 한다.

+ 괄호문제

다음 괄호 안에 알맞은 내용을 쓰시오.

① (   )은 화재 발생 위험이 크거나 소화 활동에 지장을 줄 수 있다고 인정되는 행위에 대해 금지 또는 제한 명령을 할 수 있다.

② 화재가 발생하는 경우 불길이 빠르게 번지는 특수가연물의 저장 및 취급 기준은 (   )으로 정한다.

| 정답 |
① 소방관서장
② 대통령령

확인! OX

특정소방대상물의 소방안전관리에 대한 설명이다. 옳으면 "○", 틀리면 "×"로 표시하시오.

1. 특정소방대상물 중 전문적인 안전관리가 요구되는 대통령령으로 정하는 특정소방대상물의 관계인은 소방안전관리업무를 수행하기 위하여 소방안전관리자 자격증을 발급받은 사람을 소방안전관리자로 선임해야 한다. (   )

2. 전기·가스·위험물 등의 안전관리 업무에 종사하는 안전관리자는 소방안전관리대상물 중 소방안전관리업무의 전담이 필요한 대통령령으로 정하는 소방안전관리대상물의 소방안전관리자를 겸할 수 있다. (   )

정답 1. ○ 2. ×

| 해설 |
2. 겸할 수 없다.

④ 소방안전관리자 및 소방안전관리보조자의 선임 대상별 자격 및 인원기준은 대통령령으로 정하고, 선임 절차 등 그 밖에 필요한 사항은 행정안전부령으로 정한다.

⑤ 특정소방대상물(소방안전관리대상물 제외)의 관계인과 소방안전관리대상물의 소방안전관리자는 업무를 수행한다.

※ PART 01, CHAPTER 02(화재예방법-특정소방대상물의 소방안전관리) 참고

3. 임시소방시설

(1) 건설현장의 임시소방시설 설치 및 관리(소방시설법 제15조)

① 「건설산업기본법」에 따른 건설공사를 하는 자(공사시공자)는 특정소방대상물의 신축·증축·개축·재축·이전·용도변경·대수선 또는 설비 설치 등을 위한 공사현장에서 인화성 물품을 취급하는 작업 등 대통령령으로 정하는 작업(화재위험작업)을 하기 전에 설치 및 철거가 쉬운 화재대비시설(임시소방시설)을 설치하고 관리해야 한다.

② ①에도 불구하고 소방시설공사업자가 화재위험작업 현장에 소방시설 중 임시소방시설과 기능 및 성능이 유사한 것으로서 대통령령으로 정하는 소방시설을 화재안전기준에 맞게 설치 및 관리하고 있는 경우에는 공사시공자가 임시소방시설을 설치하고 관리한 것으로 본다.

③ 소방본부장 또는 소방서장은 ①이나 ②에 따라 임시소방시설 또는 소방시설이 설치 및 관리되지 않을 때에는 해당 공사시공자에게 필요한 조치를 명할 수 있다.

④ ①에 따라 임시소방시설을 설치해야 하는 공사의 종류와 규모, 임시소방시설의 종류 등에 필요한 사항은 대통령령으로 정하고, 임시소방시설의 설치 및 관리 기준은 소방청장이 정하여 고시한다.

(2) 임시소방시설의 종류(소방시설법 영 별표 8)

① 소화기

② 간이소화장치 : 물을 방사하여 화재를 진화할 수 있는 장치로서 소방청장이 정하는 성능을 갖추고 있을 것

③ 비상경보장치 : 화재가 발생한 경우 주변에 있는 작업자에게 화재사실을 알릴 수 있는 장치로서 소방청장이 정하는 성능을 갖추고 있을 것

④ 가스누설경보기 : 가연성 가스가 누설되거나 발생된 경우 이를 탐지하여 경보하는 장치로서 법 제37조에 따른 형식승인 및 제품검사를 받은 것

⑤ 간이피난유도선 : 화재가 발생한 경우 피난구 방향을 안내할 수 있는 장치로서 소방청장이 정하는 성능을 갖추고 있을 것

⑥ 비상조명등 : 화재가 발생한 경우 안전하고 원활한 피난활동을 할 수 있도록 자동 점등되는 조명장치로서 소방청장이 정하는 성능을 갖추고 있을 것

⑦ 방화포 : 용접·용단 등의 작업 시 발생하는 불티로부터 가연물이 점화되는 것을 방지해주는 천 또는 불연성 물품으로서 소방청장이 정하는 성능을 갖추고 있을 것

(3) 임시소방시설을 설치해야 하는 공사의 종류와 규모(소방시설법 영 별표 8)

① **소화기** : 법 제6조 제1항에 따라 소방본부장 또는 소방서장의 동의를 받아야 하는 특정소방대상물의 신축·증축·개축·재축·이전·용도변경 또는 대수선 등을 위한 공사 중 법 제15조 제1항에 따른 화재위험작업의 현장(화재위험작업현장)에 설치한다.

② **간이소화장치** : 다음의 어느 하나에 해당하는 공사의 화재위험작업현장에 설치한다.
　ⓐ 연면적 3,000m² 이상
　ⓑ 지하층, 무창층 또는 4층 이상의 층. 이 경우 해당 층의 바닥면적이 600m² 이상인 경우만 해당한다.

③ **비상경보장치** : 다음의 어느 하나에 해당하는 공사의 화재위험작업현장에 설치한다.
　ⓐ 연면적 400m² 이상
　ⓑ 지하층 또는 무창층. 이 경우 해당 층의 바닥면적이 150m² 이상인 경우만 해당한다.

④ **가스누설경보기** : 바닥면적이 150m² 이상인 지하층 또는 무창층의 화재위험작업현장에 설치한다.

⑤ **간이피난유도선** : 바닥면적이 150m² 이상인 지하층 또는 무창층의 화재위험작업현장에 설치한다.

⑥ **비상조명등** : 바닥면적이 150m² 이상인 지하층 또는 무창층의 화재위험작업현장에 설치한다.

⑦ **방화포** : 용접·용단 작업이 진행되는 화재위험작업현장에 설치한다.

임시소방시설의 종류	그림	설치기준
소화기		• 각 층 계단실 출입구 소화기 2개 • 화재위험작업 소화기 2개 + 대형 1개 • 소화기 설치장소에 축광식 표지 부착
간이소화장치		• 화재위험 작업 시 25m 이내 설치 • 지하 1층과 지상 1층에 상시 배치 • 방수압력 0.1MPa, 방수량 65L/min • 수원 20분 용량
비상경보장치		• 각 층 계단실 출입구 설치 • 비상벨의 음량 100dB 이상(1m 이내) • 비상전원 확보(20분 이상)
가스누설경보기		지하층 또는 무창층 내부(구획실이 있는 경우에는 구획실마다)에 바닥으로부터 높이가 30cm 이하인 장소에 설치
간이피난유도선		• 각 층의 출입구로부터 건물 내부로 10m 이상 설치(구획실이 있는 경우 가장 가까운 출입구까지 연속해서 설치) • 상시 점등(녹색계열 광원)

＋괄호문제

다음 괄호 안에 알맞은 내용을 쓰시오.
① 가스누설경보기는 바닥면적이 ( )m² 이상인 지하층 또는 무창층의 화재위험작업현장에 설치한다.
② 간이소화장치는 연면적 ( )m² 이상인 공사의 화재위험작업현장에 설치한다.

| 정답 |
① 150
② 3,000

확인! OX

임시소방시설의 설치기준에 대한 설명이다. 옳으면 "○", 틀리면 "×"로 표시하시오.

1. 간이소화장치는 화재위험작업 시 25m 이내 설치한다.
　　　　　　　　( )
2. 비상경보장치는 각 층 계단실 출입구에 설치하고 비상벨의 음량은 90dB 이상으로 한다.
　　　　　　　　( )

정답 1. ○　2. ×

| 해설 |
2. 1m 거리에서 100dB 이상의 것을 설치한다.

+ 괄호문제

다음 괄호 안에 알맞은 내용을 쓰시오.

① 간이피난유도선은 각 층의 출입구로부터 건물 내부로 ( ) m 이상 설치한다.
② ( )은 지하층 또는 무창층에서 지상 1층 또는 피난층으로 연결된 계단실 내부에 설치하며 20분 이상 비상전원, 비상경보장치와 연동되어야 한다.

| 정답 |
① 10
② 비상조명등

임시소방시설의 종류	그림	설치기준
비상조명등		• 지하층 또는 무창층에서 지상 1층 또는 피난층으로 연결된 계단실 내부에 설치 • 20분 이상 비상전원, 비상경보장치와 연동
방화포	소방담요 FIRE BLANKET 1m X 1m	용접·용단 작업 시 11m 이내에 가연물이 있는 경우 해당 가연물을 방화포로 도포

4. 화기취급 작업의 일반적인 절차

(1) 작업 전 준비

① 작업 허가서 발급 : 화기 작업이 필요한 경우 관리자로부터 작업 허가를 받는다.
② 작업 장소 점검 : 인화성 물질, 가연성 가스, 분진 등이 있는지 확인하고 제거한다.
③ 소화 장비 준비 : 소화기, 방화포, 물통 등 적절한 소화 장비를 작업장에 배치한다.
④ 보호구 착용 : 방염 작업복, 보안경, 장갑, 안전화 등 개인 보호 장비(PPE)를 착용한다.
⑤ 위험 요소 통제 : 바람의 방향, 주변 환경 등을 고려하여 작업 위치를 조정한다.

(2) 작업 수행

① 작업자의 역할 분담 : 작업자는 지정된 역할을 수행하고 감시자는 화재 발생 여부를 주시한다.
② 작업 중 화기 관리 : 불꽃, 열기, 불티가 주변으로 확산되지 않도록 조치한다.
③ 작업 중 환기 유지 : 밀폐된 공간에서는 가스 배출 및 환기 조치를 한다.
④ 작업 절차 준수 : 용접, 절단, 연마 등의 작업을 안전 절차에 따라 수행한다.

(3) 작업 후 정리

① 화기 완전 소화 : 작업 종료 후 불씨가 남아 있지 않은지 확인한다.
② 잔여 열기 및 불티 점검 : 작업장 주변의 온도와 잔여 열기를 확인하고, 불씨가 남아 있는 경우 제거한다.
③ 청소 및 정리 : 작업장에서 발생한 폐기물과 장비를 정리한다.
④ 사후 점검 : 일정 시간 동안(30분 이상) 작업 장소를 감시하여 재발화 가능성을 확인한다.
⑤ 작업 완료 보고 : 안전 관리자에게 작업 완료를 보고하고, 필요시 기록을 남긴다.

확인! OX

화기취급 작업의 일반적인 절차에 대한 설명이다. 옳으면 "○", 틀리면 "×"로 표시하시오.

1. 화기 작업이 필요한 경우 관리자로부터 작업 허가를 받는다. ( )
2. 작업 수행 중에는 작업장 주변의 온도와 잔여 열기를 확인하고, 불씨가 남아 있는 경우 제거한다. ( )

정답 1. ○ 2. ×

| 해설 |
2. 작업 후 정리 단계에서 작업장 주변의 온도와 잔여 열기를 확인하고, 불씨가 남아 있는 경우 제거한다.

허가사항	허가번호 :		허가일자 :
화재 감시자	성명 : (서명)		휴대폰번호 :
신청인	업체명 :		작업책임자 :
	연락처 :		
작업명			
작업구분	□용접 □용단 □땜 □연마 □기타( )		
작업구역	(신청서 1건당 작업장소 범위 : ① 층별 신청, ② 해당 층에서 반경 20m 초과마다 신청)		
작업일시	(작업기간 중 1일 단위 신청) 년 월 일 00:00~00:00		

초기대응체계

현장책임자	
성 명	○○○(서명)
연락처	

비상연락		초기소화		피난유도	
성 명	○○○(서명)	성 명	○○○(서명)	성 명	○○○(서명)
연락처		연락처		연락처	

화기작업 체크리스트 (작업 전) 소방안전관리자 확인

점검내용	결과(○, ×)
1. 작업구역 설정 및 출입제한 조치 여부	
2. 작업에 맞는 보호구 착용 여부	
3. 작업구역 내 가스농도 측정 및 잔류물질 확인 여부	
4. 작업구역 11m 내 인화성 및 가연성 물질 제거 상태	
5. 인화성 물질 취급 작업과 동시작업 유무	
6. 불티 비산방지조치(불티차단막/방화포 등) 실시 여부	
7. 작업지점 5m 이내 소화기 비치 여부	
8. 교육 실시 여부(소방시설 사용법, 피난로 위치, 초기대응체계 등)	

	밀폐공간 작업 시 (체크)	점검내용	결과
		9. 밀폐공간 관계자 외 출입제한 여부	
		10. 밀폐공간 작업에 필요한 보호구 착용 여부	
		11. 밀폐공간의 환기 설비 설치 여부	
		12. 작업자의 개인통신장비 및 휴대용 산소농도측정기 착용 여부	
		13. 구조장비(구급함/구명줄/삼각대 등) 준비 여부	
		14. 가스 및 산소농도 측정 여부	
		15. 전화하면 5분 이내 구조할 수 있는 위치에 구조팀 대기	
		16. 필요한 구조팀 담당자 성명 :	

작업자 명단	

작업책임자   (서명)

[화기취급 작업 신청서]

+ 괄호문제

다음 괄호 안에 알맞은 내용을 쓰시오.

① (   )는 현장책임자, 비상연락, 초기소화, 피난유도로 구성된다.

② 화기취급 작업 신청서를 낼 때 (   )은 업체명, 작업책임자, 연락처를 기입하여 제출한다.

| 정답 |
① 초기대응체계
② 신청인

확인! OX

작업 전 화기작업 체크리스트 작업내용에 대한 설명이다. 옳으면 "○", 틀리면 "×"로 표시하시오.

1. 작업구역 11m 내 인화성 및 가연성 물질 제거 상태를 확인한다.   (   )
2. 소방시설 사용법, 피난로 위치 등 교육 실시 여부를 확인한다.   (   )

정답 1. ○ 2. ○

허가사항	허가번호 :		허가일자 : 년 월 일		(소방안전관리자) (서명)
화재 감시자	성명 :	(서명)		휴대폰번호 :	
작업명					
작업구분	☐용접 ☐용단 ☐땜 ☐연마 ☐기타(　)				
작업구역					
작업일시				년 월 일 00:00~00:00	

		점검내용	결과(○, ×)
화기작업 체크리스트 (작업 중) 소방안전관리자 확인		1. 화기작업 허가서 발급 및 비치 여부	
		2. 화재감시자 배치 여부	
		3. 작업구역 설정 및 출입제한 조치 여부	
		4. 작업에 맞는 보호구 착용 여부	
		5. 작업구역 내 가스농도 측정 및 잔류물질 확인 여부	
		6. 작업구역 11m 내 인화성 및 가연성 물질 제거 상태	
		7. 인화성 물질 취급 작업과 동시작업 유무	
		8. 불티 비산방지조치(불티차단막/방화포 등) 실시 여부	
		9. 작업지점 5m 이내 소화기 비치 여부	
		10. 교육 실시 여부(소방시설 사용법, 피난로 위치, 초기대응체계 등)	
	밀폐공간 작업 시 (체크)	11. 밀폐공간 관계자 외 출입제한 여부	
		12. 밀폐공간 작업에 필요한 보호구 착용 여부	
		13. 밀폐공간의 환기 설비 설치 여부	
		14. 작업자의 개인통신장비 및 휴대용 산소농도측정기 착용 여부	
		15. 구조장비(구급함/구명줄/삼각대 등) 준비 여부	
		16. 가스 및 산소농도 측정 여부	
		17. 전화하면 5분 이내 구조할 수 있는 위치에 구조팀 대기	
		18. 필요한 구조팀 담당자 성명 :	
작업종류 후 안전조치 (작업종료 후 작성→반납)		확인사항	작업책임자 확인
		1. 불티잔존 여부(작업 종료 후 30분 후 확인)	(서명)
		2. 전원차단 상태	
		3. 인화성·가연성 물품의 보관상태	
반납확인		소방안전관리자 　(서명)	

[화기취급 작업 허가서]

응급처치

출제포인트
- 응급처치의 중요성 및 일반원칙
- 의식의 유무에 따른 응급처치 절차
- 출혈의 증상 및 화상의 종류
- 심폐소생술의 시행절차 및 AED의 사용방법

1. 응급처치의 중요성

(1) 환자의 고통을 경감

(2) 긴급한 환자의 생명을 유지

(3) 현장 처치의 원활화로 의료비 절감

(4) 위급한 부상 부위의 응급처치로 치료 기간을 단축

기출 키워드

하임리히법, 심폐소생술, 지혈, 골절, 화상, CPR, AED

---

2. 응급처치의 기본원칙

(1) **기도 확보**

① 환자의 입안에 이물질이 있는 경우 **기침**을 유도한다.

② 환자가 기침할 수 없을 때 **하임리히법**[110]을 실시한다.

③ 눈에 보이는 이물질이라 하여 **함부로 제거하려 해서는 안 된다.**

④ 이물질이 제거된 후 **머리를 뒤로** 젖히고, **턱을 위로** 들어 올려 기도가 개방되도록 한다.

[하임리히법]

(2) **지혈 처리**

① 혈액은 성인의 경우 전체 몸무게의 7%, 소아의 경우 8~9%를 차지한다.

② 혈액량의 15~20% 출혈 시 생명이 위험해지고, 30% 출혈 시 사망한다.

---

110) 기도가 막혔을 때 환자의 명치와 배꼽 중간 지점에 주먹을 대고 위로 밀어 올려 이물질을 제거한다.

(3) 상처 보호

① 출혈된 손상 부위를 소독거즈로 응급처치하고 붕대로 드레싱한다.

② 사용한 거즈 등으로 상처를 닦는 것은 금하고, 청결하게 소독된 거즈를 사용한다.

3. 응급처치의 일반원칙　　중요도★★☆

(1) 긴박한 상황에서도 구조자는 **자신의 안전**을 **최우선**으로 한다.

(2) 응급처치 시 사전에 보호자 또는 당사자의 이해와 동의를 얻어 실시하는 것을 원칙으로 한다.

(3) 환자 상태를 관찰하고 모든 손상을 발견하여 처치하되 **불확실한 처치는 하지 않는다.**

(4) 119 **구급차** 이용 시 전국 어느 곳에서 이송거리, 환자 수 등과 관계없이 무료이나, **사설 단체 또는 병원에서 운영하는 구급차**는 일정 요금을 징수한다.

[119 구급차]　　　　　　　[사설 구급차]

4. 응급처치의 체계도　　중요도★★★

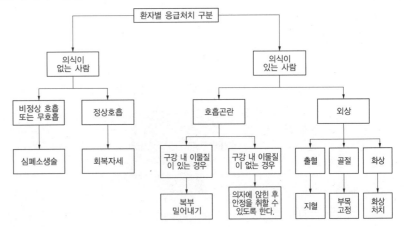

5. 응급처치 요령

(1) 출혈

① 출혈의 증상

㉠ **구토**가 발생한다.

ⓛ 반사작용이 둔해진다.

ⓒ 혈압이 저하되고 피부가 창백해진다.

ⓓ 체온이 떨어지고 **호흡곤란**도 나타난다.

ⓔ **탈수현상**이 나타나며 갈증을 호소한다.

ⓕ 호흡과 맥박이 **빠르고 약하며 불규칙**하다.

② 출혈 시 응급처치

　ㄱ 직접 압박법

　　• 출혈 상처 부위를 직접 압박하는 방법이다.

　　• 소독거즈로 출혈 부위를 덮은 후 4~6in 압박붕대로 출혈 부위를 압박하여 감는다.

　　• 출혈 부위를 심장보다 높인다.

　ㄴ 지혈대 사용법

　　• 절단과 같은 심한 출혈이 있을 때 최후의 수단으로 사용한다.

　　• **5cm 이상**의 띠를 사용한다.

(2) 화상

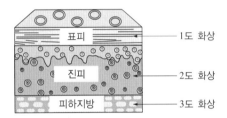

종류	특징
표피 화상 (1도 화상)	• 피부 바깥층(표피층)의 화상 • 약간의 부종과 홍반[111]이 나타남 • 통증을 느끼나 흉터 없이 치료됨
부분층 화상 (2도 화상)	• 피부의 두 번째 층까지 화상(표피층과 진피층) • 심한 통증과 발적[112], 수포 발생 • 표피가 얼룩얼룩하게 되고 진피의 모세혈관이 손상 • 물집이 터져 진물이 나고 감염의 위험
전층 화상 (3도 화상)	• 피부 전 층 손상(피하 지방층까지 손상) • 피하지방과 근육층까지 손상 • 피부는 가죽처럼 매끈하고 회색이나 검은색으로 변함 • 화상 부위가 건조하며 통증이 없음

(3) 심폐소생술(CPR ; Cardiopulmonary Resuscitation) 중요도★★★

호흡이나 심장박동이 멈추었을 때 인공적으로 호흡을 유지하고 혈액 순환시켜 주는 응급처치법이다. 심정지 환자의 **골든타임**은 **4분**이며, 그 안에 CPR 시행 시 생존율이 3배 이상 높다.

---

111) 피부가 붉게 변하고 혈관의 확장으로 피가 많이 고이는 것을 의미한다.
112) 피부나 점막에 염증이 생겼을 때 모세혈관이 확장되어 이상 부위가 빨갛게 부어오르는 현상이다.

+ 괄호문제

다음 괄호 안에 알맞은 내용을 쓰시오.

① 가슴압박은 성인의 경우 분당 (   )~(   )회의 속도, 약 (   )cm 깊이로 강하고 빠르게 시행한다.
② 심폐소생술의 기본순서는 가슴압박 → 기도유지 → (   )이다.

| 정답 |
① 100, 120, 5
② 인공호흡

① 심폐소생술의 기본순서[113] : **가슴압박(C) → 기도유지(A) → 인공호흡(B)**
② 심폐소생술의 시행절차
  ㉠ 반응 확인 : "괜찮으세요?"라고 질문한다.
  ㉡ 119 신고 : 특정인을 지목하여 119 신고 및 AED(자동심장충격기)를 요청한다.
  ㉢ 호흡 확인 : 환자의 얼굴과 가슴을 10초 이내로 관찰하여 호흡을 확인한다.
  ㉣ 가슴압박 30회 시행
    • 가슴뼈(흉골)의 아래쪽 절반 부위에 깍지를 낀 두 손의 손바닥 아랫부분을 댄다.
    • 양팔을 쭉 편 상태로 체중을 실어 환자의 몸과 **수직(90°)**이 되도록 가슴을 압박한다.
    • 성인은 **분당 100~120회의 속도, 약 5cm 깊이**로 강하고 빠르게 시행한다.
  ㉤ 인공호흡 2회 시행
    • 환자의 머리를 젖히고, 턱을 들어 올려 환자의 기도를 개방시킨다.
    • 환자의 코를 잡고 입에 완전히 밀착시켜 공기가 새지 않도록 1초에 한 번씩, 2회 시행한다.
  ㉥ 가슴압박과 인공호흡의 반복 : 30회의 가슴압박과 2회의 인공호흡을 119 구급대원이 도착할 때까지 반복한다.
  ㉦ 회복 자세
    • 가슴압박 시행 중 환자가 소리를 내거나 움직이면, 호흡이 회복되었는지 확인한다.
    • 호흡이 회복되었다면 환자를 옆으로 돌려 눕혀 기도를 확보한다.
③ 자동심장충격기(AED ; Automated External Defibrillator)의 사용방법
  ㉠ 전원 켜기(자동심장충격기 구성요소 ㉮ 위치)
  ㉡ 패드를 부착
    • 패드 1 : **오른쪽 빗장뼈(쇄골) 바로 아래**
    • 패드 2 : **왼쪽 가슴 아래와 겨드랑이 중간**

확인! OX

심폐소생술의 시행절차에 대한 설명이다. 옳으면 "○", 틀리면 "×"로 표시하시오.

1. 가슴압박 방법은 흉골의 아래쪽 절반 부위에 깍지를 낀 두 손의 손바닥 아랫부분을 대고, 양팔을 쭉 편 상태로 체중을 실어 환자의 몸과 수평이 되도록 가슴을 압박한다. (   )
2. 가슴압박 30회와 인공호흡 2회를 119 구급대원이 도착할 때까지 반복한다. (   )

정답 1. X 2. O

| 해설 |
1. 환자의 몸과 수직이 되도록 가슴을 압박한다.

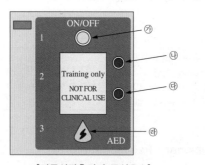
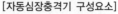

[자동심장충격기 구성요소]

[패드의 부착 위치]

  ㉢ 심장 리듬 분석 및 충격(제세동) 시행 : "모두 물러나세요!"라고 외치며 환자와 접촉을 차단하고 **심장 충격 버튼**(자동심장충격기 구성요소 ㉱ 위치)을 **작동**한다.
  ㉣ 심폐소생술 재시행 : 심장 충격 후 바로 **가슴압박**을 반복 시행한다.

---

113) C(가슴압박, Compression) → A(기도유지, Airway) → B(인공호흡, Breathing)

Add+

특별부록
실전모의고사

01회 실전모의고사

01

☑ 확인
Check!

○ ☐
△ ☐
✕ ☐

다음 [보기]에서 설명하는 소방안전관리자로 옳은 것은?

┌ 보기 ┐
• 소방설비기사 또는 소방설비산업기사 국가기술자격증을 취득한 자로 해당 소방안전관리자 자격수첩을 받은 사람
• 소방공무원으로 7년 이상 근무한 경력이 있는 자로 해당 소방안전관리자 자격수첩을 받은 사람
└─────────────────────┘

① 특급 소방안전관리자
② 1급 소방안전관리자
③ 2급 소방안전관리자
④ 3급 소방안전관리자

해설
1급 소방안전관리대상물의 선임자격
• 소방설비기사 또는 소방설비산업기사의 자격이 있는 사람
• 소방공무원으로 7년 이상 근무한 경력이 있는 사람
• 1급 소방안전관리대상물의 소방안전관리에 관한 시험에 합격한 사람
※ 선임인원은 1명 이상이다.

정답 ②

02

☑ 확인
Check!

○ ☐
△ ☐
✕ ☐

다음 중 화재를 진압하고 화재, 재난·재해, 그 밖의 위급한 상황에서 구조·구급활동 등을 위해 구성된 조직체에 해당하지 않는 것은?

① 소방공무원   ② 의무소방원
③ 자체소방대원   ④ 의용소방대원

해설
소방대 : 소방공무원, 의무소방원, 의용소방대원

정답 ③

03

☑ 확인
Check!

○ ☐
△ ☐
✕ ☐

불이 번질 우려가 있는 소방대상물 및 토지의 강제처분을 방해한 자에 대한 벌칙은?

① 5년 이하의 징역 또는 5천만 원 이하의 벌금
② 3년 이하의 징역 또는 3천만 원 이하의 벌금
③ 500만 원 이하의 벌금
④ 100만 원 이하의 벌금

해설
3년 이하의 징역 또는 3천만 원 이하의 벌금 : 소방본부장, 소방서장 또는 소방대장은 사람을 구출하거나 불이 번지는 것을 막기 위하여 필요할 때에는 화재가 발생하거나 불이 번질 우려가 있는 소방대상물 및 토지를 일시적으로 사용하거나 그 사용의 제한 또는 소방활동에 필요한 처분을 할 수 있다.

정답 ②

04

☑ 확인
Check!

○ ☐
△ ☐
✕ ☐

다음 중 객석유도등의 설치장소로 옳지 않은 것은?

① 객석의 벽
② 객석의 바닥
③ 객석의 천장
④ 객석의 통로

해설
객석유도등은 객석의 통로, 바닥 또는 벽에 설치하는 유도등으로 공연장, 극장 등에 설치한다.

정답 ③

05 화재안전조사에 대한 설명으로 옳은 것은?

☑ 확인
Check!

○ □
△ □
✕ □

① 소방대상물, 관계지역 또는 관계인에 대하여 소방시설 등이 소방관계법령에 적합하게 설치·관리되고 있는지 조사하는 것이다.
② 화재안전조사 결과에 따른 조치명령에는 소방대상물의 재축명령, 이전명령, 제거명령이 포함된다.
③ 소방청장, 소방본부장, 시·도지사는 화재안전조사 조치명령을 할 수 있다.
④ 화재안전조사의 방법 중 화재안전조사 항목 전부를 확인하는 조사방법을 부분조사라 한다.

해설
화재안전조사
② 조치명령에는 소방대상물의 개수, 이전, 제거, 사용의 금지 또는 제한, 사용폐쇄, 공사의 정지 또는 중지 등이 있다. 재축명령은 해당되지 않는다.
③ 화재안전조사 명령권자는 소방관서장(소방청장, 소방본부장, 소방서장)이다.
④ 화재안전조사의 방법은 항목 전부를 조사하는 종합조사와 일부를 조사하는 부분조사 방법이 있다.

정답 ①

06 인천소방고는 소방안전관리자를 2024년 1월 1일에 선임하였다. 언제까지 관할 소방서장에게 신고해야 하는가?

☑ 확인
Check!

○ □
△ □
✕ □

① 1월 7일
② 1월 14일
③ 1월 21일
④ 1월 31일

해설
소방안전관리자의 선임신고
•선임한 날부터 14일 이내 신고해야 한다.
•신고대상은 소방본부장 또는 소방서장이다.

정답 ②

07 건축허가 등을 함에 있어서 미리 소방본부장 또는 소방서장의 동의를 받아야 하는 건축물의 범위 기준이 아닌 것은?

☑ 확인
Check!

○ □
△ □
✕ □

① 노유자시설 및 수련시설로 연면적 $100m^2$ 이상인 건축물
② 지하층 또는 무창층으로 바닥면적 $150m^2$ 이상인 층이 있는 건축물
③ 차고·주차장으로 사용되며 바닥면적 $200m^2$ 이상인 있는 건축물이나 주차시설
④ 장애인 의료재활시설로서 연면적 $300m^2$ 이상인 건축물

해설
노유자시설 및 수련시설은 연면적 $200m^2$ 이상인 경우 건축허가 동의를 받아야 한다.
건축허가 등의 동의대상물
•연면적이 $400m^2$(단, 학교시설 : $100m^2$, 노유자시설 및 수련시설 : $200m^2$, 정신의료기관, 장애인 의료재활시설 : $300m^2$) 이상인 건축물이나 시설
•지하층 또는 무창층으로 바닥면적이 $150m^2$(공연장의 경우에는 $100m^2$) 이상인 층이 있는 것
•차고·주차장 또는 주차 용도로 사용되는 시설 바닥면적이 $200m^2$ 이상, 자동차 20대 이상 주차할 수 있는 시설

정답 ①

08 초고층 건축물 등의 재난 및 안전관리 업무를 총괄하는 자로 옳은 것은?

☑ 확인
Check!

○ □
△ □
✕ □

① 관계인
② 관리주체
③ 소방관서장
④ 총괄재난관리자

해설
총괄재난관리자 : 초고층 건축물 등의 재난 및 안전관리 업무를 총괄하는 자

정답 ④

09 ☑ 확인 Check!

○ □
△ □
✕ □

「다중이용업소법」상 다중이용업소에 해당하는 영업장으로 옳은 것은? ✔신유형

① 노래연습장업
② 수용인원 50명의 학원
③ 바닥면적 66m²인 지상 2층 일반음식점
④ 바닥면적 100m²인 지상 1층 제과점

해설
다중이용업소에 해당하는 영업장
• 단란주점영업, 유흥주점영업, 노래연습장업, 고시원업, 산후조리업, 안마시술소, 권총사격장, 목욕장업, 게임제공업(층별, 면적 구분 없이 적용)
• 학원(300명 이상)
• (지상층) 휴게음식점영업, 제과점영업, 일반음식점영업(바닥면적 100m² 이상)
 – 지상 1층은 제외
 – 지상과 업소 출입구가 직접 연결 시 제외
• (지하층) 휴게음식점영업, 제과점영업, 일반음식점영업(바닥면적 66m² 이상)

정답 ①

10 ☑ 확인 Check!

○ □
△ □
✕ □

무창층에 대한 설명으로 옳지 않은 것은?

① 개구부의 면적 합계가 해당 층 바닥면적의 1/30 이하가 되는 층을 말한다.
② 크기는 지름 50cm 이하의 원이 통과할 수 있어야 한다.
③ 내부 또는 외부에서 쉽게 부수거나 열 수 있어야 한다.
④ 도로 또는 차량이 진입할 수 있는 빈터를 향해야 한다.

해설
무창층
• 개구부의 면적 합계가 해당 층 바닥면적의 1/30 이하가 되는 층
• 크기는 지름 50cm 이상의 원이 통과할 수 있을 것
• 해당 층의 바닥면으로부터 개구부 밑부분까지의 높이가 1.2m 이내일 것
• 도로 또는 차량이 진입할 수 있는 빈터를 향할 것
• 화재 시 건축물로부터 쉽게 피난할 수 있도록 창살이나 그 밖의 장애물이 설치되지 않을 것
• 내부 또는 외부에서 쉽게 부수거나 열 수 있을 것

정답 ②

11 ☑ 확인 Check!

○ □
△ □
✕ □

「재난안전법」상 재난의 예방·대비·대응 및 복구를 위해 하는 모든 활동을 의미하는 용어로 옳은 것은?

① 안전관리
② 재난관리
③ 긴급구조
④ 위기관리

해설
용어
• 재난관리 : 재난의 예방·대비·대응 및 복구를 위해 하는 모든 활동
• 안전관리 : 재난이나 그 밖의 각종 사고로부터 사람의 생명·신체 및 재산의 안전을 확보하기 위해 하는 모든 활동

정답 ②

12 ☑ 확인 Check!

○ □
△ □
✕ □

「위험물관리법」상 위험물 취급소의 구분에 해당하지 않는 것은? ✔신유형

① 주유취급소
② 제조취급소
③ 판매취급소
④ 일반취급소

해설
취급소
• 일반취급소
• 주유취급소
• 판매취급소
• 이송취급소

정답 ②

13 「건축법」상 용어의 정의로서 옳지 않은 것은?

☑ 확인
Check!

○ □
△ □
✕ □

① 건축이란 건축물을 신축·증축·개축·재축하는 것을 말한다.
② 고층건축물이란 층수가 30층 이상이거나 높이가 120m 이상인 건축물을 의미한다.
③ 지하층이란 건축물의 바닥이 지표면 아래에 있는 층으로서 그 바닥으로부터 지표면까지의 평균높이가 해당 층 높이의 1/3 이상인 것을 말한다.
④ 건축물의 주요구조부란 내력벽·기둥·바닥·보·지붕틀 및 주계단을 말하여 건축물의 안전에 결정적인 역할을 담당하는 것이다.

[해설]
지하층이란 건축물의 바닥이 지표면 아래에 있는 층으로서 그 바닥으로부터 지표면까지의 평균높이가 해당 층 높이의 1/2 이상인 것을 말한다.
정답 ③

14 자동방화셔터에 대한 설명으로 적절하지 않은 것은?

☑ 확인
Check!

○ □
△ □
✕ □

① 전동방식이나 수동방식으로 개폐할 수 있어야 한다.
② 불꽃이나 연기를 감지한 경우 일부 폐쇄되는 구조이어야 한다.
③ 열을 감지한 경우 완전 폐쇄되는 구조이어야 한다.
④ 피난이 가능한 60분+ 방화문 또는 60분 방화문으로부터 5m 이내에 별도로 설치해야 한다.

[해설]
피난이 가능한 60분+ 방화문 또는 60분 방화문으로부터 3m 이내에 별도로 설치해야 한다.
정답 ④

15 건축물의 외벽 중심선으로 둘러싸인 부분의 수평투영면적을 의미하는 것은?

☑ 확인
Check!

○ □
△ □
✕ □

① 연면적　　　　② 대지면적
③ 용적률　　　　④ 건축면적

[해설]
① 연면적 : 각 층의 바닥면적 합계
② 대지면적 : 대지의 수평투영면적
③ 용적률 : 대지면적에 대한 연면적의 비율
정답 ④

16 가연물의 구비조건으로 옳지 않은 것은?

☑ 확인
Check!

○ □
△ □
✕ □

① 산소와 친화력이 작아야 한다.
② 활성화에너지 값이 작아야 한다.
③ 열전도도가 작아야 한다.
④ 비표면적이 커야 한다.

[해설]
가연물의 구비조건
• 열전도도가 작아야 한다.
• 활성화에너지 값이 작아야 한다.
• 발열반응을 해야 하며, 발열량이 많아야 한다.
• 조연성 가스와 친화력이 커야 한다.
• 산소와 접촉할 수 있는 표면적이 커야 한다.
• 인화점, 발화점, 용융점이 낮아야 한다.
정답 ①

17 연소의 3요소 중 산소공급원이 될 수 없는 것은?

☑ 확인
Check!

○ □
△ □
✕ □

① 공기　　　　② 제1류 위험물
③ 제4류 위험물　　　　④ 제6류 위험물

[해설]
제4류 위험물은 인화성 액체로 가연물이다.
산소공급원 : 제1류 위험물(산화성 물질), 제6류 위험물(산화성 물질), 제5류 위험물(자기반응성 물질), 산소(조연성 가스)
정답 ③

18

Check! ○ △ ×
☑ 확인
Check!

○ □
△ □
× □

다음 중 플래시오버(Flash Over) 현상과 관련 있는 것은?

ㄱ. 화재의 성상단계에서 성장기에 일어나는 현상이다.
ㄴ. 개구부의 개방으로 급격한 산소 공급이 이루어져 폭발을 일으키는 현상이다.
ㄷ. 백드래프트 현상이 발생한 직후 플래시오버 현상이 일어난다.
ㄹ. 플래시오버 직후 화재장소의 온도는 최고점을 찍게 된다.

① ㄱ
② ㄱ, ㄴ
③ ㄱ, ㄹ
④ ㄱ, ㄷ, ㄹ

(해설)
ㄱ. 플래시오버는 성장기에 발생하며 백드래프트는 감쇠기에 발생하는 실내 화재의 현상이다.
ㄴ. 개구부의 개방으로 급격한 산소 공급이 이루어져 폭발을 일으키는 현상은 백드래프트이다.

정답 ③

19
☑ 확인
Check!

○ □
△ □
× □

질식효과와 부촉매효과를 모두 가지고 있는 소화약제의 종류로 옳은 것은?

① 물소화약제
② 이산화탄소 소화약제
③ 포소화약제
④ 분말소화약제

(해설)
소화약제의 종류별 소화효과
• 물소화약제 : 냉각효과, 질식효과
• 포소화약제, 이산화탄소 소화약제 : 냉각효과, 질식효과
• 분말소화약제 : 질식효과, 부촉매효과
• 할론소화약제 : 냉각효과, 질식효과, 부촉매효과

정답 ④

20
☑ 확인
Check!

○ □
△ □
× □

전기화재의 예방방법으로 옳은 것을 모두 고른 것은?

ㄱ. 전원개폐기를 설치하고 월 1~2회 동작 여부를 확인한다.
ㄴ. 과전류 차단 장치를 설치한다.
ㄷ. 단선 시 발생되는 열에 의해 전선피복이 연소하여 발화의 원인이 된다.
ㄹ. 전선은 묶거나 꼬이지 않도록 한다.

① ㄱ, ㄴ   ② ㄴ, ㄷ
③ ㄴ, ㄹ   ④ ㄷ, ㄹ

(해설)
전기화재의 예방방법
ㄱ. 누전차단기를 설치하고 월 1~2회 동작 여부를 확인한다.
ㄷ. 단락(합선) 시 발생되는 열에 의해 전선피복이 연소하여 발화의 원인이 된다.

정답 ③

21
☑ 확인
Check!

○ □
△ □
× □

가스누설경보기를 설치할 경우 설치위치로 옳은 것은?

① 증기비중이 1보다 작은 가스의 경우 가스 연소기로부터 수평거리 4m 이내의 위치에 설치한다.
② 증기비중이 1보다 큰 가스의 경우 가스 연소기로부터 수평거리 8m 이내의 위치에 설치한다.
③ LNG 가스의 경우 연료가스 탐지기 하단은 천장면의 하단 30cm 이내 위치에 설치한다.
④ LPG 가스의 경우 연료가스 탐지기 상단은 천장면의 하단 50cm 이내 위치에 설치한다.

(해설)
가스누설경보기의 설치위치
• 증기비중이 1보다 작은 가스의 경우 가스 연소기로부터 수평거리 8m 이내의 위치에 설치한다.
• 증기비중이 1보다 큰 가스의 경우 가스 연소기로부터 수평거리 4m 이내의 위치에 설치한다.
• LNG 가스의 경우 연료가스 탐지기 하단은 천장면의 하단 30cm 이내 위치에 설치한다.
• LPG 가스의 경우 연료가스 탐지기 상단은 바닥면의 상방 30cm 이내 위치에 설치한다.

정답 ③

22

☑ 확인 Check!
○ □
△ □
✕ □

가연성으로 산소를 함유하여 자기연소하며 가열·충격·마찰 등에 의해 착화·폭발하는 등 연소속도가 빨라 소화가 곤란한 것은?

① 제1류 위험물
② 제3류 위험물
③ 제5류 위험물
④ 제6류 위험물

[해설]
자기반응성 물질로 제5류 위험물에 대한 설명이다.

[정답] ③

23

☑ 확인 Check!
○ □
△ □
✕ □

다음 중 응급처치의 일반원칙으로 옳은 것은?

ㄱ. 긴박한 상황에서는 환자의 안전을 최우선으로 한다.
ㄴ. 사전에 보호자 또는 당사자의 동의를 얻어 실시하는 것을 원칙으로 한다.
ㄷ. 환자 상태를 관찰하고 모든 손상을 발견하여 처치하되 불확실한 처치는 하지 않는다.
ㄹ. 119 구급차와 사설 구급차는 이송거리, 환자 수 등과 관계없이 무료이다.

① ㄱ, ㄴ
② ㄴ, ㄷ
③ ㄴ, ㄹ
④ ㄱ, ㄴ, ㄹ

[해설]
응급처치의 일반원칙
• 긴박한 상황에서도 구조자는 자신의 안전을 최우선으로 한다.
• 응급처치 시 사전에 보호자 또는 당사자의 이해와 동의를 얻어 실시하는 것을 원칙으로 한다.
• 환자 상태를 관찰하고 모든 손상을 발견하여 처치하되 불확실한 처치는 하지 않는다.
• 119 구급차 이용 시 전국 어느 곳에서 이송거리, 환자 수 등과 관계없이 무료이나 사설 단체 병원에서 운영하는 구급차는 일정 요금을 징수한다.

[정답] ②

24

☑ 확인 Check!
○ □
△ □
✕ □

심폐소생술에 대한 설명으로 옳은 것은?

① 성인의 경우 가슴압박은 분당 100~120회의 속도로 실시한다.
② 환자의 몸과 수평이 되도록 가슴을 압박한다.
③ 15회의 가슴압박과 2회의 인공호흡을 반복한다.
④ 환자의 얼굴과 가슴을 30초 이내로 천천히 관찰하고 호흡을 확인한다.

[해설]
심폐소생술
• 성인은 분당 100~120회의 속도, 약 5cm 깊이로 강하고 빠르게 시행한다.
• 양팔을 쭉 편 상태로 체중을 실어 환자의 몸과 수직(90°)이 되도록 가슴을 압박한다.
• 가슴압박과 인공호흡 반복 : 30회의 가슴압박과 2회의 인공호흡을 119 구급대원이 도착할 때까지 반복한다.
• 호흡 확인 : 환자의 얼굴과 가슴을 10초 이내로 관찰하여 호흡을 확인한다.

[정답] ①

25

☑ 확인 Check!
○ □
△ □
✕ □

출혈에 대한 설명 및 응급처치 방법으로 옳은 것은?

① 호흡과 맥박이 느리고 약하고 불규칙하다.
② 출혈 시 탈수현상이 나타나며 갈증을 호소한다.
③ 응급처치 방법에는 직접 압박법과 부목 고정법이 있다.
④ 절단과 같은 심한 출혈이 있을 때 최후의 수단으로 직접 압박법을 시행한다.

[해설]
① 호흡과 맥박이 빠르고 약하고 불규칙하다.
③ 응급처치 방법에는 직접 압박법과 지혈대 사용법이 있다.
④ 절단과 같은 심한 출혈이 있을 때 최후의 수단으로 지혈대 사용법을 시행한다.

[정답] ②

26

☑ 확인
Check!
○ □
△ □
✕ □

다음 중 분말소화기에 대한 설명으로 옳은 것은?

녹색

① 가압식 소화기이다.
② 압력이 부족한 상태이다.
③ 용기 내 정상 가압범위는 0.7~0.98MPa이다.
④ 분말소화기의 내용연수는 없다.

해설

분말소화기
• 축압식 소화기이다.
• 압력게이지가 녹색을 가리키므로 정상압력이다.
• 분말소화기의 내용연수는 10년이다.

정답 ③

27

☑ 확인
Check!
○ □
△ □
✕ □

다음 중 소화활동설비의 종류를 모두 고른 것은?

ㄱ. 물분무등소화설비
ㄴ. 단독경보형감지기
ㄷ. 비상콘센트설비
ㄹ. 소화수조
ㅁ. 제연설비

① ㄱ, ㄷ
② ㄷ, ㅁ
③ ㄱ, ㄴ, ㄹ
④ ㄴ, ㄷ, ㅁ

해설

소화활동설비의 종류에는 제연설비, 연결송수관설비, 연결살수설비, 비상콘센트설비, 무선통신보조설비, 연소방지설비가 있다.
소방시설의 종류
ㄱ. 소화설비(물분무등소화설비)
ㄴ. 경보설비(단독경보형감지기)
ㄹ. 소화용수설비(소화수조)

정답 ②

28

☑ 확인
Check!
○ □
△ □
✕ □

소화기에 대한 작동점검 결과 아래와 같은 소화기가 있음을 발견하고 즉시 교체하였다. 작동점검 서식의 점검 결과란 (가), (나)에 들어갈 내용으로 적절한 것은? ✓신유형

녹색

점검번호	점검항목	점검 결과 (양호 ○, 불량 ✕, 해당 없음)
1-A-006	소화기의 변형·손상·부식 등 외관의 이상 여부	(가)

설비명	점검번호	점검 내용
소화설비	1-A-006	(나)

① (가) - ○, (나) - 해당 없음
② (가) - ✕, (나) - 안전핀 탈락
③ (가) - ✕, (나) - 손잡이 누름쇠 변형
④ (가) - ✕, (나) - 충압불량

해설

소화기의 점검
• 지시압력계가 녹색을 가르키므로 정상압력이다.
• 안전핀이 고정되어 있지 않아 레버가 눌릴 경우 소화약제가 방사될 수 있다. 따라서, 점검 결과를 불량으로 판단해야 한다.

정답 ②

29

☑ 확인
Check!

○ □
△ □
✕ □

[보기]를 참고하여 해당 층에 설치해야 하는 소화기의 능력단위와 소화기 개수를 각각 산정한 것은?(제시된 것 외에는 무시한다)

┌─ 보기 ─┐
- 바닥면적은 1,000m²이다.
- 용도는 근린생활시설이다.
- 건축물은 내화구조이고 내장재는 불연재료이다.
- 소화기는 ABC급 분말소화기(3단위)를 설치한다.
└─────────┘

① 5단위, 2개
② 5단위, 4개
③ 10단위, 2개
④ 10단위, 4개

해설
특정소방대상물별 소화기구의 능력단위
- 근린생활시설은 바닥면적 100m²마다 1단위 이상 소화기구를 배치한다.
- 내화구조이고 내장재가 불연재료인 경우 바닥면적의 2배를 기준면적으로 하여 산정한다(100 × 2 = 200m²).

$$\frac{1,000m^2}{200m^2} = 5단위$$

∴ 5단위/3단위 = 1.67 ≒ 2개

정답 ①

30

☑ 확인
Check!

○ □
△ □
✕ □

다음 [보기]는 특정소방대상물 중 주방자동소화장치의 설치대상에 대한 내용이다. (　) 안에 들어갈 내용으로 옳은 것은?

┌─ 보기 ─┐
주거용 주방자동소화장치의 설치대상은 아파트 및 (　)의 모든 층이다.
└─────────┘

① 영화관　　　　② 숙박시설
③ 오피스텔　　　④ 노유자시설

해설
주방자동소화장치는 아파트 및 오피스텔의 모든 층에 설치해야 한다.

정답 ③

31

☑ 확인
Check!

○ □
△ □
✕ □

옥내소화전설비 방수압력 측정방법에 대한 설명으로 옳지 않은 것은?

① 방사형 관창을 호스에서 분리하고 직사형 관창을 체결한다.
② 방수구에 호스를 결속한 상태로 소화수를 방출한다.
③ 노즐의 선단에 피토게이지를 노즐구경의 $D/2$의 지점에 근접한다.
④ 방수압력측정계는 봉상주수 상태에서 수평으로 측정한다.

해설
방수압력측정계(피토게이지)는 봉상주수 상태에서 수직으로 측정해야 한다.

정답 ④

32

☑ 확인
Check!

○ □
△ □
✕ □

옥외소화전이 29개 설치되어 있을 때 소화전함의 최소 설치개수는?

① 5개 이상
② 10개 이상
③ 11개 이상
④ 29개 이상

해설
옥외소화전함의 설치기준
- 설치거리는 옥외소화전으로부터 5m 이내의 장소에 소화전함을 설치해야 한다.
- 옥외소화전 개수
  - 10개 이하 : 5m 이내의 장소에 1개 이상 설치
  - 11~30개 이하 : 11개 이상의 소화전함을 각각 분산하여 설치
  - 옥외소화전 31개 이상 : 옥외소화전 3개마다 1개 이상 설치

정답 ③

33

소방안전관리자는 습식 스프링클러설비 점검을 위해 시험밸브함을 열어 아래와 같은 상황을 확인하였다. 다음 상황에 대한 설명으로 적절한 것은?

✔신유형

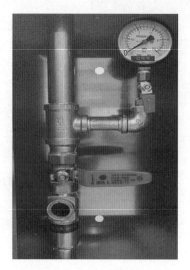

① 압력계가 0을 가리키고 있어 펌프 내 가압수가 없음을 알 수 있다.

② 시험밸브를 상시 열어두어야 하는데 닫혀 있다.

③ 압력계 하단의 밸브가 닫혀 있어야 압력이 올라간다.

④ 사이트글라스에 물이 흐르는 모습이 보이지 않아 펌프 내 가압수가 없음을 알 수 있다.

해설

② 시험밸브는 작동시험할 때만 밸브를 개방한다.

③ 압력계 하단의 밸브는 항시 열어두어야 물의 흐름을 확인할 수 있다.

④ 사이트글라스는 시험밸브 작동 시 물의 흐름을 확인하는 용도이다.

정답 ①

34

다음 [보기]를 참고하여 구한 스프링클러설비의 저수량으로 옳은 것은?

┤보기├

• 지하 2층, 지상 8층인 근린생활시설
• 준비작동식 스프링클러설비 설치
• 판매시설이 있는 복합건축물

① $1.6m^3$ ② $16m^3$

③ $32m^3$ ④ $48m^3$

해설

스프링클러설비의 수원량(저수량)

• 근린생활시설 중 판매시설 또는 복합건축물은 헤드의 기준개수가 30개이다.

• 층별 방사시간
  - 1~29층 건축물 : 20분
  - 30~49층 건축물 : 40분
  - 50층 이상 건축물 : 60분

• 수원량 = N(기준개수) × 80L/min × 20min
        = 30 × 80 × 20 = 48,000L = $48m^3$

정답 ④

35

어느 빌딩의 전양정이 100m일 때 주펌프의 정지점과 Diff로 옳은 것은?(단, 자연낙차압은 0.5MPa이고, 옥내소화전을 기준으로 한다)

① Range : 1MPa, Diff : 0.3MPa

② Range : 1MPa, Diff : 0.7MPa

③ Range : 1.2MPa, Diff : 0.3MPa

④ Range : 1.2MPa, Diff : 0.7MPa

해설

옥내소화전 펌프의 기동점과 정지점

• 정지압력 = 100m = 1MPa(100으로 나눈다)

• 기동압력 = 0.5 + 0.2 = 0.7MPa

• Diff = 정지압력(Range) − 기동압력
       = 1 − 0.7 = 0.3MPa
  - 주펌프의 정지점 : 펌프의 양정
  - 주펌프의 기동점 : 자연낙차압 + 0.2MPa(옥내소화전)[또는 0.15MPa(스프링클러설비)]

정답 ①

36 ☑ 확인 Check!

○ □
△ □
✕ □

이산화탄소 소화설비의 장단점에 대한 설명으로 옳은 것은?

① 표면화재에 적합하다.

② 화재진화 후 재가 남는다.

③ 방사 시 동상의 우려가 있다.

④ 설비가 저압으로 특별한 주의와 관리가 필요 없다.

> **[해설]**
>
> **이산화탄소 소화설비**
> • 장점
> - 가연물 내부에서 연소하는 심부화재에 적합하다.
> - 화재진화 후 깨끗하다.
> - 피연소물에 피해가 적다.
> - 비전도성이므로 전기화재에 좋다.
> • 단점
> - 사람에게 질식의 우려가 있다.
> - 방사 시 동상의 우려가 있다.
> - 설비가 고압으로 특별한 주의와 관리가 필요하다.
>
> **[정답]** ③

37 ☑ 확인 Check!

○ □
△ □
✕ □

소방안전관리자가 계단에 설치되어 있는 감지기에 대하여 작동점검을 하며 수신기의 상태를 확인하였다. 점검 및 조치에 대한 설명으로 적절하지 않은 것은?

```
            [ ○ 화재 ]
[○ 1층]  [○ 2층]  [○ 3층]  [○ 4층]  [○ 지하]  [○ 계단]
  (1)      (2)      (3)      (4)      (5)      (6)
※ (1)~(6)은 회로번호임              ● 표시등(점등상태)
```

① 점검 시 사용되어야 할 최소 점검기구는 연기감지기 시험기이다.

② 감지기 작동 시 수신기상에 화재표시등과 계단표시등이 소등되는지 확인한다.

③ 관계인은 점검 결과를 15일 이내 소방서장에게 제출해야 한다.

④ 소방안전관리자는 점검 결과를 2년간 보관해야 한다.

> **[해설]**
> 감지기 작동 시 수신기상에 화재표시등과 계단표시등이 점등되는지 확인한다.
>
> **[정답]** ②

38 ☑ 확인 Check!

○ □
△ □
✕ □

다음 [조건]을 참고하여 해당 건물의 경계구역 수로 옳은 것은?

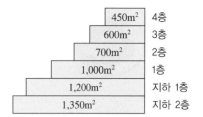

450m²	4층
600m²	3층
700m²	2층
1,000m²	1층
1,200m²	지하 1층
1,350m²	지하 2층

> **┤조건├**
> • 한 변의 길이는 모두 50m 이하이다.
> • 1층은 출입구에서 내부 전체가 확인 가능한 구조이다.

① 5개

② 6개

③ 10개

④ 11개

> **[해설]**
> **경계구역** : 하나의 경계구역의 면적은 600m² 이하로 하고, 한 변의 길이는 50m 이하로 한다. 다만, 해당 특정소방대상물의 주된 출입구에서 그 내부 전체가 보이는 것에 있어서는 한 변의 길이가 50m의 범위 내에서 1,000m² 이하로 할 수 있다.
>
> | 층수 | 산출내역 | 경계구역 수 |
> |---|---|---|
> | 4층 | 450/600 = 0.75 ≒ 1 | 1 경계구역 |
> | 3층 | 600/600 = 1 | 1 경계구역 |
> | 2층 | 700/600 = 1.17 ≒ 2 | 2 경계구역 |
> | 1층 | 1,000/1,000 = 1 (내부 전체가 보임) | 1 경계구역 |
> | 지하 1층 | 1,200/600 = 2 | 2 경계구역 |
> | 지하 2층 | 1,350/600 = 2.25 ≒ 3 | 3 경계구역 |
> | 계 | – | 10개 |
>
> **[정답]** ③

가스계 소화설비 주요 구성요소 중 그림과 명칭이 옳게 짝지어진 것은? ✔신유형

① → 압력스위치

② → 솔레노이드밸브

③ → 저장용기

④ → 선택밸브

해설
가스계 소화설비의 구성요소
① 솔레노이드밸브
② 압력스위치
③ 기동용기

정답 ④

연결살수설비에 대한 설명으로 옳지 않은 것은?

① 지하층으로 바닥면적의 합계가 150m² 이상인 곳에 설치하는 소화활동설비이다.
② 판매시설·운수시설·창고시설 중 물류터미널의 경우 바닥면적의 합계가 1,000m² 이상인 곳에 설치하는 소화활동설비이다.
③ 연결살수설비는 송수구, 배관, 살수헤드로 구성되어 있다.
④ 고층 건물 등에 설치하여 소방대가 건물 내 소화 작업 시 외부의 송수구에서 물을 공급하여 방수구에서 물을 사용하여 소화할 수 있도록 하는 소화활동설비이다.

해설
④ 연결송수관설비에 대한 설명이다.
연결살수설비 : 화재 발생 시 소방대의 진입이 어려운 지하가 또는 지하층에 설치하여 지상의 송수구를 통하여 물을 공급하여 살수헤드로 물을 방사하여 소화하는 소화활동설비이다.

정답 ④

피난기구에 대한 설명으로 옳은 것은?

① 미끄럼대는 장애인복지시설, 노약자수용시설, 병원 등에 적합한 피난기구이다.
② 간이완강기는 사용자가 연속적으로 사용할 수 있는 피난기구이다.
③ 완강기는 사용자가 연속적으로 사용할 수 없는 피난기구이다.
④ 화재 시 발생하는 열과 연기로부터 인명의 안전한 피난을 위한 기구이다.

해설
②, ③ 완강기는 연속적으로 사용이 가능하며, 간이완강기는 연속적으로 사용할 수 없다.
④ 인명구조기구에 대한 설명이다.

정답 ①

42

다음 [보기]는 상수도 소화용수설비의 설치기준에 대한 설명이다. ( ) 안에 들어갈 내용으로 옳은 것은?

┌─보기─────────────────────┐
│ 호칭지름 (㉠)mm 이상의 수도배관에 호칭지름 │
│ (㉡)mm 이상의 소화전을 접속한다. │
└────────────────────────┘

① ㉠ 65, ㉡ 120
② ㉠ 75, ㉡ 100
③ ㉠ 80, ㉡ 90
④ ㉠ 100, ㉡ 100

해설

상수도 소화용수설비의 설치기준
• 호칭지름 75mm 이상의 수도배관에 호칭지름 100mm 이상의 소화전을 접속한다.
• 소화전은 소방자동차 등의 진입이 쉬운 도로변 또는 공지에 설치한다.
• 소화전은 특정소방대상물의 수평투영면의 각 부분으로부터 140m 이하가 되도록 설치한다.

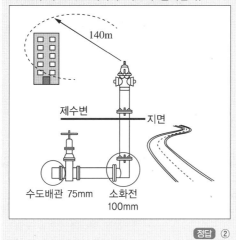

140m

제수변   지면

수도배관 75mm   소화전 100mm

정답 ②

43

다음 중 피난구유도등의 설치장소로 옳은 것은?

① 출입구 상부에 설치
② 일반 복도의 하부에 설치
③ 일반 계단의 하부에 설치
④ 공연장 또는 극장 등의 벽면에 설치

해설

유도등의 종류별 설치장소(위치)
• 피난구유도등 : 출입구(상부 설치)
• 복도통로유도등 : 일반 복도(하부 설치)
• 계단통로유도등 : 일반 계단(하부 설치)
• 거실통로유도등 : 주차장, 도서관 등(상부 설치)
• 객석유도등 : 공연장, 극장 등(하부 설치)

정답 ①

44

비상전원이 비상조명등을 60분 이상 유효하게 작동시킬 수 있는 용량으로 하지 않아도 되는 특정소방대상물로 옳은 것은?

① 지하상가
② 숙박시설
③ 무창층으로서 용도가 소매시장
④ 지하층을 제외한 층수가 11층 이상의 층

해설

비상조명등의 비상전원을 60분 이상 유효하게 작동시킬 수 있어야 하는 특정소방대상물
• 지하층을 제외한 층수가 11층 이상의 층
• 지하층 또는 무창층으로서 용도가 도매시장, 소매시장, 여객자동차터미널, 지하역사 또는 지하상가

정답 ②

45

☑ 확인
Check!

○ □
△ □
✕ □

소방계획 수립 절차의 단계별 순서로 옳은 것은?

① 사전기획 → 위험환경 분석 → 설계 및 개발 → 시행 및 유지관리

② 사전기획 → 설계 및 개발 → 위험환경 분석 → 시행 및 유지관리

③ 위험환경 분석 → 사전기획 → 설계 및 개발 → 시행 및 유지관리

④ 위험환경 분석 → 설계 및 개발 → 사전기획 → 시행 및 유지관리

해설

소방계획의 수립 절차

구분	절차
1단계 (사전기획)	작성준비 ⇩ 요구사항 검토 ⇩ 작성계획 수립
2단계 (위험환경 분석)	위험환경 식별 ⇩ 위험환경 분석/평가 ⇩ 위험경감대책 수립
3단계 (설계 및 개발)	목표/전략수립 ⇩ 실행계획 설계 및 개발
4단계 (시행 및 유지관리)	수립/시행 ⇩ 운영/유지관리

정답 ①

46

☑ 확인
Check!

○ □
△ □
✕ □

다음 [보기]는 피난행동요령에 대한 설명이다. ( ) 안에 들어갈 내용으로 옳지 않은 것은?

보기

• (①)는 절대 이용하지 않도록 하며 계단을 이용하여 옥외로 대피한다.
• 출입문을 열기 전 (②)을(를) 확인하여 뜨거우면 문을 열지 말고 다른 길을 찾는다.
• 아래층으로 대피할 수 없을 때에는 (③)으로 대피한다.
• 아파트의 경우 세대 밖으로 나가기 어려우면 세대 사이에 설치된 (④)를 통해 옆 세대로 대피하거나 세대 내 대피 공간으로 대피한다.

① 엘리베이터
② 바닥
③ 옥상
④ 경량칸막이

해설

출입문을 열기 전 문손잡이를 확인하여 뜨거우면 문을 열지 말고 다른 길을 찾는다.

정답 ②

47

☑ 확인
Check!

○ □
△ □
✕ □

소방계획의 주요 원리 중 ( )에 들어갈 내용으로 옳은 것은?

주요 원리	주요 내용
( )	• 모든 형태의 위험을 포괄 • 재난의 전주기적(예방·대비 → 대응 → 복구) 단계의 위험성 평가

① 종합적 안전관리
② 통합적 안전관리
③ 지속적 발전모델
④ 융합적 안전관리

해설

모든 형태의 위험을 포괄하고, 재난의 전주기적 단계의 위험성을 평가하는 소방계획의 주요 원리는 종합적 안전관리이다.

정답 ①

48

☑ 확인
Check!

○ □
△ □
× □

제연구역의 차압에 대한 설명으로 옳지 않은 것은?

① 계단으로의 연기유입을 막기 위해 차압이 필요하다.

② 제연구역과 옥내와의 최소 차압은 40Pa 이상이어야 한다.

③ 스프링클러가 설치된 경우 제연구역과 옥내와의 최소 차압은 12.5Pa 이상이어야 한다.

④ 계단실 출입문의 개방력은 110N를 초과해야 계단실로 연기가 유입되지 않는다.

해설

차압
- 계단으로의 연기유입을 막기 위해 제연구역과 옥내와의 사이에 유지해야 하는 일정한 기압의 차이를 말한다.
- 제연구역과 옥내와의 최소 차압 : 40Pa 이상(스프링클러가 설치된 경우 12.5Pa 이상)
- 출입문의 개방력 : 110N 이하

 정답 ④

49

☑ 확인
Check!

○ □
△ □
× □

펌프의 성능시험에 대한 설명으로 옳지 않은 것은?

① 시험의 목적은 과부하운전, 정격부하운전, 체절운전에서 펌프 성능이 정상인지 확인하는 것이다.

② 토출 측 개폐밸브를 완전히 개방한 후 시험해야 정확하게 측정할 수 있다.

③ 시험 전 감시제어반의 선택스위치는 정지에, 동력제어반의 선택스위치는 수동으로 설정한다.

④ 성능시험 중 수격현상이 발생할 수 있기 때문에 개폐밸브는 천천히 열고 닫는다.

해설

펌프의 성능시험 : 펌프 토출 측 밸브를 닫은 상태에서 시험해야 한다.

 정답 ②

50

☑ 확인
Check!

○ □
△ □
× □

인천소방고는 연면적 2,000m²로 옥내소화전설비가 설치되어 있다. 사용승인일이 2010년 1월 20일인 경우 종합점검 실시일로 옳지 않은 것은?

① 1월 20일

② 2월 20일

③ 6월 20일

④ 7월 20일

해설

소방시설 등의 자체점검 : 종합점검 대상 중 학교의 경우 건축물의 사용승인일이 1~6월 사이에 있는 경우 6월 30일까지 실시하면 된다.

종류	작동점검	종합점검
점검 대상	1 · 2 · 3급 소방안전관리대상물(소방안전관리자를 선임한 모든 대상물)	• 스프링클러설비가 설치된 특정소방대상물 • 물분무등소화설비 설치대상 + 연면적 5,000m² 이상 • 다중이용업의 영업장이 설치된 소방대상물 + 연면적 2,000m² 이상 • 제연설비가 설치된 터널 • 옥내소화전설비 또는 자동화재탐지설비가 설치된 공공기관 + 연면적 1,000m² 이상

 정답 ④

01

☑ 확인
Check!

○ □
△ □
✕ □

「화재예방법」에서 화재안전조사를 실시하는 경우에 해당하지 않는 것은?

① 소방대상물의 관계인이 요청하는 경우
② 화재예방안전진단이 불성실하거나 불완전하다고 인정되는 경우
③ 화재예방강화지구 등 법령에서 화재안전조사를 하도록 규정되어 있는 경우
④ 화재가 자주 발생하였거나 발생할 우려가 뚜렷한 곳에 대한 조사가 필요한 경우

해설
화재안전조사를 하는 경우
• 자체점검이 불성실하거나 불완전하다고 인정되는 경우
• 화재예방강화지구 등 법령에서 화재안전조사를 하도록 규정되어 있는 경우
• 화재예방안전진단이 불성실하거나 불완전하다고 인정되는 경우
• 국가적 행사 등 주요 행사가 개최되는 장소 및 그 주변의 관계 지역에 대하여 소방안전관리 실태를 조사할 필요가 있는 경우
• 화재가 자주 발생하였거나 발생할 우려가 뚜렷한 곳에 대한 조사가 필요한 경우
• 재난예측정보, 기상예보 등을 분석한 결과 소방대상물에 화재의 발생 위험이 크다고 판단되는 경우
• 그 밖의 긴급한 상황이 발생할 경우 인명 또는 재산 피해의 우려가 현저하다고 판단되는 경우

정답 ①

02

☑ 확인
Check!

○ □
△ □
✕ □

화재로 오인할 만한 우려가 있는 불을 피우거나 연막 소독을 실시하고자 하는 자가 신고를 하지 아니하여 소방자동차를 출동하게 한 경우의 벌칙으로 옳은 것은?

① 20만 원 이하의 과태료
② 50만 원 이하의 과태료
③ 100만 원 이하의 과태료
④ 200만 원 이하의 과태료

해설
불을 피우거나 연막 소독으로 소방자동차가 출동한 경우 20만 원 이하의 과태료가 부과된다.

정답 ①

03

☑ 확인
Check!

○ □
△ □
✕ □

소방안전관리자는 업무수행에 관해 내용을 기록해야 하며 작성된 문서를 보관해야 한다. 다음 중 보관기간으로 옳은 것은?

① 1년　　　　② 2년
③ 5년　　　　④ 10년

해설
소방안전관리자의 업무
• 화기취급의 감독
• 소방훈련 및 교육
• 화재 발생 시 초기대응
• 피난시설, 방화구획 및 방화시설의 관리
• 소방시설이나 그 밖의 소방 관련 시설의 관리
• 자위소방대 및 초기대응체계의 구성, 운영 및 교육
• 피난계획에 관한 사항과 대통령령으로 정하는 사항이 포함된 소방계획서의 작성 및 시행
• 소방안전관리에 관한 업무 수행에 관한 기록, 유지(기록을 작성하고 작성한 날부터 2년간 보관해야 한다)
• 그 밖에 소방안전관리에 필요한 업무

정답 ②

04

☑ 확인
Check!
○ □
△ □
✕ □

[보기]에 해당하는 소방안전관리대상물의 선임 대상으로 옳지 않은 것은?(단, 해당 소방안전관리자 자격증을 받은 경우이다)

┌보기┐
지상 11층, 지하 3층인 특정소방대상물로 스프링클러설비가 설치되어 있다.

① 소방설비산업기사 자격증을 취득한 자
② 소방설비기사 자격증을 취득한 자
③ 소방공무원으로 7년 이상 근무한 경력이 있는 자
④ 위험물기능장 자격증을 취득한 자

해설
지상 11층 이상 특정소방대상물은 1급 소방안전관리대상물이다. ④은 2급 소방안전관리대상물의 선임 자격을 갖춘 사람이다.
2급 소방안전관리대상물의 선임자격
• 위험물기능장, 위험물산업기사, 위험물기능사
• 소방공무원 3년 이상 근무 경력
• 2급 소방안전관리자 시험 합격자

정답 ④

05

☑ 확인
Check!
○ □
△ □
✕ □

인화성 또는 발화성 등의 성질을 가지는 것으로 대통령령이 정하는 물품을 의미하는 것은?

① 가연물
② 위험물
③ 지정수량
④ 증기비중

해설
위험물에 대한 설명이다.

정답 ②

06

☑ 확인
Check!
○ □
△ □
✕ □

다음 중 화재안전조사 항목에 대한 설명으로 옳지 않은 것은?

① 방염
② 화재의 예방조치 등
③ 소방안전관리 업무 수행
④ 특정소방대상물에 대한 강제처분 사항

해설
화재안전조사의 항목
• 방염
• 화재의 예방조치 등
• 소방안전관리 업무 수행
• 소방시설 등의 자체점검
• 소방시설의 설치 및 관리
• 피난계획의 수립 및 시행
• 소방자동차 전용구역의 설치
• 건설현장 임시소방시설의 설치 및 관리
• 피난시설, 방화구획 및 방화시설의 관리
• 「소방시설공사업법」에 따른 시공, 감리 및 감리원의 배치
• 소화, 통보, 피난 등의 훈련 및 소방안전관리에 필요한 교육
• 「다중이용업소의 안전관리에 관한 특별법」, 「위험물안전관리법」 및 「초고층 및 지하연계 복합건축물 재난관리에 관한 특별법」의 안전관리
• 그 밖에 소방대상물에 화재의 발생 위험이 있는지 등을 확인하기 위해 소방관서장이 화재안전조사가 필요하다고 인정하는 사항

정답 ④

07

☑ 확인 Check!

○ □
△ □
✕ □

높이 130m, 1,400세대가 살고 있는 아파트에 대한 설명으로 옳은 것은?

① 소방안전관리 보조자가 3명이 필요하다.
② 1급 소방안전관리자 시험 합격자를 바로 선임할 수 있다.
③ 위험물기능장 국가기술자격증이 있는 사람을 선임할 수 있다.
④ 소방공무원으로 3년의 근무 경력이 있는 사람을 선임할 수 있다.

해설

1급 소방안전관리대상물 : 30층 이상(지하층 제외) 또는 지상 120m 이상 아파트
① 소방안전관리 보조자는 300세대 초과마다 1명 추가되며 소수점 이하는 버려 계산한다.
1,400/300 = 4.670|므로 보조자는 4명이다.
③, ④ 2급 소방안전관리대상물 선임자격에 대한 설명이다.

정답 ②

09

☑ 확인 Check!

○ □
△ □
✕ □

[보기]는 「다중이용업소법」에서 정의한 밀폐구조의 영업장에 대한 설명이다. ( ) 안에 들어갈 내용으로 옳은 것은?

┌ 보기 ┐
지상층에 있는 다중이용업소의 영업장 중 채광·환기·통풍 및 피난 등이 용이하지 못한 구조로 되어 있으면서 개구부의 면적의 합계가 영업장 바닥면적의 ( ) 이하가 되는 것
└────┘

① 1/2
② 1/3
③ 1/15
④ 1/30

해설

밀폐구조의 영업장 : 지상층에 있는 다중이용업소의 영업장 중 채광·환기·통풍 및 피난 등이 용이하지 못한 구조로 되어 있으면서 개구부의 면적 합계가 영업장으로 사용하는 바닥면적의 1/30 이하가 되는 것을 말한다.

정답 ④

08

☑ 확인 Check!

○ □
△ □
✕ □

[보기]는 건축허가 등의 동의요구 회신기한에 대한 설명이다. ( ) 안에 들어갈 내용으로 옳은 것은?

┌ 보기 ┐
건축허가 등의 동의 여부를 받은 소방본부장 또는 소방서장은 건축허가 등의 요구서류를 접수한 날로부터 ( )일 이내에 회신해야 한다. 단, 허가를 신청한 건축물이 특급 소방안전관리대상물일 경우 ( )일 이내 회신해야 한다.
└────┘

① 4, 7
② 4, 10
③ 5, 7
④ 5, 10

해설

건축허가 등의 동의절차
• 동의여부 회신 : 5일 이내(특급 대상물은 10일 이내)
• 보완이 필요한 경우 : 4일 이내 기간을 정하여 보완 요구 가능
• 취소 통보 : 허가기관에서 건축허가 등의 취소 시 7일 이내 소방본부장 또는 소방서장에게 통보

정답 ④

10

☑ 확인 Check!

○ □
△ □
✕ □

다음 [보기]의 ( ) 안에 들어갈 내용으로 옳은 것은?

┌ 보기 ┐
위험물기능사 자격 취득자는 (㉠) 위험물을 취급할 수 있으며, 위험물안전관리자 교육 이수자는 (㉡) 위험물을 취급할 수 있다.
└────┘

① ㉠ 제1류, ㉡ 제4류
② ㉠ 제4류, ㉡ 제4류
③ ㉠ 모든, ㉡ 제4류
④ ㉠ 모든, ㉡ 모든

해설

위험물취급자격자의 자격

구분	취급할 수 있는 위험물
위험물기능장, 위험물산업기사, 위험물기능사 자격 취득자	모든 위험물
위험물안전관리자 교육 이수자	제4류 위험물
소방공무원 경력자(3년 이상)	

정답 ③

11

✓ 확인
Check!

○ ☐
△ ☐
✕ ☐

다음 [보기]에서 지하연계 복합건축물에 해당하는 것은? ✓신유형

┌─ 보기 ─────────────────────────┐
- A 건축물 : 지상 11층, 지하 2층 건물로 여객자동차터미널과 백화점이 입점해 있으며, 지하 2층은 지하철역과 연결되어 있다.
- B 건축물 : 지상 50층, 지하 4층 호텔로 수용인원이 5천 명이다.
- C 건축물 : 지상 2층, 지하 1층 식자재 마트로 수용인원이 5천 명이고, 지하 1층은 지하도 상가로 연결되어 있다.
- D 건축물 : 지상 123층의 롯데월드타워
└────────────────────────────┘

① A 건축물
② A 건축물, B 건축물
③ A 건축물, C 건축물
④ A 건축물, B 건축물, C 건축물, D 건축물

(해설)
B, D 건축물은 초고층 건축물에 해당한다.
- 초고층 건축물 : 층수가 50층 이상 또는 높이가 200m 이상인 건축물
- 지하연계 복합건축물
  - 층수가 11층 이상이거나 1일 수용인원이 5천 명 이상인 건축물로서 지하부분이 지하역사 또는 지하도 상가와 연결된 건축물
  - 문화 및 집회시설, 판매시설, 운수시설, 업무시설, 숙박시설, 위락시설 중 유원시설업의 시설 또는 대통령령으로 정하는 용도의 시설이 하나 이상 있는 건축물

정답 ③

12

✓ 확인
Check!

○ ☐
△ ☐
✕ ☐

자동방화셔터에 대한 설명으로 옳은 것은?

① 열을 감지한 경우 일부 폐쇄되는 구조일 것
② 방화문으로부터 5m 위치에 별도로 설치할 것
③ 전동방식이나 수동방식으로 개폐할 수 있을 것
④ 불꽃이나 연기를 감지한 경우 완전 폐쇄되는 구조일 것

(해설)
자동방화셔터
- 열을 감지한 경우 완전 폐쇄되는 구조일 것
- 불꽃이나 연기를 감지한 경우 일부 폐쇄되는 구조일 것
- 방화문으로부터 3m 이내에 별도로 설치할 것

 정답 ③

13

✓ 확인
Check!

○ ☐
△ ☐
✕ ☐

 다음 중 「건축법」상 방화문에 해당하지 않는 것은?

① 60분+ 방화문
② 60분 방화문
③ 30분+ 방화문
④ 30분 방화문

(해설)
방화문의 종류 : 60분+ 방화문, 60분 방화문, 30분 방화문

 정답 ③

14

☑ 확인 Check!
○ □
△ □
✕ □

연면적 15,000m²인 12층 건축물은 방화구획을 몇 개 설치해야 하는가?(단, 이 건축물에는 스프링클러설비가 설치되어 있다)

① 15개   ② 25개
③ 30개   ④ 50개

해설

11층 이상이고, 불연재료가 아닌 경우 바닥면적 200m²마다 구획해야 하는데, 스프링클러설비가 설치되어 있으면 3배이므로 600m²마다 구획한다.

$$\therefore \frac{15,000m^2}{600m^2} = 25개$$

방화구획의 설치기준

구획의 종류	구획의 기준
면적별 구획	• 10층 이하의 층은 바닥면적 1,000m² 이내마다 구획 • 11층 이상의 층은 바닥면적 200m² 이내마다 구획(단, 벽 및 반자의 실내 마감재를 불연재료로 한 경우 500m² 이내마다 구획) ※ 스프링클러와 같은 자동식 소화설비를 설치한 경우 상기 면적의 3배 이내마다 구획
층별 구획	매층마다 구획(단, 지하 1층에서 지상으로 직접 연결하는 경사로 부위는 제외)

※ 스프링클러와 같은 자동식 소화설비를 설치한 경우 상기 면적의 3배 이내마다 구획(괄호 안의 값)

정답 ②

15

☑ 확인 Check!
○ □
△ □
✕ □

다음 중 온도의 크기를 비교한 것으로 옳은 것은?

① 인화점 < 연소점 < 발화점
② 인화점 < 발화점 < 연소점
③ 연소점 < 인화점 < 발화점
④ 연소점 < 발화점 < 인화점

해설

온도의 크기 비교 : 인화점 < 연소점(≒인화점 + 10℃) < 발화점(≒인화점 + 수백℃)

정답 ①

16

☑ 확인 Check!
○ □
△ □
✕ □

가연성 고체를 가열한 경우 열분해 없이 상변화로 증발된 가연성 가스가 연소하는 형태를 무엇이라 하는가?

① 분해연소
② 증발연소
③ 표면연소
④ 자기연소

해설

고체의 연소에서 열분해 없이 상변화로 증발된 가연성 가스가 연소하는 형태를 증발연소라고 한다.
예 파라핀(양초), 나프탈렌, 황, 고체알코올 등

정답 ②

17

☑ 확인 Check!
○ □
△ □
✕ □

다음 중 연기의 유동 및 확산속도를 옳게 설명한 것은?

① 수평방향 이동속도는 2~3m/s이다.
② 수직방향 이동속도는 0.5~1m/s이다.
③ 수평방향보다 수직방향으로 연기는 빠르게 이동한다.
④ 계단실 내에서 수직방향 이동속도는 0.5~1m/s로 느리게 이동한다.

해설

연기의 속도
• 수평방향 이동속도 : 0.5~1m/s
• 수직방향 이동속도 : 2~3m/s
• 계단실 내의 수직방향 이동속도 : 3~5m/s

정답 ③

18

☑ 확인 Check!

○ □
△ □
✕ □

다음 중 화재 시 산소공급원을 차단해 소화하는 방법으로 옳은 것은?

① 제거소화
② 질식소화
③ 냉각소화
④ 억제소화

해설

소화의 종류
• 제거소화 : 가연물을 제거
• 질식소화 : 산소공급원 제거(산소농도를 낮춤)
• 냉각소화 : 가연물의 온도를 낮춤(주소화약제 : 물)
• 억제소화 : 연소 연쇄반응을 차단(주소화약제 : 할로겐원소)

정답 ②

19

☑ 확인 Check!

○ □
△ □
✕ □

다음 중 위험물과 지정수량의 연결로 옳지 않은 것은?

① 휘발유 – 200L
② 중유 – 1,000L
③ 등유 – 1,000L
④ 알코올류 – 400L

해설

위험물의 지정수량
• 황 : 100kg
• 휘발유 : 200L
• 알코올류 : 400L
• 등유 · 경유 : 1,000L
• 중유 : 2,000L
• 질산 : 300kg

정답 ②

20

☑ 확인 Check!

○ □
△ □
✕ □

다음 중 제5류 위험물 화재 시 소화방법으로 옳은 것은?

① 물에 의한 냉각소화
② 마른 모래 등에 의한 질식소화
③ 포, 분말 등 소화약제에 의한 질식소화
④ 화재 초기에만 대량의 물에 의한 냉각소화이고, 그 이후엔 자연 진화되도록 기다려야 함

해설

제5류 위험물은 자기반응성 물질로 산소를 함유한 가연성 물질이므로 자기연소한다.
소화방법
• 물에 의한 냉각소화 : 제1류 위험물, 제2류 위험물
• 마른 모래 등에 의한 질식소화 : 제3류 위험물, 제6류 위험물
• 포, 분말 등 소화약제에 의한 질식소화 : 제4류 위험물

정답 ④

21

☑ 확인 Check!

○ □
△ □
✕ □

다음 중 전기화재의 원인이 아닌 것은?

① 지락에 의한 발화
② 누전에 의한 발화
③ 단선에 의한 발화
④ 접촉부의 과열에 의한 발화

해설

전기화재의 원인 : 단선이 아닌 단락(합선)에 의한 발화로 전기화재가 발생한다.

정답 ③

22

☑ 확인
Check!

○ □
△ □
× □

응급처치의 중요성에 대한 설명으로 옳지 않은 것은?

① 환자의 고통을 경감
② 긴급한 환자의 생명을 유지
③ 환자의 안전사고를 사전에 예방
④ 위급한 부상 부위의 응급처치로 치료 기간을 단축

해설
응급처치는 사전 예방이 불가능하다.
응급처치의 중요성
• 환자의 고통을 경감
• 긴급한 환자의 생명을 유지
• 현장 처치의 원활화로 의료비 절감
• 위급한 부상 부위의 응급처치로 치료 기간을 단축

정답 ③

23

☑ 확인
Check!

○ □
△ □
× □

출혈 시 응급처치 방법으로 옳은 것은?

① 지혈대 사용법은 출혈 상처 부위를 직접 압박하는 방법이다.
② 직접 압박법은 절단과 같은 심한 출혈이 있을 때 최후의 수단으로 사용한다.
③ 지혈대 사용법의 경우 소독거즈로 출혈 부위를 덮은 후 4~6in 압박붕대로 출혈 부위를 압박하여 감는다.
④ 직접 압박법을 시행할 때 출혈 부위를 심장보다 높인다.

해설
출혈 시 응급처치
• 직접 압박법
 - 출혈 상처 부위를 직접 압박하는 방법이다.
 - 소독거즈로 출혈 부위를 덮은 후 4~6in 압박붕대로 출혈 부위를 압박하여 감는다.
 - 출혈 부위를 심장보다 높인다.
• 지혈대 사용법
 - 절단과 같은 심한 출혈이 있을 때 최후의 수단으로 사용한다.
 - 5cm 이상의 띠를 사용한다.

정답 ④

24

☑ 확인
Check!

○ □
△ □
× □

자동심장충격기(AED) 사용 시 환자의 가슴에 부착하는 패드의 위치로 옳은 것은?

① 패드 1 : 오른쪽 가슴 아래, 패드 2 : 왼쪽 가슴 아래와 겨드랑이 중간
② 패드 1 : 오른쪽 가슴 부위, 패드 2 : 왼쪽 심장 부위
③ 패드 1 : 오른쪽 빗장뼈 아래, 패드 2 : 왼쪽 심장 부위
④ 패드 1 : 오른쪽 빗장뼈 아래, 패드 2 : 왼쪽 가슴 아래와 겨드랑이 중간

해설
패드의 위치

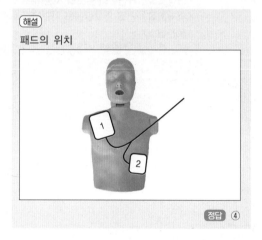

정답 ④

25

☑ 확인
Check!

○ □
△ □
× □

다음 [보기]의 ( ) 안에 들어갈 내용으로 옳은 것은?

보기
소방시설의 종류에는 소화설비, 경보설비, 피난구조설비, 소화용수설비, ( )설비가 있다.

① 제연
② 연결살수
③ 소화활동
④ 비상콘센트

해설
소화활동설비
• 제연설비
• 연결송수관설비
• 연결살수설비
• 비상콘센트설비
• 무선통신보조설비
• 연소방지설비

정답 ③

26

☑ 확인
Check!

○ □
△ □
✕ □

분말소화기의 동작 전·후의 모습을 설명한 내용으로 옳지 않은 것은?

[동작 전]　　　　[동작 후]

① 가압식 소화기의 동작 모습이다.
② 소화기 용기 내에는 질소가스가 충전되어 있다.
③ 소화기의 사용 가능한 압력범위는 0.7~0.98 MPa이다.
④ 소화기의 내용연수는 10년이다.

해설
축압식 소화기의 동작 모습이다.

정답 ①

27

☑ 확인
Check!

바닥면적 500m²의 근린생활시설에는 ABC급 분말소화기를 몇 단위 비치해야 하는가?(단, 이 건물은 스프링클러설비가 설치되어 있다)

① 3단위
② 5단위
③ 10단위
④ 20단위

해설
특정소방대상물 중 근린생활시설은 바닥면적 100m²마다 1단위 이상 소화기를 설치해야 한다.

∴ $\frac{500m^2}{100m^2}$ = 5단위

※ 28번 해설 참고

정답 ②

28

☑ 확인
Check!

○ □
△ □
✕ □

특정소방대상물별 소화기구의 능력단위로 옳은 것은?(단, 건축물의 주요구조부가 내화구조이고, 벽 및 반자의 실내에 면하는 부분은 가연재료이다)

① 위락시설 – 바닥면적 60m²마다 1단위 이상
② 공연장 – 바닥면적 100m²마다 1단위 이상
③ 업무시설 – 바닥면적 100m²마다 1단위 이상
④ 노유자시설 – 바닥면적 200m²마다 1단위 이상

해설
벽 및 반자의 실내에 면하는 부분이 가연성 재료이므로 아래 표의 바닥면적에 따라 능력단위를 산정한다.

특정소방대상물별 소화기구의 능력단위

특정소방대상물	소화기구의 능력단위
위락시설	바닥면적 30m²마다 1단위 이상
공연장·집회장·관람장·문화재(국가유산)·장례식장 및 의료시설	바닥면적 50m²마다 1단위 이상
근린생활시설·판매시설·운수시설·숙박시설·노유자시설·전시장·공동주택·업무시설·방송통신시설·공장·창고시설·항공기 및 자동차 관련 시설 및 관광휴게시설	바닥면적 100m²마다 1단위 이상
기타	바닥면적 200m²마다 1단위 이상

※ 건축물의 주요구조부가 내화구조이고, 벽 및 반자의 실내에 면하는 부분이 불연재료·준불연재료 또는 난연재료로 된 특정소방대상물의 경우 바닥면적의 2배를 해당 특정소방대상물의 기준면적으로 한다.

정답 ③

29

☑ 확인
Check!

○ □
△ □
× □

주거용 주방자동소화장치의 설치기준으로 옳지 않은 것은?

① 감지부는 형식승인 받은 유효한 높이 및 위치에 설치해야 한다.

② 차단장치(전기 또는 가스)는 상시 확인 및 점검이 가능하도록 설치해야 한다.

③ 수신부는 주위의 열기류 또는 습기 등과 주위온도에 영향을 받지 않고 사용자가 상시 볼 수 있는 장소에 설치해야 한다.

④ 탐지부는 수신부와 분리하여 설치하되 공기보다 가벼운 가스를 사용하는 경우에는 바닥면으로부터 30cm 이하의 위치에 설치해야 한다.

해설

주거용 주방자동소화장치의 탐지부 위치 : 탐지부는 수신부와 분리하여 설치하되, 공기보다 가벼운 가스를 사용하는 경우에는 천장면으로부터 30cm 이하의 위치에 설치하고, 공기보다 무거운 가스를 사용하는 장소에는 바닥면으로부터 30cm 이하의 위치에 설치해야 한다.

정답 ④

30

☑ 확인
Check!

○ □
△ □
× □

주펌프와 충압펌프의 기동점과 정지점 중 가장 낮은 값은?

① 주펌프의 기동점
② 주펌프의 정지점
③ 충압펌프의 기동점
④ 충압펌프의 정지점

해설

펌프의 기동점(기동압력)과 정지점(정지압력)

주펌프의 정지점	펌프의 양정을 압력으로 환산 예 양정 : 80m = 0.8MPa로 설정
충압펌프의 정지점	주펌프보다 0.05~0.1MPa 낮게 설정
주펌프의 기동점	자연낙차압 + 0.2MPa(옥내소화전) [또는 0.15MPa(스프링클러)]
충압펌프의 기동점	주펌프보다 0.05MPa 높게 설정

정답 ①

31

☑ 확인
Check!

○ □
△ □
× □

아래 사진은 옥내소화전함의 상단 부분을 나타낸다. 표시등 점등 상태에 따른 현재 상황에 대한 설명으로 옳은 것은? ✔신유형

① 지구경종이 작동되고 있음을 알 수 있다.

② 위치표시등이 점등되어 있으므로 화재 상황이다.

③ 펌프기동표시등이 점등된 것으로 보아 충압펌프가 작동되었을 것이다.

④ 발신기의 응답등이 소등상태이므로 발신기는 작동하지 않은 상태이다.

해설

① 지구경종의 작동 여부는 알 수 없다.

② 위치표시등은 소화전함의 위치를 알려주는 표시등으로 상시 점등상태이다. 따라서 화재 여부와는 관련이 없다.

③ 옥내소화전의 주펌프가 동작할 때 펌프기동표시등이 점등되지만, 충압펌프의 경우 점등되지 않는 경우가 많다.

정답 ④

32

☑ 확인
Check!

○ □
△ □
× □

알람밸브를 기준으로 1차와 2차 측 배관에 가압수가 차 있고, 화재 시 열에 의해 헤드가 개방되면 가압수가 즉시 살수되어 소화하는 스프링클러설비는?

① 습식 스프링클러설비
② 건식 스프링클러설비
③ 준비작동식 스프링클러설비
④ 일제살수식 스프링클러설비

해설

스프링클러설비

종류	밸브	배관
습식	알람밸브	• 1차 측 : 가압수 • 2차 측 : 가압수

정답 ①

33 ☑ 확인 Check!

○ □
△ □
✕ □

소방안전관리자는 습식 스프링클러설비의 말단 시험 밸브를 개방하여 가압수를 배출시켰고 이후 감시제어반을 확인하였다. 제어반에서 확인해야 할 사항으로 적절하지 않은 것은? ✔신유형

① 화재표시등 점등 확인
② 알람밸브 동작 확인
③ 사이렌 및 경보작동 확인
④ 감지기 작동 확인

(해설)
습식 스프링클러설비에는 감지기가 없다.

(정답) ④

34 ☑ 확인 Check!

○ □
△ □
✕ □

폐쇄형 스프링클러헤드를 설치하는 장소의 최고 주위온도가 60℃일 때 설치해야 하는 표시온도로 적절한 것은?

① 79℃ 미만
② 79℃ 이상 121℃ 미만
③ 121℃ 이상 162℃ 미만
④ 162℃ 이상

(해설)

주위온도에 따른 스프링클러헤드의 종류

설치장소의 최고 주위온도	표시온도(헤드 작동온도)
39℃ 미만	79℃ 미만
39℃ 이상 64℃ 미만	79℃ 이상 121℃ 미만
64℃ 이상 106℃ 미만	121℃ 이상 162℃ 미만
106℃ 이상	162℃ 이상

(정답) ②

35 ☑ 확인 Check!

○ □
△ □
✕ □

다음 중 경계구역에 대한 설명으로 옳은 것은?

① 하나의 경계구역이 2 이상의 용도에 미치지 않도록 한다.
② 하나의 경계구역이 2 이상의 건축물에 미치지 않도록 한다.
③ 600m² 이하의 범위 안에서는 2개의 층을 하나의 경계구역으로 할 수 있다.
④ 해당 특정소방대상물의 주된 출입구에서 그 내부 전체가 보이는 것에 있어서는 한 변의 길이가 60m의 범위 내에서 1,000m² 이하로 할 수 있다.

(해설)
① 하나의 경계구역이 2 이상의 층에 미치지 않도록 한다.
③ 500m² 이하의 범위 안에서는 2개의 층을 하나의 경계구역으로 할 수 있다.
④ 한 변의 길이가 50m의 범위 내에서 1,000m² 이하로 할 수 있다.

(정답) ②

36

☑ 확인
Check!

○ □
△ □
✕ □

다음 [보기]의 점검에 대한 설명으로 옳지 않은 것은?

┤보기├

〈솔레노이드밸브를 격발시킬 수 있는 방법〉

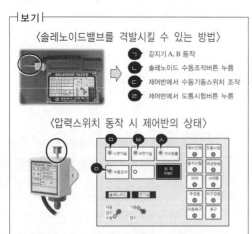

ㄱ 감지기 A, B 동작
ㄴ 솔레노이드 수동조작버튼 누름
ㄷ 제어반에서 수동기동스위치 조작
ㄹ 제어반에서 도통시험버튼 누름

〈압력스위치 동작 시 제어반의 상태〉

① ㄴ, ㄷ, ㅇ
② ㄴ, ㄷ, ㅂ
③ ㄹ, ㄷ, ㅂ, ㅇ
④ ㄹ, ㄷ, ㅅ, ㅇ

┤해설├

가스계 소화설비의 점검
- 제어반의 도통시험버튼은 각 회로의 단선 여부를 확인하는 방법으로 SOL밸브 격발과는 관계없다.
- 압력스위치 동작에 따라 제어반의 가스방출등(ㅅ)이 점등된다.
- 감지기 동작(ㄷ, ㅂ)은 교차회로감지기(A 전기실, B 전기실) 동작 시 점등되며, 수동조작(ㅇ)은 외부 출입구 부근 수동조작함의 버튼을 눌러야 점등된다.

정답 ③

37

☑ 확인
Check!

○ □
△ □
✕ □

다음 주요구조부가 내화구조인 건축물에 차동식 스포트형 감지기 2종을 설치할 경우 필요한 감지기의 최소 수량은?(단, 감지기의 부착높이는 3.5m 이다)

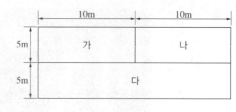

	10m	10m
5m	가	나
5m	다	

① 3개
② 4개
③ 5개
④ 6개

┤해설├

- 내화구조, 차동식 스포트형 감지기(2종), 부착높이 3.5m의 조건에 맞는 값을 아래 표(감지기 설치 유효면적)에서 찾으면 바닥면적 70m²마다 1개 이상의 감지기를 설치해야 한다.
- (가), (나) 구역 : 10 × 5 = 50, 50/70 = 0.71 → 1개,
  (다) 구역 : 20 × 5 = 100, 100/70 = 1.43 → 2개
  전체 감지기수 = (가) + (나) + (다)
  = 1 + 1 + 2 = 4개

부착높이 및 소방대상물의 구분		감지기의 종류				
		차동식·보상식 스포트형		정온식 스포트형		
		1종	2종	특종	1종	2종
4m 미만	내화구조	90	70	70	60	20
	기타구조	50	40	40	30	15
4m 이상 8m 미만	내화구조	45	35	35	30	–
	기타구조	30	25	25	15	–

정답 ②

38 ☑ 확인 Check! ○□ △□ ✕□

다음은 버튼식 P형 수신기 도통시험에 대한 내용이다. 도통시험 버튼을 누르고 각 회선별로 버튼을 눌렀을 때 결과를 판정하는 방법으로 적절한 것은? ✔신유형

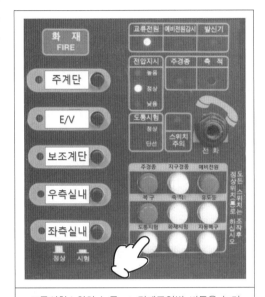

도통시험스위치 누름 → 경계구역별 버튼을 눌러 도통시험표시등(정상, 단선) 점등 확인

① 주계단 버튼을 누르면 녹색등이 소등되므로 정상이다.
② E/V 버튼을 누르면 적색등이 점등되므로 정상으로 판단한다.
③ 보조계단 버튼을 누르면 교류전원이 소등되므로 정상이다.
④ 우측실내 버튼을 누르면 도통시험 확인등이 녹색이므로 정상이다.

해설
경계구역별로 버튼을 누르면 도통시험에서 정상(녹색등) 또는 단선(적색등)으로 표시된다.
① 소등 → 점등
② 정상 → 단선
③ 교류전원과는 관계없음
정답 ④

39 ☑ 확인 Check! ○□ △□ ✕□

설치장소별 피난기구의 적응성에 대한 설명으로 옳은 것은?

① 노유자시설의 4층에는 미끄럼대가 적응성이 있다.
② 의료시설 중 입원실이 있는 의원의 경우 3층 이상 10층 이하에는 완강기가 적응성이 있다.
③ 다중이용업소로 영업장의 위치가 1층인 경우 미끄럼대, 구조대, 피난사다리 등이 적응성이 있다.
④ 조산원 3층에는 승강식 피난기가 적응성이 있다.

해설
① 노유자시설의 1~3층에만 미끄럼대를 설치한다.
② 의료시설 중 입원실이 있는 의원의 경우 완강기는 적응성이 없다.
③ 다중이용업소의 경우 1층에는 피난기구를 설치할 필요가 없다.
정답 ④

40 ☑ 확인 Check! ○□ △□ ✕□

제연설비에 대한 설명으로 옳지 않은 것은?

① 스프링클러설비가 설치된 경우 급기가압제연설비의 최소 차압는 40Pa 이상이다.
② 부속실만 단독으로 제연할 경우 부속실 또는 승강장이 면하는 옥내가 거실인 경우 방연풍속은 0.7m/s 이상이다.
③ 거실 제연설비는 수평피난을 위한 급·배기 방식의 소화활동설비이다.
④ 부속실 제연설비는 수직피난을 위한 급기가압 방식이다.

해설
차압 : 계단으로의 연기 유입을 막기 위해 제연구역과 옥내와의 사이에 유지되어야 하는 일정한 기압을 말한다.

구분	기준
최소 차압	40Pa 이상 (스프링클러가 설치된 경우 12.5Pa)
최대 차압	출입문의 개방력 110N 이하

정답 ①

41 ☑확인 Check!

○ □
△ □
✕ □

화재 시 피난을 유도하기 위한 유도등은 정상상태에서 상용전원으로 점등되고, 정전되었을 때는 비상전원으로 자동절환되어 몇 분 이상 작동할 수 있어야 하는가?

① 20분 이상
② 40분 이상
③ 60분 이상
④ 120분 이상

해설
유효 작동시간 : 화재 시 피난을 유도하기 위한 등 및 표지로, 평상시 상용전원을 점등되고, 정전 시 비상전원으로 자동절환되며 20분 이상 작동해야 한다 (단, 11층 이상이거나 지하상가의 경우 60분 이상 작동).

정답 ①

42 ☑확인 Check!

○ □
△ □
✕ □

다음 중 공연장, 집회장, 관람장에 설치할 수 있는 유도등으로 적절하지 않은 것은?

① 통로유도등
② 객석유도등
③ 중형피난구유도등
④ 대형피난구유도등

해설
유도등과 유도표지

설치장소	유도등 및 유도표지의 종류
공연장, 집회장, 관람장, 운동시설, 유흥주점 영업시설	• 대형피난구유도등 • 통로유도등 • 객석유도등
위락시설	• 대형피난구유도등 • 통로유도등
• 오피스텔 • 지하층, 무창층, 11층 이상	• 중형피난구유도등 • 통로유도등
교정 및 군사시설, 복합건축물	• 소형피난구유도등 • 통로유도등

정답 ③

43 ☑확인 Check!

○ □
△ □
✕ □

소방계획의 수립 절차는 4단계로 구성된다. 그중 2단계(위험환경 분석)의 내용에 해당되는 것을 모두 고른 것은?

ㄱ. 위험환경 식별
ㄴ. 위험환경 분석/평가
ㄷ. 위험환경 목표/전략 수립
ㄹ. 위험환경 경감대책 수립

① ㄱ, ㄹ
② ㄴ, ㄷ, ㄹ
③ ㄱ, ㄴ, ㄹ
④ ㄱ, ㄴ, ㄷ, ㄹ

해설
2단계(위험환경 분석) : 위험환경 식별(ㄱ) → 위험환경 분석/평가(ㄴ) → 위험경감대책 수립(ㄹ)
소방계획의 수립 절차
• 1단계 : 사전기획
• 2단계 : 위험환경 분석
• 3단계 : 설계/개발
• 4단계 : 시행/유지관리

정답 ③

44 ☑확인 Check!

○ □
△ □
✕ □

소방교육 및 훈련의 실시원칙 중 [보기]에 해당하는 내용으로 옳은 것은?

┌보기┐
• 어떠한 기술을 어느 정도까지 익혀야 하는가를 명확히 제시한다.
• 습득해야 할 기술이 활동 전체에서 어느 위치에 있는가를 인식한다.

① 현실의 원칙
② 실습의 원칙
③ 경험의 원칙
④ 목적의 원칙

해설
소방교육 및 훈련의 실시원칙 중 목적의 원칙에 대한 설명이다.

정답 ④

45 자위소방대 조직 편성기준에 따라 Type Ⅰ로 조직해야 하는 대상은? ✔신유형

☑ 확인
Check!
○ □
△ □
✕ □

① 10층 일반건축물
② 특급 소방안전관리대상물
③ 29층 아파트(지하층 제외)
④ 연면적 10,000m² 이상 일반건축물

해설
· 자위소방대의 조직 편성기준

구분	대상	조직	기준
Type Ⅰ	· 특급 소방안전관리대상물 · 1급(연면적 30,000m² 이상 포함–공동주택 제외)	지휘	지휘통제팀
		현장대응 (본부대)	비상연락팀, 초기소화팀, 피난유도팀, 방호안전팀, 응급구조팀 *필요시 팀 가감 편성
		현장대응 (지구대)	각 구역(zone)별 현장대응팀 *구역별 규모, 인력에 따라 편성

· 특정소방대상물의 선임대상물

구분	아파트	일반건축물
특급	50층 이상(지하층 제외)이거나 지상으로부터 높이 200m 이상	· 30층 이상(지하층 포함)이거나 지상으로부터 높이 120m 이상 · 연면적 10만m² 이상
1급	30층 이상(지하층 제외)이거나 지상으로부터 높이 120m 이상	· 층수가 11층 이상 · 연면적 15,000m² 이상 · 가연성 가스를 1,000톤 이상 저장·취급하는 시설

정답 ②

46 장애 유형별 피난보조방법으로 적절하지 않은 것은?

☑ 확인
Check!
○ □
△ □
✕ □

① 청각장애인은 시각적인 전달을 위해 표정이나 제스처를 사용한다.
② 여러 명의 시각장애인이 동시에 대피하는 경우 서로 손을 잡고 피난한다.
③ 지적장애인의 경우 공황 상태에 빠질 수 있으므로 차분하고 느린 어조로 도움을 주러 왔음을 밝힌다.
④ 휠체어 사용자의 경우 평지보다 계단에서 주의가 필요하며 다수보다 한 명이 보조할수록 쉬운 대피가 가능하다.

해설
장애 유형별 피난보조방법(휠체어 사용자) : 평지보다 계단에서 주의가 필요하며, 많은 사람들이 보조할수록 상대적으로 쉬운 대피가 가능하다.
정답 ④

47 다음 중 건설공사 현장에서 설치해야 하는 임시소방시설의 종류와 그 설치기준이 옳은 것은?

☑ 확인
Check!
○ □
△ □
✕ □

① 소화기는 모든 건설 현장의 화재위험작업 현장에 설치한다.
② 간이소화장치는 연면적 1,000m² 이상의 공사현장에 설치한다.
③ 비상경보장치는 연면적 200m² 이상의 공사 현장에 설치한다.
④ 가스누설경보기는 바닥면적 100m² 이상의 지하층에 설치한다.

해설
② 연면적 3,000m² 이상이거나 지하층, 무창층 또는 4층 이상의 층으로서 해당층의 바닥면적이 600m² 이상인 경우 설치해야 한다.
③ 연면적 400m² 이상이거나 지하층 또는 무창층으로서 해당 층의 바닥면적이 150m² 이상인 경우 설치해야 한다.
④ 바닥면적이 150m² 이상인 지하층 또는 무창층의 화재위험작업 현장에 설치해야 한다.
정답 ④

48

☑ 확인 Check!

○ □
△ □
✕ □

심폐소생술을 시행할 때 성인의 경우 가슴압박은 분당 몇 회의 속도로 실시해야 하는가?

① 분당 60~80회의 속도
② 분당 80~100회의 속도
③ 분당 100~120회의 속도
④ 분당 120~140회의 속도

해설
심폐소생술 : 가슴압박은 성인의 경우 분당 100~120회의 속도, 약 5cm 깊이로 강하고 빠르게 시행한다.

정답 ③

49

☑ 확인 Check!

○ □
△ □
✕ □

다음 [보기]에서 설명하는 지혈법으로 옳은 것은?

┌보기├─────────────────
출혈 상처 부위를 직접 압박하는 방법으로 소독거즈로 출혈 부위을 덮은 후 4~6in 압박붕대로 출혈 부위가 압박되게 감아준다. 압박 후 출혈이 계속되면 소독거즈를 추가로 덮고 압박붕대를 한 번 더 감고 출혈 부위를 심장보다 높여 줌으로써 출혈량을 감소시킬 수 있다.
└─────────────────────

① 직접 압박법
② 간접 압박법
③ 지혈대 사용법
④ 간헐적 압박법

해설
출혈 시 응급처치
• 직접 압박법
  – 출혈 상처 부위를 직접 압박하는 방법이다.
  – 소독거즈로 출혈 부위를 덮은 후 4~6in 압박붕대로 출혈 부위를 압박하여 감는다.
  – 출혈 부위를 심장보다 높인다.
• 지혈대 사용법
  – 절단과 같은 심한 출혈이 있을 때 최후의 수단으로 사용한다.
  – 5cm 이상의 띠를 사용한다.

정답 ①

50

☑ 확인 Check!

○ □
△ □
✕ □

부속실 또는 승강장이 설치된 경우, 급기가압 제연설비에 대해 옳게 설명한 것은?

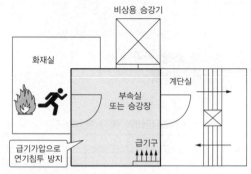

① 부속실과 승강장이 모두 설치된 경우, 급기는 계단실에만 공급하면 된다.
② 부속실 또는 승강장이 있는 경우, 해당 공간에도 급기를 공급하여 연기의 유입을 방지해야 한다.
③ 승강장은 자연 배기로 연기를 제거할 수 있으므로, 급기가 필요하지 않다.
④ 부속실 급기가압 방식에서는 계단실의 압력을 높여야 하므로, 부속실과의 압력 차이는 최소화해야 한다.

해설
① 부속실 또는 승강장이 있는 경우, 해당 공간에도 급기를 해야 한다.
③ 승강장도 연기 유입을 방지하기 위해 급기가 필요하다.
④ 계단실과 부속실 간의 압력 차이는 일정 수준을 유지해야 하며, 최소화하면 연기가 유입될 위험이 있다.

정답 ②

03회 실전모의고사

01
☑ 확인
Check!

○ □
△ □
X □

가스계 소화설비를 점검하기 위하여 안전조치를 하고, 기동용기 솔레노이드밸브 격발시험을 하기 위해 방호구역 내 감지기 A만 작동시켰다. 다음 중 확인해야 할 사항으로 적절하지 않은 것은?

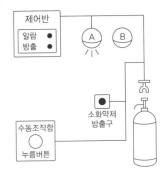

① 음향경보 작동 확인
② 감지기 A 작동 표시등 점등 확인
③ 감시제어반 화재표시등 점등 확인
④ 방호구역 출입문 상단의 방출표시등 점등 확인

해설

가스계 소화설비
• 교차회로감지기(감지기 A and B) 작동에 의해 솔레노이드밸브가 격발된다.
• 방호구역 출입문 상단의 방출표시등은 압력스위치 작동에 의해 점등된다.
• 감지기 A가 작동할 경우 감시제어반에서 화재표시등과 감지기 A 작동 표시등이 점등되며 경종이 울린다.

정답 ④

02
☑ 확인
Check!

○ □
△ □
X □

다음 중 관계인에 해당하지 않는 사람은?

① 소유자   ② 관리자
③ 점유자   ④ 소방안전관리자

해설

관계인 : 소방대상물의 소유자 · 관리자 · 점유자

정답 ④

03
☑ 확인
Check!

○ □
△ □
X □

다음 중 자동화재탐지설비를 설치해야 하는 장소에 해당하는 것은?

① 연면적 600m^2 이상인 목욕장을 제외한 근린생활시설의 모든 층
② 교육연구시설로 연면적 600m^2 이상인 모든 층
③ 터널로서의 길이가 500m인 곳
④ 층수가 5층 이상인 건축물의 모든 층

해설

자동화재탐지설비를 설치해야 하는 대상

설치장소	설치기준
기숙사 및 숙박시설	모든 층
층수가 6층 이상인 건축물	모든 층
노유자 생활시설	모든 층
지하구	전부
판매시설 중 전통시장	전부
근린생활시설(목욕장 제외), 의료시설(정신의료기관, 요양병원 제외), 위락시설, 장례시설 및 복합건축물	연면적 600m^2 이상 모든 층
목욕장	연면적 1,000m^2 이상 모든 층
교육연구시설, 수련시설, 동물 및 식물 관련 시설, 교정 및 군사시설 또는 묘지 관련 시설	연면적 2,000m^2 이상 모든 층
터널	1,000m 이상

정답 ①

04

☑ 확인
Check!

○ ☐
△ ☐
✗ ☐

다음 [보기]의 설비에 대한 설명으로 옳지 않은
것은?

✓신유형

⌐보기⌐
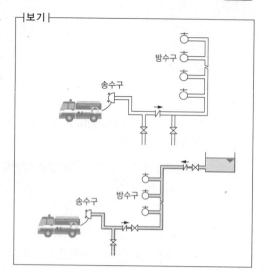

① 7층 이상의 모든 층에 설치한다.
② 구성요소에는 송수구, 배관, 살수헤드 등이
있다.
③ 5층 이상으로 연면적 6,000m² 이상 모든 층에
설치한다.
④ 지상 11층 미만의 특정소방대상물에는 건식으로
설치한다.

해설
② 연결살수관설비에 대한 설명이다. 연결송수관설
비의 구성요소는 송수구, 방수구, 방수기구함, 배
관이다.
• 연결송수관설비 적용 기준

설치대상	설치조건
5층 이상+연면적 6,000m² 이상	전부 해당
(지하층 포함) 7층 이상	
지하 3층 이상 + 바닥면적의 합계가 1,000m² 이상	
터널	1,000m 이상

※ 단, 위험물 저장 및 처리시설 중 가스시설 및
지하구는 제외한다.
• 건식 연결송수관설비의 설치대상 : 높이 31m 미만
또는 지상 11층 미만 특정소방대상물에만 설치
• 습식 연결송수관설비의 설치대상 : 높이 31m 이상
또는 지상 11층 이상 특정소방대상물에 설치

정답 ②

05

☑ 확인
Check!

○ ☐
△ ☐
✗ ☐

「화재예방법」에서 화재안전조사를 실시하는 경
우에 해당하지 않는 것은?

① 소방대상물의 관계인이 요청하는 경우
② 화재예방안전진단이 불성실하거나 불완전하다
고 인정되는 경우
③ 화재예방강화지구 등 법령에서 화재안전조사를
하도록 규정되어 있는 경우
④ 화재가 자주 발생하였거나 발생할 우려가 뚜렷
한 곳에 대한 조사가 필요한 경우

해설
화재안전조사를 하는 경우
• 자체점검이 불성실하거나 불완전하다고 인정되는
경우
• 화재예방강화지구 등 법령에서 화재안전조사를 하
도록 규정되어 있는 경우
• 화재예방안전진단이 불성실하거나 불완전하다고
인정되는 경우
• 국가적 행사 등 주요 행사가 개최되는 장소 및 그
주변의 관계지역에 대하여 소방안전관리 실태를
조사할 필요가 있는 경우
• 화재가 자주 발생하였거나 발생할 우려가 뚜렷한
곳에 대한 조사가 필요한 경우

정답 ①

06

☑ 확인
Check!

○ ☐
△ ☐
✗ ☐

소방안전관리자의 법적 업무로 옳지 않은 것은?

① 화기취급의 감독
② 화재예방강화지구의 지정
③ 피난시설, 방화구획 및 방화시설의 관리
④ 자위소방대 및 초기대응체계의 구성, 운영 및
교육

해설
화재예방강화지구의 지정은 시·도지사가 할 수 있
는 일이다.

정답 ②

07

☑ 확인
Check!

○ □
△ □
✕ □

침대가 있는 숙박시설의 평면도이다. [보기]를 참고하여 산정한 숙박시설의 수용인원으로 옳은 것은?

✔신유형

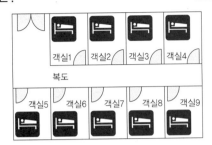

┌─보기─┐
• 종사자 수 : 1인
• 2인용 침대 1개가 있는 객실 수 : 9실

① 9인　　　　　　② 10인
③ 18인　　　　　　④ 19인

┌해설┐
수용인원 = 종사자 수 + 침대 수(2인용 침대는 2인)
　　　　 = 1 + (2 × 9) = 19인

정답 ④

08

☑ 확인
Check!

○ □
△ □
✕ □

다음 중 자동심장충격기(AED) 패드의 부착 위치로 옳게 짝지어진 것은?

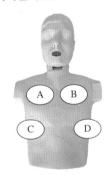

① A – C　　　　　② A – D
③ B – C　　　　　④ B – D

┌해설┐
자동심장충격기(AED) 사용 시 패드의 부착 위치
• A : 오른쪽 빗장뼈(쇄골) 바로 아래
• D : 왼쪽 가슴 아래와 겨드랑이 중간

정답 ②

09

☑ 확인
Check!

○ □
△ □
✕ □

「초고층재난관리법」상 총괄재난관리자의 업무로 옳지 않은 것은?

① 협의회의 구성·운영에 관한 사항
② 재난예방 및 피해경감계획의 수립·시행에 관한 사항
③ 통합안전점검 실시에 관한 사항
④ 재난사태의 선포에 관한 사항

┌해설┐
총괄재난관리자의 업무
• 협의회의 구성·운영에 관한 사항
• 재난예방 및 피해경감계획의 수립·시행에 관한 사항
• 통합안전점검 실시에 관한 사항
• 교육 및 훈련에 관한 사항
• 홍보계획의 수립·시행에 관한 사항
• 종합방재실의 설치·운영에 관한 사항
• 종합재난관리체제의 구축·운영에 관한 사항
• 피난안전구역의 설치·운영에 관한 사항
• 유해·위험물질의 관리 등에 관한 사항
• 초기대응대의 구성·운영에 관한 사항
• 대피 및 피난유도에 관한 사항

정답 ④

10

☑ 확인
Check!

○ □
△ □
✕ □

소방활동구역을 출입할 수 있는 사람이 아닌 것은?

① 소방활동구역 안에 있는 소방대상물의 소유자
② 의사, 간호사 등 구조·구급업무에 종사하는 사람
③ 취재인력 등 보도업무에 종사하는 사람
④ 보험회사 직원

┌해설┐
소방활동구역을 출입할 수 있는 사람
• 소방활동구역 안에 있는 소방대상물의 관계인(소유자, 관리자, 점유자)
• 전기, 가스, 수도, 통신, 교통의 업무에 종사하는 사람으로 원활한 소방활동을 위하여 필요한 사람
• 의사, 간호사 그 밖의 구조·구급업무에 종사하는 사람
• 취재인력 등 보도업무에 종사하는 사람
• 수사업무에 종사하는 사람
• 그 밖에 소방대장이 소방활동을 위하여 출입을 허가한 사람

정답 ④

11

☑ 확인 Check!

○ □
△ □
✕ □

평상시 습식 스프링클러설비의 MCC 상태이다. 다음 중 소등되어야 할 표시등으로 옳은 것은?

✔신유형

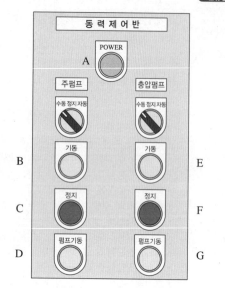

주펌프	충압펌프
B : 주펌프 기동표시등	E : 충압펌프 기동표시등
C : 주펌프 정지표시등	F : 충압펌프 정지표시등
D : 주펌프 펌프기동 표시등	G : 충압펌프 펌프기동 표시등

① B, E, C, F
② B, E, D, G
③ C, F, D, G
④ A, C, F

해설

평상시 주펌프와 충압펌프는 정지되어 있기 때문에, 기동표시등과 펌프기동 표시등이 소등되어 있다. 주펌프와 충압펌프가 평상시 정지된 상태이므로 당연히 정지표시등은 점등되어 있다.

정답 ②

12

☑ 확인 Check!

○ □
△ □
✕ □

다음 중 감지기에 대한 설명으로 옳지 않은 것은?

① 거실, 사무실 등에 설치한다.
② 주위 온도가 일정상승률 이상이 되는 경우에 작동한다.
③ 리크구멍은 사진 속 감지기의 구성요소 중 하나이다.
④ 동작원리는 화재 시 온도 상승 → 감열실 내 공기가 팽창 → 바이메탈을 압박 → 접점이 붙어 화재신호를 수신기에 보냄

해설

차동식 스포트형 감지기의 동작원리 : 화재 시 온도 상승 → 감열실 내 공기가 팽창 → 다이어프램의 가동접점이 고정접점에 접촉 → 수신기로 신호를 발신

정답 ④

13

☑ 확인 Check!

○ □
△ □
✕ □

다음 중 [보기]에서 심폐소생술 시행순서로 옳은 것은?

┌보기┐

ㄱ. 가슴압박 30회 시행
ㄴ. 119 신고
ㄷ. 호흡 확인
ㄹ. 회복 자세
ㅁ. 반응 확인
ㅂ. 가슴압박과 인공호흡의 반복
ㅅ. 인공호흡 2회 시행

① ㅁ → ㄴ → ㄷ → ㄱ → ㅅ → ㅂ → ㄹ
② ㅁ → ㄷ → ㄴ → ㄱ → ㅅ → ㅂ → ㄹ
③ ㄷ → ㄴ → ㄱ → ㅅ → ㅂ → ㅁ → ㄹ
④ ㄷ → ㄴ → ㅅ → ㄱ → ㅂ → ㅁ → ㄹ

해설

시행순서 : 반응 확인(ㅁ) → 119 신고(ㄴ) → 호흡 확인(ㄷ) → 가슴압박 30회 시행(ㄱ) → 인공호흡 2회 시행(ㅅ) → 가슴압박과 인공호흡의 반복(ㅂ) → 회복 자세(ㄹ)

정답 ①

14

☑ 확인 Check!
○ □
△ □
✕ □

자위소방활동에 대한 구분과 그 업무 특성에 대한 설명으로 옳지 않은 것은?

① 비상연락 : 화재 시 상황전파, 화재신고(119) 및 통보연락 업무
② 응급구조 : 응급상황 발생 시 응급처치 및 응급의료소 설치·지원
③ 초기소화 : 초기소화설비를 이용한 조기 화재진압 및 비상반출
④ 피난유도 : 재실자, 방문자의 피난유도 및 피난약자에 대한 피난보조활동

해설
초기소화 중 비상반출은 방호안전에 속하는 업무 특성이다.

정답 ③

15

☑ 확인 Check!
○ □
△ □
✕ □

다음 중 특정소방대상물별로 적용되는 소화기구의 능력단위 기준에 대한 설명으로 옳은 것은?

① 근린생활시설에는 해당 용도의 바닥면적 $100m^2$ 마다 능력단위 1 이상의 소화기구를 설치한다.
② 위락시설에는 해당 용도의 바닥면적 $50m^2$마다 능력단위 1 이상의 소화기구를 설치한다.
③ 건축물의 주요구조부가 방화구조이고, 벽 및 반자의 실내에 면하는 부분이 불연재료·준불연재료 또는 난연재료로 된 특정소방대상물에 있어서는 기본적으로 적용되는 바닥면적의 2배를 해당 특정소방대상물의 기준면적으로 한다.
④ 장례식장에는 해당 용도의 바닥면적 $75m^2$마다 능력단위 1 이상의 소화기구를 설치한다.

해설
② 위락시설에는 해당 용도의 바닥면적 $30m^2$마다 소화기구를 설치한다.
③ 건축물의 주요구조부가 내화구조여야 한다.
④ 장례식장에는 해당 용도의 바닥면적 $50m^2$마다 소화기구를 설치한다.

정답 ①

16

☑ 확인 Check!
○ □
△ □
✕ □

종합방재실의 설치장소와 구조 및 면적에 대한 설명으로 옳지 않은 것은?

① 초고층 건축물 등에 특별피난계단이 설치되어 있고, 특별피난계단 출입구로부터 5m 이내에 종합방재실을 설치하려는 경우 2층 또는 지하 1층에 종합방재실을 설치할 수 있다.
② 다른 부분과 방화구획으로 설치한다.
③ 인력의 대기 및 휴식 등을 위한 종합방재실과 방화구획된 부속실을 설치한다.
④ 설치면적은 $30m^2$ 이상으로 한다.

해설
종합방재실의 설치면적은 $20m^2$ 이상으로 한다.

정답 ④

17

☑ 확인 Check!
○ □
△ □
✕ □

다음 [보기]의 건물에 해당하는 작동점검 시기와 종합점검 시기로 옳은 것은?

┌보기┐
• 설치된 소화시설 : 옥내소화전설비, 열감지기, 연기감지기, 스프링클러설비, 소화기
• 완공일 : 2024년 4월 16일
• 사용승인일 : 2024년 6월 20일

① 작동점검 : 4월, 종합점검 : 점검 대상 아님
② 작동점검 : 6월, 종합점검 : 12월
③ 작동점검 : 6월, 종합점검 : 점검 대상 아님
④ 작동점검 : 12월, 종합점검 : 6월

해설
• 스프링클러설비가 설치된 건물은 종합점검 대상이다.
• 종합점검은 건축물의 사용승인일이 속하는 달까지 실시 → 6월에 실시
• 작동점검은 종합점검 대상인 경우 종합점검을 받은 달부터 6개월이 되는 달에 실시 → 12월에 실시

정답 ④

18

☑ 확인
Check!

○ □
△ □
✕ □

가스계 소화설비의 주요 구성요소에 대한 설명으로 옳지 않은 것은?

① 방출헤드 : 소화약제 방출 시 방출표시등을 점등시키는 역할을 한다.
② 선택밸브 : 소화약제 방출 시 방출구역을 선택해 주는 밸브이다.
③ 방출표시등 : 압력스위치 작동에 의해 점등되며 방호구역 내로 사람이 집입하는 것을 방지하는 역할을 한다.
④ 수동조작함 : 화재 시 수동조작에 의해 소화약제를 방출하는 역할을 한다.

해설

방출헤드는 소화약제를 방출하는 역할이며, 소화약제 방출 시 방출표시등을 점등시키는 역할은 압력스위치이다.

정답 ①

19

☑ 확인
Check!

○ □
△ □
✕ □

다음 중 소방안전관리자의 업무 대행이 가능하지 않은 것은?

① 자동화재탐지설비가 설치된 특정소방대상물 A
② 스프링클러설비가 설치된 특정소방대상물 B
③ 연면적 15,000m² 미만이고 11층 이상인 1급 소방안전관리대상물(아파트 제외)
④ 높이 120m 이상의 특정소방대상물(아파트 제외)

해설

높이 120m 이상은 30층 이상의 특정소방대상물을 의미하여 특급 소방안전관리대상물에 해당하므로 업무 대행이 불가하다.

업무 대행이 가능한 대상물(작은 건물)

구분 종류	특급	1급	2급	3급
아파트		전체		
일반	전체	연면적 15,000m² 이상	전체	전체
		지상층의 층수가 11층 이상		

정답 ④

20

☑ 확인
Check!

○ □
△ □
✕ □

연소의 3요소에 해당하지 않는 것은?

① 가연물
② 산소공급원
③ 점화원
④ 연쇄반응

해설

• 연소의 3요소 : 가연물, 산소공급원, 점화원
• 연쇄반응은 연소의 4요소에 해당한다.

정답 ④

21

☑ 확인
Check!

○ □
△ □
✕ □

옥내소화전설비 점검 중 방수압력 및 방수량 측정에 대한 설명으로 옳은 것은?

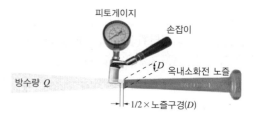

피토게이지
손잡이
옥내소화전 노즐
방수량 Q
1/2 × 노즐구경(D)

① 반드시 방사형 관창을 이용하여 측정해야 한다.
② 옥내소화전이 2개 이상 설치된 경우에는 그중에서 1개만 개방시켜 놓고 측정해야 한다.
③ 노즐의 선단과 피토게이지 사이의 거리는 6.5mm 이다.
④ 노즐의 선단과 피토게이지 사이의 거리는 9.5mm 이다.

해설

① 방사형 관창이 아닌 직사형 관창을 이용하여 측정해야 한다.
② 옥내소화전이 2개 이상 설치된 경우에는 2개를 동시에 개방시켜 놓고 측정해야 한다.
④ 옥내소화전 노즐의 선단과 피토게이지 사이의 거리는 6.5mm이다.

정답 ③

22 ☑ 확인 Check!

○ □
△ □
✗ □

화재의 현상 중 열전달 현상에 대한 설명으로 옳지 않은 것은?

① 뜨거운 국이 담긴 냄비에 국자를 담가두었을 때 국자가 점점 뜨거워지는 현상은 전도에 의한 열전달이다.

② 물체 간의 직접적인 접촉을 통하여 전달되는 열은 전도에 의한 열전달이다.

③ 대류에서는 기체 혹은 액체와 같은 유체의 흐름에 의하여 열이 전달된다.

④ 열전달 방법 중 공기나 매질이 필요 없는 것은 대류이다.

해설
공기나 매질 없이 열을 전달해 주는 열전달 방법은 복사이다.

정답 ④

23 ☑ 확인 Check!

○ □
△ □
✗ □

다음 중 위험물과 지정수량의 연결로 옳은 것은?

① 황 – 200kg
② 휘발유 – 400L
③ 알코올류 – 400L
④ 질산 – 600L

해설
위험물의 지정수량
• 황 : 100kg
• 휘발유 : 200L
• 알코올류 : 400L
• 등유 · 경유 : 1,000L
• 중유 : 2,000L
• 질산 : 300kg

정답 ③

24 ☑ 확인 Check!

○ □
△ □
✗ □

다음 중 전기화재의 원인으로 짝지어진 것은?

ㄱ. 과전류에 의한 발화
ㄴ. 단선에 의한 발화
ㄷ. 지락에 의한 발화
ㄹ. 규격 이상의 전선에 의한 발화

① ㄱ, ㄴ
② ㄱ, ㄷ
③ ㄱ, ㄷ, ㄹ
④ ㄱ, ㄴ, ㄷ, ㄹ

해설
ㄴ. 단선이 아닌 단락(합선)에 의한 발화가 전기화재의 원인이다.
ㄹ. 규격 미달의 전선은 전기화재의 원인이 될 수 있다.

정답 ②

25 ☑ 확인 Check!

○ □
△ □
✗ □

주거용 주방자동소화장치의 점검항목으로 적절하지 않은 것은?

① 가스누설탐지부 점검
② 가스누설차단밸브 시험
③ 알람밸브 확인
④ 소화약제 저장용기 점검

해설
주방자동소화장치의 점검항목
• 가스누설탐지부 점검
• 가스누설차단밸브 시험
• 예비전원시험
• 감지부 시험
• 제어반(수신부) 점검
• 소화약제 저장용기 점검

정답 ③

26

☑ 확인 Check!
○ □
△ □
✕ □

가로 50m, 세로 40m인 업무시설에 설치해야 하는 소화기의 능력단위로 옳은 것은?(단, 주요구조부가 내화구조이고, 벽 및 반자의 실내에 면하는 부분은 불연재료이다)

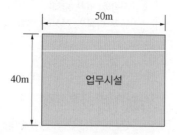

① 5단위　　　　② 10단위
③ 20단위　　　　④ 40단위

27

☑ 확인 Check!
○ □
△ □
✕ □

소화기에 대한 설명으로 옳은 것은?

① 가압식 소화기는 현재 사용이 중단되었다.
② 이산화탄소 소화기의 소화효과는 질식효과 및 부촉매효과이다.
③ 할론1301 소화기는 사용 가능한 압력 범위에서 지시압력계가 녹색을 가리킨다.
④ ABC급 분말소화기의 주성분은 제1인산암모늄이며 회색을 띤다.

28

☑ 확인 Check!
○ □
△ □
✕ □

다음 중 한국소방안전원의 업무가 아닌 것은?

① 소방안전에 관한 국제협력
② 화재예방과 안전관리의식 고취를 위한 대국민 홍보
③ 소방산업 전문인력의 양성 지원
④ 소방업무에 관하여 행정기관이 위탁하는 업무

29

☑ 확인 Check!
○ □
△ □
✕ □

다음 중 분말소화기에 대한 설명으로 옳은 것은?

① 주성분은 탄산수소나트륨이다.
② 질식, 냉각효과가 있다.
③ 유류화재에는 적응성이 없다.
④ 주성분은 제1인산암모늄이다.

30

방화구획의 설치대상 및 설치기준에 대한 설명으로 옳지 않은 것은?

① 10층 이하의 층은 바닥면적 1,000m² 이내마다 구획한다.

② 주요구조부가 내화구조 또는 불연재료로 된 건축물로서 연면적이 900m² 넘는 것은 내화구조로 된 바닥·벽 및 60분+ 방화문, 60분 방화문, 자동방화셔터로 구획한다.

③ 11층 이상의 층은 바닥면적 200m² 이내마다 구획한다.

④ 각 층마다 구획한다. 다만, 지하 1층에서 지상으로 직접 연결하는 경사로 부위는 제외한다.

해설
주요구조부가 내화구조 또는 불연재료로 된 건축물로서 연면적이 1,000m² 넘는 것은 내화구조로 된 바닥·벽 및 60분+ 방화문, 60분 방화문, 자동방화셔터로 구획한다.

정답 ②

31

제5류 위험물에 대한 설명으로 옳지 않은 것은?

① 가연성 물질이며, 산소를 함유하여 자기연소를 한다.

② 가열, 충격, 마찰 등에 의하여 착화, 폭발을 한다.

③ 일부는 물과 접촉하면 발열한다.

④ 연소속도가 매우 빨라서 소화가 곤란하다.

해설
③ 제6류 위험물(산화성 액체)에 대한 설명이다.
제5류 위험물 : 자기반응성 물질로 산소를 함유한 가연성 물질로 자기연소를 일으키기 쉽다. 따라서 질식소화는 효과가 없어 다량의 물로 냉각소화 해야 한다. 따라서, 물과 접촉해도 발열하지 않는다.

정답 ③

32

부속실 제연설비를 점검할 때, 계단실과 부속실의 방연풍속을 측정하게 된다. 장소별 방연풍속 기준값에 대한 설명으로 옳지 않은 것은?

① 계단실 및 그 부속실을 동시에 제연할 때, 방연풍속은 0.5m/s 이상이어야 한다.

② 계단실만 단독으로 제연할 때, 방연풍속은 0.7m/s 이상이어야 한다.

③ 부속실만 단독으로 제연할 때, 부속실이 면하는 옥내가 복도로서 그 구조가 방화구조인 경우 방연풍속은 0.5m/s 이상이어야 한다.

④ 부속실만 단독으로 제연할 때, 부속실 또는 승강장이 면하는 옥내가 거실인 경우 방연풍속은 0.7m/s 이상이어야 한다.

해설
제연구역에 따른 방연풍속

제연구역		방연풍속
계단실 및 그 부속실을 동시에 제연하는 것 또는 계단실만 단독으로 제연하는 것		0.5m/s 이상
부속실만 단독으로 제연하는 것	부속실 또는 승강장이 면하는 옥내가 거실인 경우	0.7m/s 이상
	부속실이 면하는 옥내가 복도로서 그 구조가 방화구조(내화시간이 30분 이상인 구조를 포함한다)인 것	0.5m/s 이상

정답 ②

33

☑ 확인 Check!

○ □
△ □
✕ □

다음 [보기]를 참고하여 구한 스프링클러설비의 저수량으로 옳은 것은?

┤보기├

• 지하 2층, 지상 8층인 근린생활시설
• 준비작동식 스프링클러설비 설치
• 판매시설이 있는 복합건축물

① 1.6m³　　　　② 16m³
③ 32m³　　　　④ 48m³

해설

스프링클러설비의 수원량(저수량)
• 근린생활시설 중 판매시설 또는 복합건축물은 헤드의 기준개수가 30개이다.
• 층별 방사시간
－ 1~29층 건축물 : 20분
－ 30~49층 건축물 : 40분
－ 50층 이상 건축물 : 60분
• 수원량 = N(기준개수) × 80L/min × 20min
　　　　 = 30 × 80 × 20 = 48,000L = 48m³

정답 ④

34

☑ 확인 Check!

○ □
△ □
✕ □

화재예방강화지구에 대한 설명으로 옳지 않은 것은?

① 시·도지사는 노후·불량건축물이 밀집한 지역, 소방시설·소방용수시설 또는 소방출동로가 없는 지역을 화재예방강화지구로 지정하여 관리할 수 있다.
② 시·도지사는 화재 발생 위험이 크거나 소화 활동에 지장을 줄 수 있다고 인정되는 행위나 물건에 대하여 관계인에게 금지 또는 제한 명령을 내릴 수 있다.
③ 모닥불, 흡연 등 화기의 취급은 화재예방강화지구 금지행위이다.
④ 화재예방강화지구는 시·도지사가 지정한다.

해설

시·도지사가 아닌 소방관서장의 역할이다.

정답 ②

35

☑ 확인 Check!

○ □
△ □
✕ □

다음 중 [보기]에 해당하는 과태료로 적절한 것은?

┤보기├

• 피난시설, 방화구획 또는 방화시설의 폐쇄·훼손·변경 등의 행위를 한 자
• 공사 현장에 임시소방시설을 설치·관리하지 않은 자
• 소방시설을 화재안전기준에 따라 설치·관리하지 않은 자

① 500만 원 이하의 과태료
② 300만 원 이하의 과태료
③ 200만 원 이하의 과태료
④ 50만 원 이하의 과태료

해설

소방시설법에서 300만 원 과태료가 부과되는 경우에 대한 설명이다.

정답 ②

36

☑ 확인 Check!

○ □
△ □
✕ □

「다중이용업소법」에서 정의하는 실내장식물에 해당하지 않는 것은?

① 합판이나 목재
② 공간을 구획하기 위하여 설치하는 간이 칸막이
③ 종이류(두께 1mm 이하)·합성수지류 또는 섬유류를 주원료로 한 물품
④ 흡음(吸音)이나 방음(防音)을 위하여 설치하는 흡음재 또는 방음재

해설

실내장식물 : 종이류(두께 2mm 이상)·합성수지류 또는 섬유류를 주원료로 한 물품

정답 ③

37

☑ 확인
Check!

○ ☐
△ ☐
✕ ☐

재난관리책임기관의 장은 재난을 효율적으로 관리하기 위하여 재난유형에 따라 위기관리 매뉴얼을 작성·운용하고 이를 준수하도록 노력해야 한다. 이러한 재난분야 위기관리 매뉴얼에 해당하지 않는 것은?

① 위기관리 표준매뉴얼

② 위기대응 실무매뉴얼

③ 현장조치 행동매뉴얼

④ 위기계획 작성매뉴얼

해설

재난분야 위기관리 매뉴얼의 종류
• 위기관리 표준매뉴얼
• 위기대응 실무매뉴얼
• 현장조치 행동매뉴얼

정답 ④

38

☑ 확인
Check!

○ ☐
△ ☐
✕ ☐

실내 화재 발생 시 일어나는 현상에 해당하지 않는 것은?

① 플래시오버

② 보일오버

③ 롤오버

④ 백드래프트

해설

보일오버는 실외 화재 시 일어나는 현상이며, 주로 석유화학제품을 저장하는 대형 탱크에서 발생할 수 있다.
보일오버(Boil-Over) : 화재 발생 시 저장 탱크에 저장된 액체 물질이 가열되면서 탱크 내의 기화된 물질이 빠져나가지 못하고 압력이 상승해 갑작스러운 폭발이나 끓어 넘침이 발생하는 현상이다.

정답 ②

39

☑ 확인
Check!

○ ☐
△ ☐
✕ ☐

방화문의 종류 중 열을 차단할 수 있는 시간이 30분 이상인 방화문으로 옳은 것은?

① 60분+ 방화문

② 60분 방화문

③ 30분+ 방화문

④ 30분 방화문

해설

방화문의 종류
• 60분+ 방화문 : 연기 및 불꽃을 차단할 수 있는 시간이 60분 이상이고, 열을 차단할 수 있는 시간이 30분 이상인 방화문
• 60분 방화문 : 연기 및 불꽃을 차단할 수 있는 시간이 60분 이상인 방화문
• 30분 방화문 : 연기 및 불꽃을 차단할 수 있는 시간이 30분 이상 60분 미만인 방화문

 정답 ①

40

☑ 확인
Check!

○ ☐
△ ☐
✕ ☐

소방계획의 주요 원리 중 ( )에 들어갈 내용으로 옳은 것은?

주요 원리	주요 내용
( )	• 모든 형태의 위험을 포괄 • 재난의 전주기적(예방·대비 → 대응 → 복구) 단계의 위험성 평가

① 통합적 안전관리

② 종합적 안전관리

③ 지속적 발전모델

④ 융합적 안전관리

해설

모든 형태의 위험을 포괄하고, 재난의 전주기적 단계의 위험성을 평가하는 소방계획의 주요 원리는 종합적 안전관리이다.

 정답 ②

41 ☑ 확인 Check! ○□ △□ ✕□

다음 중 가스안전관리에 있어서 연료가스에 대한 설명으로 옳은 것은?

① LPG는 가정용으로 사용하고 비중은 1.5~2이며 가스누설경보기는 연소기 또는 관통부로부터 수평거리 4m 이내 위치에 설치한다.

② LPG는 메테인이 주성분이며 가스누설경보기 탐지기의 하단은 천장면의 하방 30cm 이내 위치에 설치한다.

③ LNG는 도시가스용으로 사용하고 비중이 0.6이며 가스누설경보기는 연소기로부터 수평거리 4m 이내 위치에 설치한다.

④ LNG는 프로페인과 뷰테인이 주성분이며 가스누설경보기 탐지기의 상단은 바닥면의 상방 30cm 이내 위치에 설치한다.

해설

연료가스의 종류와 특징
- LNG(액화천연가스)
  - 구성성분 : 메테인
  - 증기비중이 0.6으로 공기보다 가볍다.
  - 용도 : 도시가스용
  - 탐지기는 천장면의 하단 30cm 이내, 가스 연소기로부터 수평거리 8m 이내 설치한다.
- LPG(액화석유가스)
  - 구성성분 : 프로페인, 뷰테인
  - 증기비중이 1.5~2.0으로 공기보다 무겁다.
  - 용도 : 가정용, 공업용, 자동차 연료용
  - 탐지기는 바닥면의 상단 30cm 이내, 가스 연소기로부터 수평거리 4m 이내 설치한다.

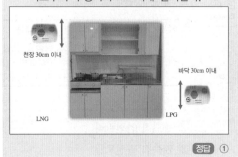

천장 30cm 이내 / 바닥 30cm 이내 / LNG / LPG

정답 ①

42 ☑ 확인 Check! ○□ △□ ✕□

다음 중 유도등의 점검 내용으로 옳지 않은 것은?

① 3선식 유도등 절환스위치를 자동으로 전환하고 감지기, 발신기 동작 후 유도등 점등을 확인한다.

② 3선식 유도등 절환스위치를 수동으로 전환하고 유도등의 점등을 확인한다. 또한, 수신기에서 수동으로 점등스위치를 OFF하고 건물 내의 점등이 되는 유도등을 확인한다.

③ 2선식 유도등은 평상시 점등되어 있는지 확인한다.

④ 예비전원은 상시 충전되어 있어야 한다.

해설

수신기에서 수동으로 점등스위치를 ON하고 건물 내의 점등이 되지 않는 유도등을 확인한다.

정답 ②

43 ☑ 확인 Check! ○□ △□ ✕□

다음 중 특정소방대상물의 각 부분으로부터 1개의 소화기까지 보행거리로 옳은 것은?

① 소형소화기 : 10m 이내, 대형소화기 : 20m 이내

② 소형소화기 : 10m 이내, 대형소화기 : 25m 이내

③ 소형소화기 : 20m 이내, 대형소화기 : 30m 이내

④ 소형소화기 : 20m 이내, 대형소화기 : 35m 이내

해설

소화기구의 설치기준

종류		능력단위 기준	보행거리
소형소화기		1단위 이상	20m 이내
대형소화기	A급	10단위 이상	30m 이내
	B급	20단위 이상	

정답 ③

44

☑ 확인
Check!

○ □
△ □
✕ □

다음은 업무시설의 1단위 소화기 비치현황을 표시한 평면도이다. 소화기 설치에 대한 설명으로 옳은 것은?(단, 주요구조부는 내화구조이고 실내면은 불연재료이다) ✔신유형

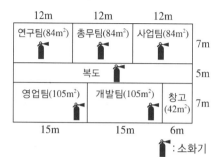

① 복도의 경우 소화기를 설치하지 않아도 된다.
② 영업팀과 개발팀에는 소화기 2개를 설치해야 한다.
③ 구획된 창고실의 경우 소화기 1개를 설치해야 한다.
④ 복도는 하나의 경계구역이므로 소화기 1개만 설치한다.

해설

소화기의 능력단위
• 업무시설의 경우 소화기구의 능력단위는 바닥면적 100m²마다 1단위 이상이다. 내화구조, 불연재료이므로 바닥면적의 2배가 기준면적이 되어 200m²마다 1단위 이상 설치하면 된다.
• 영업팀과 개발팀의 경우 200m² 이하이므로 소화기 1개만 설치하면 된다.
• 복도의 경우 소형소화기의 설치기준에 따라 20m 이내마다 설치해야 하므로 소화기 2개를 설치해야 한다.
  ∴ 36m/20m = 1.8 ÷ 2개
• 창고의 경우 바닥면적이 33m² 이상이므로 1개의 소화기를 설치해야 한다.

정답 ③

45

☑ 확인
Check!

○ □
△ □
✕ □

다음 [보기]는 습식 스프링클러설비의 작동순서이다. ( )에 들어갈 내용으로 옳게 짝지어진 것은?

┌보기┐
(1) 화재 발생
(2) 폐쇄형 헤드 개방, 방수
(3) 2차 측 배관 압력 저하
(4) 1차 측 압력에 의해 습식 유수검지장치의 (㉠) 개방
(5) 습식 유수검지장치의 (㉡)스위치 작동 → 사이렌 경보, 감시제어반의 화재표시등, 밸브 개방표시등 점등
(6) 배관 내 압력 저하로 기동용 수압개폐장치의 압력스위치 작동 → 펌프 기동

① ㉠ 밸브, ㉡ 압력
② ㉠ 클래퍼, ㉡ 압력
③ ㉠ 밸브, ㉡ 솔레노이드
④ ㉠ 클래퍼, ㉡ 솔레노이드

해설

습식 작동순서 : 화재 발생 → 폐쇄형 헤드 개방 및 방수 → 2차 측 배관 압력 저하→ 1차 측 압력에 의해 습식 유수검지장치의 클래퍼 개방 → 알람밸브의 압력스위치 작동 → 압력체임버의 압력스위치 작동으로 펌프 기동

정답 ②

46

☑ 확인
Check!

○ □
△ □
✕ □

근린생활시설 중 입원실이 있는 의원 3층에 적응성이 있는 피난기구는?

① 완강기
② 구조대
③ 피난사다리
④ 공기안전매트

해설

근린생활시설 중 입원실이 있는 의원(피난기구 적응성)
• 미끄럼대
• 구조대
• 피난교
• 피난용트랩
• 다수인 피난장비
• 승강식 피난기

정답 ②

47 ☑확인 Check!

용적률 산정 시 연면적에서 제외되는 부분으로 적절하지 않은 것은?

① 지하층의 면적

② 지상층의 주차장 면적

③ 초고층 건축물과 준초고층 건축물에 설치하는 피난안전구역

④ 경사지붕 아래에 설치하는 대피공간 면적

해설

용적률 산정 시 제외 부분
• 지하층의 면적
• 지상층의 주차용(해당 건축물의 부속용도인 경우만 해당)으로 쓰는 면적
• 초고층 건축물과 준초고층 건축물에 설치하는 피난안전구역의 면적
• 건축물의 경사지붕 아래에 설치하는 대피공간의 면적

정답 ②

48 ☑확인 Check!

장애 유형별 피난보조 시 표정이나 제스처를 쓰고 손전등과 같은 조명을 활용하는 것이 효과적인 장애 유형은?

① 청각장애인

② 시각장애인

③ 지적장애인

④ 노약자

해설

장애 유형별 피난보조방법
• 청각장애인 : 시각적인 전달을 위한 표정이나 제스처를 쓰고 손전등과 같은 조명을 활용한다.
• 시각장애인 : 피난 유도 시 '여기', '저기' 등 애매한 표현보다 '좌측 1m'와 같이 명확하게 표현한다.
• 지적장애인 : 공황 상태에 빠질 수 있으므로 차분하고 느린 어조로 말한다.
• 노약자 : 장애인에 준하여 피난을 보조한다.

정답 ①

49 ☑확인 Check!

소방교육 및 훈련의 실시원칙에 해당하지 않는 것은?

① 경험의 원칙

② 목적의 원칙

③ 동기부여의 원칙

④ 교육자 중심의 원칙

해설

소방교육 및 훈련의 실시원칙
• 학습자 중심의 원칙
• 동기부여의 원칙
• 목적의 원칙
• 현실의 원칙
• 실습의 원칙
• 경험의 원칙
• 관련성의 원칙

정답 ④

50 ☑확인 Check! ✔신유형

평상시 제연설비의 동력제어반 각 스위치 및 표시등의 정상상태로 옳은 것은?(단, 전원은 점등 상태이다)

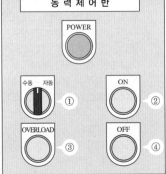

① 수동   ② 소등

③ 점등   ④ 소등

해설

평상시 제연설비의 동력제어반 상태
① 자동
② 소등
③ 소등
④ 점등

정답 ②

01

☑ 확인 Check!

○ ☐
△ ☐
✕ ☐

소방안전관리업무의 대행에 대한 설명 중 옳은 것은?

① 소방안전관리업무를 대행하는 자를 감독할 수 있는 자를 소방안전관리자로 선임할 수 있다.

② 대통령령으로 정하는 소방안전관리대상물은 특급 소방안전관리대상물이다.

③ 피난시설, 방화구획 및 방화시설의 관리 업무는 행정안전부령으로 정하는 업무이다.

④ 대통령령으로 정하는 소방안전관리대상물은 1급 소방안전관리대상물 중 바닥면적 15,000m² 이상을 말한다.

해설
② 특급은 업무 대행이 불가하다. 2, 3급이 업무 대행이 가능한 대상이다.
③ 피난시설, 방화구획 및 방화시설의 관리 업무는 대통령령으로 정하는 업무이다.
④ 1급 소방안전관리대상물 중 연면적 15,000m² 미만으로 11층 이상인 것(아파트 제외)을 말한다.

정답 ①

02

☑ 확인 Check!

○ ☐
△ ☐
✕ ☐

다음 [보기]는 소방안전관리자 선임신고를 한 내용이다. 해당 설명으로 옳은 것은?(단, 강습교육 수료일은 2023년 4월 5일이다)

보기
• 소방안전관리자 이름 : 홍길동
• 선임일자 : 2024년 5월 10일
• 기타 : 실무교육 미수료 상태

① 2024년 11월 10일 이전에 실무교육을 받아야 한다.

② 실무교육을 받지 않으면 1차 자격 정지된다.

③ 50만 원의 과태료를 부담하는 경우 업무가 정지되지 않는다.

④ 강습을 수료한 날을 기준으로 하여 2025년 4월 5일 이전에 실무교육을 수료해야 한다.

해설
② 실무교육을 받지 않으면 경고를 받는다.
③ 과태료를 납부해도 실무교육을 받을 때까지 업무가 정지된다.
④ 선임일자가 강습교육 수료일로부터 1년이 초과됐으므로, 6개월 이내 실무교육을 받아야 한다. 선임일자(2024.05.10) + 6개월 = 2024.11.10. 즉, 24년 11월 10일 이전에 실무교육을 받아야 한다.

정답 ①

03 소방용어에 대한 설명으로 옳은 것은?

확인
Check!

① 항해 중인 선박과 비행 중인 항공기는 소방대상물에 해당한다.
② 소방대상물의 소유자, 관리자, 점유자를 관계인이라 한다.
③ 제연설비는 소화시설 중 소화용수설비에 해당한다.
④ 소방본부장, 소방서장, 시·도지사는 재난상황에서 소방대를 지휘하는 소방대장이다.

> **해설**
> ① 항해 중인 선박과 비행 중인 항공기는 소방대상물이 아니다.
> ③ 제연설비는 소화활동설비이다.
> ④ 시·도지사는 소방대장이 될 수 없다.
>
> 정답 ②

04 어떤 특정소방대상물에 소방안전관리자를 선임하던 중 2023년 7월 1일에 해임하였다. 해임한 날부터 며칠 이내에 선임해야 하고 관할 소방서장에게 며칠 이내 신고해야 하는가?

확인
Check!

① 선임일 : 2023년 7월 15일, 선임신고일 : 2023년 7월 25일
② 선임일 : 2023년 7월 21일, 선임신고일 : 2023년 8월 31일
③ 선임일 : 2023년 8월 1일, 선임신고일 : 2023년 8월 11일
④ 선임일 : 2023년 8월 1일, 선임신고일 : 2023년 8월 31일

> **해설**
> **소방안전관리자 선임기간과 선임신고**
> • 선임기간 : 30일 이내[2023년 7월 1일 + 30일 → 2023년 7월 31일 이내]
> • 선임신고 : 선임한 다음 날부터 14일 이내
>
> 정답 ①

05 화재예방강화지구에서의 금지행위로 적절하지 않은 것은?

확인
Check!

① 모닥불, 흡연 등 화기의 취급
② 풍등 등 소형열기구 날리기
③ 용접·용단 등 불꽃을 발생시키는 행위
④ 그 밖에 행정안전부령으로 정하는 화재 발생 위험이 있는 행위

> **해설**
> 그 밖에 대통령령으로 정하는 화재 발생 위험 행위가 금지행위이다.
>
> 정답 ④

06 방염성능기준 이상의 실내장식물 등을 설치해야 하는 장소가 아닌 것은?

확인
Check!

① 의료시설
② 노유자시설
③ 다중이용업의 영업소
④ 층수가 11층 이상인 아파트

> **해설**
> 방염성능기준 이상의 실내장식물 등을 설치해야 하는 대상으로 아파트는 제외 대상이다.
>
> 정답 ④

07 다음 중 종합점검 실시대상으로 적절한 것은?

☑ 확인
Check!

○ □
△ □
✕ □

① 1급 소방안전관리대상물
② 2급 소방안전관리대상물
③ 3급 소방안전관리대상물
④ 스프링클러설비가 설치된 특정소방대상물

해설

작동점검 및 종합점검

종류	작동점검	종합점검
점검 대상	1·2·3급 소방안 전관리대상물(소방 안전관리자를 선임 한 모든 대상물)	• 스프링클러설비가 설치된 특정소방대상물 • 물분무등소화설비 설치대 상 + 연면적 5,000m² 이상 • 다중이용업의 영업장이 설 치된 특정소방대상물 + 연 면적 2,000m² 이상 • 제연설비가 설치된 터널 • 옥내소화전설비 또는 자동 화재탐지설비가 설치된 공 공기관 + 연면적 1,000m² 이상

정답 ④

08 제조소 등에 해당하지 않는 것은?

☑ 확인
Check!

○ □
△ □
✕ □

① 제조소
② 저장소
③ 취급소
④ 판매소

해설

제조소 등 : 제조소, 저장소, 취급소

정답 ④

09 피난안전구역을 설치·운영하지 않은 자 또는 폐쇄·차단 등의 행위를 한 자에게 부과되는 벌칙으로 옳은 것은?

☑ 확인
Check!

○ □
△ □
✕ □

① 5년 이하의 징역 또는 5천만 원 이하의 벌금
② 300만 원 이하의 벌금
③ 500만 원 이하의 과태료
④ 300만 원 이하의 과태료

해설

5년 이하의 징역 또는 5천만 원 이하의 벌금 : 피난안
전구역을 설치·운영하지 않은 자 또는 폐쇄·차단
등의 행위를 한 자

정답 ①

10 피난안전구역에 대한 설명으로 적절하지 않은 것은?

☑ 확인
Check!

○ □
△ □
✕ □

① 초고층 건축물은 15개 층마다 1개소 이상 설치한다.
② 30층 이상 49층 이하의 지하연계 복합건축물 전체 층수 1/2 해당 층의 상하 5개 층 이내 1개소 이상 설치한다.
③ 피난안전구역의 설치·운영 기준 및 규모는 대통령령으로 정한다.
④ 피난안전구역은 폐쇄·차단 등의 행위를 하여서는 안 된다.

해설

초고층 건축물은 30개 층마다 1개소 이상 설치한다.

정답 ①

11 위험물제조소 등의 정기점검 대상으로 적절한 것은?

① 지정수량의 10배 이상의 위험물을 취급하는 제조소

② 지정수량의 10배 이상의 위험물을 저장하는 옥외저장소

③ 지정수량의 10배 이상의 위험물을 저장하는 옥내저장소

④ 지정수량의 10배 이상의 위험물을 저장하는 옥외탱크저장소

해설

제조소 등의 정기점검 대상
- 지정수량의 10배 이상의 위험물을 취급하는 제조소, 일반취급소
- 지정수량의 100배 이상의 위험물을 저장하는 옥외저장소
- 지정수량의 150배 이상의 위험물을 저장하는 옥내저장소
- 지정수량의 200배 이상의 위험물을 저장하는 옥외탱크저장소
- 암반탱크저장소
- 이송취급소
- 지하탱크저장소
- 이동탱크저장소

정답 ①

12 다음 중 대수선에 대한 설명으로 옳지 않은 것은?

① 기둥을 증설 또는 해체하거나 3개 이상 수선 또는 변경하는 것

② 보를 증설 또는 해체하거나 3개 이상 수선 또는 변경하는 것

③ 지붕틀(한옥의 경우 지붕틀의 범위에서 서까래를 포함)을 증설 또는 해체하거나 3개 이상 수선 또는 변경하는 것

④ 내력벽을 증설 또는 해체하거나 그 벽면적을 $30m^2$ 이상 수선 또는 변경하는 것

해설
대수선에서 서까래는 제외된다.

정답 ③

13 건축물의 높이가 40m이고 옥상에 설치된 승강기탑의 높이는 15m이다. 건축면적이 1,000㎡고 승강기탑의 수평투영면적이 100㎡인 경우 건축물의 높이는 얼마인가? **✓신유형**

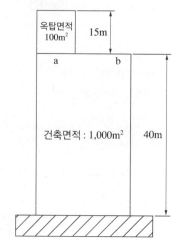

① 25m   ② 40m

③ 43m   ④ 55m

해설

건축물의 높이산정 : 건축물의 옥상에 설치된 승강기탑의 수평투영면적의 합계가 해당 건축물 건축면적의 1/8 이하인 경우, 그 부분의 높이가 12m를 넘는 경우 그 넘는 부분만 해당 건축물의 높이에 산입한다.

$$1,000m^2 \times \frac{1}{8} = 125m^2$$

$100m^2$(승강기탑 면적) $\leq 125m^2$(건축면적의 1/8)

∴ 건축물의 높이 = 40 + (15 − 12) = 43m

정답 ③

14

☑ 확인 Check!

○ □
△ □
✕ □

피난 시 이동 경로에 따른 피난계단의 종류이다. [보기]의 ( ) 안에 들어갈 내용으로 옳은 것은?

✔신유형

┌ 보기 ┐
- (㉠) : 옥내 → 계단실 → 피난층
- (㉡) : 옥내 → 부속실 → 계단실 → 피난층
└

① ㉠ 옥내피난계단, ㉡ 옥외피난계단
② ㉠ 옥내피난계단, ㉡ 특별피난계단
③ ㉠ 옥외피난계단, ㉡ 옥내피난계단
④ ㉠ 옥외피난계단, ㉡ 특별피난계단

해설

피난계단의 종류에 따른 피난 이동 경로
- 옥내피난계단 : 옥내 → 계단실 → 피난층
- 옥외피난계단 : 옥내 → 옥외계단 → 지상층
- 특별피난계단 : 옥내 → 부속실 → 계단실 → 피난층

정답 ②

16

☑ 확인 Check!

○ □
△ □
✕ □

다음 중 화재의 분류에 대한 연결로 옳지 않은 것은?

① 목재 – 일반화재(A급 화재)
② 휘발유 – 유류화재(C급 화재)
③ 마그네슘 – 금속화재(D급 화재)
④ 식용유 – 주방화재(K급 화재)

해설

유류화재는 B급 화재이며, 전기화재는 C급 화재이다.

정답 ②

15

☑ 확인 Check!

○ □
△ □
✕ □

유류화재에서 폼으로 유면을 덮어서 불을 끄는 소화방법에 해당하는 것은?

① 제거소화
② 질식소화
③ 냉각소화
④ 억제소화

해설

산소공급원을 차단하여 산소 농도를 21vol%에서 15vol%로 낮춰서 소화하는 질식소화에 해당한다.
질식소화의 예
- 이산화탄소 등 불활성가스의 방출로 화재를 제어하는 것
- 발화 초기 담요나 모래 등으로 덮어 불을 끄는 것
- 연소가 진행되고 있는 구획을 밀폐하여 소화하는 것

정답 ②

17

☑ 확인 Check!

○ □
△ □
✕ □

연소에 대한 설명으로 옳지 않은 것은?

① 가연성 고체가 가열되면 열분해에 의한 가스 발생으로 연소하는 형태를 분해연소라 한다.
② 외부 점화원으로 불을 붙이면 불이 붙는 최저온도를 인화점이라 한다.
③ 인화점보다 5~10℃ 높고 불꽃이 최소 5초 이상 지속되는 온도를 발화점이라 한다.
④ 외부의 점화원과 직접적인 접촉 없이 주위로부터 충분한 에너지를 받아 스스로 점화되는 최저 온도를 발화점이라 한다.

해설

발화점이 아닌 연소점에 대한 설명이다.

정답 ③

18 ☑ 확인 Check!

○ □
△ □
X ☑

실내 화재의 양상에 대한 설명으로 옳은 것은?

① 초기는 발화 단계로 흑색 연기가 나온다.
② 성장기는 화재의 상황 변화가 격렬하고 다양하게 변화되는 시기로 백드래프트 현상이 발생한다.
③ 최성기는 실내 연기의 양이 작아지고 화염이 확대되어 개구부 밖으로 분출된다.
④ 감쇠기에 다량의 공기 유입 시 플래시오버 현상이 일어난다.

해설

화재의 성상단계
• 초기는 발화 단계로 백색 연기가 나온다.
• 성장기는 화재의 상황 변화가 격렬하고 다양하게 변화되는 시기로 플래시오버 현상이 발생한다.
• 최성기는 실내 연기의 양이 작아지고 화염이 확대되어 개구부 밖으로 분출된다.
• 감쇠기에 다량의 공기 유입 시 백드래프트 발생 우려가 있다.

정답 ③

19 ☑ 확인 Check!

○ □
△ □
X □

다음 중 제4류 위험물의 공통적인 성질로 옳은 것은?

① 자기반응성 물질이다.
② 대부분 물보다 무겁고, 증기는 공기보다 가볍다.
③ 증기는 공기와 혼합되어 연소・폭발한다.
④ TNT는 제4류 위험물에 해당한다.

해설

① 자기반응성 물질은 제5류 위험물이다.
② 제4류 위험물은 물보다 가볍고, 증기는 공기보다 무겁다.
④ TNT는 제5류 위험물이다.

정답 ③

20 ☑ 확인 Check!

○ □
△ □
X □

다음은 위험물의 유별 특성에 대한 용어이다. [보기] 의 ( ) 안에 알맞은 내용으로 옳은 것은?

┌보기┐
• 제2류 위험물 : (㉠) 고체
• 제4류 위험물 : (㉡) 액체
└─────┘

① ㉠ 가연성, ㉡ 인화성
② ㉠ 산화성, ㉡ 가연성
③ ㉠ 가연성, ㉡ 금수성
④ ㉠ 인화성, ㉡ 인화성

해설

위험물의 종류
• 제1류 위험물 : 산화성 고체
• 제2류 위험물 : 가연성 고체
• 제3류 위험물 : 자연발화성 물질 및 금수성 물질
• 제4류 위험물 : 인화성 액체
• 제5류 위험물 : 자기반응성 물질
• 제6류 위험물 : 산화성 액체

정답 ①

21 ☑ 확인 Check!

○ □
△ □
X □

전기화재의 주요 원인으로 적절하지 않은 것은?

① 누전차단기의 고장
② 과전류에 의한 발화
③ 합선에 의한 발화
④ 접촉부의 과열에 의한 발화

해설

과전류 발생 시 자동으로 차단해 주는 장치를 누전차단기라 한다. 이것은 전기화재의 주요 원인으로 보기 어렵다.

정답 ①

22 기도 확보를 위한 응급처치의 기본원칙으로 옳은 것은?

① 환자의 입안에 이물질이 있는 경우 기침을 유도한다.

② 환자가 기침할 수 없을 때 심폐소생술을 실시한다.

③ 눈에 보이는 이물질은 손을 넣어 제거한다.

④ 이물질이 제거된 후 머리를 옆으로 젖히고, 턱을 아래로 내려 기도가 개방한다.

해설

응급처치의 기본원칙(기도 확보)
• 환자의 입안에 이물질이 있는 경우 기침을 유도한다.
• 환자가 기침할 수 없을 때 하임리히법을 실시한다.
• 눈에 보이는 이물질이라 하여 함부로 제거하려 해서는 안 된다.
• 이물질이 제거된 후 머리를 뒤로 젖히고, 턱을 위로 들어 올려 기도가 개방되도록 한다.

정답 ①

23 다음 중 출혈의 증상으로 옳은 것은?

① 구토가 발생한다.

② 반사작용이 민감해진다.

③ 혈압이 올라가고 피부가 창백해진다.

④ 호흡과 맥박이 느리고 약하며 불규칙하다.

해설

출혈의 증상
• 구토가 발생한다.
• 반사작용이 둔해진다.
• 혈압이 저하되고 피부가 창백해진다.
• 체온이 떨어지고 호흡곤란도 나타난다.
• 탈수현상이 나타나며 갈증을 호소한다.
• 호흡과 맥박이 빠르고 약하며 불규칙하다.

정답 ①

24 일반인 심폐소생술의 시행순서로 옳은 것은?

ㄱ. 호흡 확인
ㄴ. 환자의 의식 확인
ㄷ. 인공호흡 2회 시행
ㄹ. 가슴압박 30회 시행
ㅁ. 가슴압박과 인공호흡의 반복
ㅂ. 주변 사람에게 119 신고 요청
ㅅ. 회복 자세로 눕혀 기도를 확보

① ㄱ → ㅂ → ㄴ → ㄹ → ㄷ → ㅁ → ㅅ
② ㄴ → ㅂ → ㄱ → ㄹ → ㄷ → ㅁ → ㅅ
③ ㄱ → ㅂ → ㄴ → ㄷ → ㄹ → ㅁ → ㅅ
④ ㄴ → ㅂ → ㄱ → ㅁ → ㄷ → ㄹ → ㅅ

해설

일반인 심폐소생술의 시행순서 : 반응 확인(ㄴ) → 119 신고(ㅂ) → 호흡 확인(ㄱ) → 가슴압박 30회 시행(ㄹ) → 인공호흡 2회 시행(ㄷ) → 가슴압박과 인공호흡의 반복(ㅁ) → 회복 자세(ㅅ)

정답 ②

25 운수시설로 바닥면적이 3,000m²인 장소에 소화능력단위가 3단위인 소화기를 설치할 경우 필요한 소화기는 최소 몇 개인가?(다른 조건은 고려하지 않는다)

① 5개
② 10개
③ 15개
④ 20개

해설

운수시설의 기준면적은 100m²이다. 따라서, 바닥면적을 기준면적으로 나누고 소화기구 능력단위인 3단위로 나누면 소화기의 최소 설치개수를 구할 수 있다.

$$\therefore \frac{3,000m^2}{100m^2 \times 3단위} = 10개$$

정답 ②

26

☑ 확인
Check!

○ □
△ □
✕ □

[보기]의 ( ) 안에 들어갈 내용으로 옳은 것은?

┌─ 보기 ─────────────────────┐
│ 소화기구의 종류 중 ( )는 초기진화에 사용하는 │
│ 보조 소화용구로 투척용 소화용구, 에어로졸식 소화 │
│ 용구 등이 있다. │
└──────────────────────────┘

① 소화기
② 간이소화용구
③ 자동확산소화기
④ 스프링클러설비

┌ 해설 ┐
소화기구의 종류
• 소화기 : 소화약제를 압력에 따라 방사하는 기구로
  사람이 수동으로 조작하여 소화한다.
• 간이소화용구 : 초기진화에 사용하는 보조 소화용
  구로 투척용 소화용구, 에어로졸식 소화용구 등이
  있다.
• 자동확산소화기 : 화재를 감지하여 자동으로 소화
  약제를 방출, 확산시켜 국소적으로 소화한다.

정답 ②

27

☑ 확인
Check!

○ □
△ □
✕ □

아래 표에서 설명하는 소화기에 대한 설명으로
옳은 것은?

주성분	이산화탄소
총중량	6.8kg
적응화재	BC급
제조연월일	2024.11.11

① 일반화재에 사용이 가능하다.
② 소화약제량은 6.8kg이다.
③ 질식효과 및 냉각효과가 있다.
④ 분말소화기로 2034년 11월 10일까지 사용이 가
  능하다.

┌ 해설 ┐
이산화탄소 소화기
• 유류화재, 전기화재에 적응성이 있다.
• 총중량 = 소화약제량 + 용기 무게
• 이산화탄소 소화기는 내용연수가 없다.

정답 ③

28

☑ 확인
Check!

○ □
△ □
✕ □

다음 중 자동소화장치의 종류가 아닌 것은?

① 공업용 주방자동소화장치
② 분말자동소화장치
③ 캐비닛형 자동소화장치
④ 고체에어로졸 자동소화장치

┌ 해설 ┐
자동소화장치
• 주거용 주방자동소화장치
• 상업용 주방자동소화장치
• 캐비닛형 자동소화장치
• 가스자동소화장치
• 분말자동소화장치
• 고체에어로졸 자동소화장치

정답 ①

29

☑ 확인
Check!

○ □
△ □
✕ □

소화기의 종류에 따른 능력단위 기준을 참고하여
( ) 안에 들어갈 내용으로 옳은 것은?

종류		능력단위 기준	보행거리
소형소화기		1단위 이상	(㉠)
대형 소화기	A급	10단위 이상	(㉡)
	B급	20단위 이상	

① ㉠ : 10m 이내, ㉡ : 20m 이내
② ㉠ : 20m 이내, ㉡ : 30m 이내
③ ㉠ : 30m 이내, ㉡ : 40m 이내
④ ㉠ : 40m 이내, ㉡ : 50m 이내

┌ 해설 ┐
소형소화기는 보행거리 20m마다, 대형소화기는 30m
마다 설치한다.

정답 ②

30

10층 건물에 옥내소화전이 1층에 4개, 2층에 2개 설치되어 있다. 이때 옥내소화전의 저수량은?

☑ 확인 Check!

○ □
△ □
× □

① $5.2m^3$
② $10.4m^3$
③ $15.6m^3$
④ $31.2m^3$

해설

저수량

29층 이하이므로 $Q = 2.6N = 2.6 \times 2 = 5.2m^3$

여기서, N : 옥내소화전 설치개수가 가장 많은 층의
설치개수(2개 이상 설치된 경우에는 2개)

정답 ①

31

[보기]에 따라 계산한 주펌프의 정지점과 기동점 값으로 옳은 것은?(단, 옥내소화전설비가 설치되어 있다)

☑ 확인 Check!

○ □
△ □
× □

┌ 보기 ┐
• 자연낙차압 : 0.3MPa
• Diff : 0.7MPa

① 기동점 : 0.3MPa, 정지점 : 1.0MPa
② 기동점 : 0.5MPa, 정지점 : 1.0MPa
③ 기동점 : 0.45MPa, 정지점 : 1.15MPa
④ 기동점 : 0.5MPa, 정지점 : 1.2MPa

해설

펌프의 기동점과 정지점

• 주펌프의 기동점 = 자연낙차압 + 0.2MPa(옥내소화전) = 0.3 + 0.2 = 0.5MPa
• Diff = 정지점(Range) − 기동압력
∴ 정지점 = Diff + 기동압력
= 0.7 + 0.5 = 1.2MPa

정답 ④

32

다음 중 스프링클러설비의 종류에 대한 설명으로 옳지 않은 것은?

☑ 확인 Check!

○ □
△ □
× □

① 습식은 클래퍼 개방에 따른 압력수 유입으로 압력스위치가 작동한다.
② 준비작동식은 해당 방호구역의 감지기 2개 회로가 작동될 때 유수검지장치가 작동된다.
③ 건식은 평상시 2차 측 배관이 압축공기 또는 축압된 가스상태로 유지된다.
④ 일제살수식은 A or B 감지기 작동 시 펌프가 자동 기동된다.

해설

일제살수식은 A and B 감지기 작동 시 펌프가 자동 기동된다.

정답 ④

33

준비작동식 스프링클러설비 감시제어반에서 감지기 A의 지구표시등이 점등되고, 감지기 B의 지구표시등이 소등되어 있는 경우 적합한 상황으로 옳은 것은?

☑ 확인 Check!

○ □
△ □
× □

① 전자밸브가 작동한다.
② 밸브개방표시등은 소등된다.
③ 화재표시등은 소등된다.
④ 사이렌은 울리지 않는다.

해설

① 전자밸브는 작동하지 않는다.
③ 화재표시등은 점등된다.
④ 사이렌이 울린다.

정답 ②

34

☑ 확인
Check!

○ □
△ □
✕ □

준비작동식 스프링클러설비 제어반 램프의 점등 여부를 보고 옳게 설명한 것은? ✔신유형

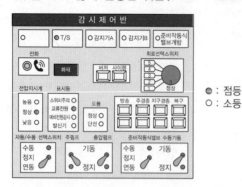

● : 점등
○ : 소등

① 감지기가 작동되었음을 알 수 있다.
② 펌프가 작동되었다.
③ 개폐밸브가 닫혀 있다.
④ 준비작동식 밸브가 개방되었다.

35

☑ 확인
Check!

○ □
△ □
✕ □

다음 중 인명구조기구의 종류에 해당하지 않는 것은?

① 방화복
② 인공소생기
③ 공기호흡기
④ 비상조명등

36

☑ 확인
Check!

○ □
△ □
✕ □

다음은 가스계 소화설비 감시반의 평상시 상태이다. 제어반을 통해 판단할 수 있는 문제점으로 옳지 않은 것은?

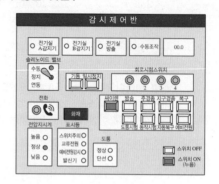

① 교류전원이 차단되어 예비전원으로 작동하고 있다.
② 사이렌 스위치가 눌려있어 감지기 작동 시 사이렌 경보가 불가능하다.
③ 솔레노이드 밸브가 수동상태라 감지기 작동 시 솔레노이드 밸브가 격발되지 않는다.
④ 교류전원 표시등이 소등상태라 감지기 신호를 수신할 수 없다.

37 ☑ 확인 Check!
○ □ △ □ × □

다음은 감지기 사이의 배선 방식에 대한 설명이다. [보기]의 ( ) 안에 들어갈 내용으로 옳은 것은?

┌ 보기 ┐
(㉠)의 감지기 배선은 감지기 1극에 2개씩 총 4개의 단자를 이용하여 배선을 하며, 감지기 회로 말단에 있는 발신기 내에 종단저항을 설치하여 (㉡) 시험이 용이하도록 한다.
└──────┘

① ㉠ 송배선식, ㉡ 도통
② ㉠ 송배선식, ㉡ 동작
③ ㉠ 교차회로방식, ㉡ 도통
④ ㉠ 교차회로방식, ㉡ 동작

〔해설〕
감지기 사이의 회로는 배선을 송배선식으로 해야 하며, 이 방식의 목적은 도통시험을 확실하게 하기 위한 배선 방식이다.

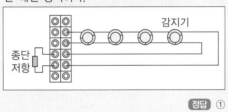

〔정답〕 ①

38 ☑ 확인 Check!
○ □ △ □ × □

소방안전관리자가 점검을 위해 3층의 발신기를 작동시켰을 때 연동된 설비의 작동 상태에 대한 설명으로 적절하지 않은 것은? ✔신유형

① 1층 수신기에 화재표시등과 발신기표시등 점등
② 1층 수신기의 주경종 작동
③ 3층 소화전함의 지구경종 작동
④ 3층 열감지기의 작동표시등 점등

〔해설〕
3층의 발신기 누름버튼을 눌러 수신기로 화재 신호를 보낸 상황이다. 감지기 작동과는 관계없다.

〔정답〕 ④

39 ☑ 확인 Check!
○ □ △ □ × □

수신기의 설치기준에 대한 설명으로 옳지 않은 것은?

① 수신기를 각 층마다 설치한다.
② 수신기의 조작스위치 높이는 바닥으로부터 0.8m 이상 1.5m 이하로 한다.
③ 수위실과 같이 상시 사람이 근무하고 있는 장소에 설치한다.
④ 수신기가 설치된 장소에는 경계구역 일람도를 비치한다.

〔해설〕
수신기의 설치기준
• 수신기가 설치된 장소에는 경계구역 일람도를 비치할 것
• 수신기의 조작스위치 높이 : 바닥으로부터 높이가 0.8m 이상 1.5m 이하
• 수위실(방재실, 경비실) 등 상시 사람이 근무하고 있는 장소에 설치할 것

〔정답〕 ①

40 ☑ 확인 Check!
○ □ △ □ × □

대형피난구유도등의 설치대상으로 옳지 않은 것은?

① 공연장
② 관람장
③ 운동시설
④ 오피스텔

〔해설〕
유도등과 유도표지
• 공연장, 집회장, 관람장, 운동시설, 유흥주점 영업시설 : 대형피난구유도등, 통로유도등, 객석유도등
• 위락시설 : 대형피난구유도등, 통로유도등
• 오피스텔, 지하층, 무창층 또는 층수가 11층 이상인 특정소방대상물 : 중형피난구유도등, 통로유도등
• 교정 및 군사시설, 복합건축물 : 소형피난구유도등, 통로유도등

〔정답〕 ④

41

☑ 확인
Check!

○ □
△ □
✕ □

소요수량이 60m³인 경우 채수구의 최소 설치개수는 몇 개인가?

① 1개　　　　② 2개
③ 3개　　　　④ 4개

해설

채수구의 설치개수

소요수량	20m³ 이상 40m³ 미만	40m³ 이상 100m³ 미만	100m³ 이상
채수구의 수	1개	2개	3개

정답 ②

42

☑ 확인
Check!

○ □
△ □
✕ □

휴대용 비상조명등에 대한 설명으로 옳지 않은 것은?

① 숙박시설의 경우 객실 안의 구획된 실마다 잘 보이는 곳에 1개 이상 설치해야 한다.
② 수용인원인 100명 이상인 영화상영관은 보행거리 25m마다 3개 이상 설치해야 한다.
③ 충전식 배터리를 사용하는 경우 상시 충전되는 구조여야 하고 20분 이상 유효하게 사용할 수 있어야 한다.
④ 설치위치는 출입문 손잡이로부터 1m 이내이고, 바닥으로부터 0.8m 이상 1.5m 이하의 높이에 설치한다.

해설

휴대용 비상조명등의 설치기준
• 영화상영관, 판매시설 중 대규모 점포(수용인원 100명 이상) : 보행거리 50m마다 3개 이상
• 지하역사, 지하상가 : 보행거리 25m마다(인공조명) 3개 이상

정답 ②

43

☑ 확인
Check!

○ □
△ □
✕ □

3선식 유도등이 점등되는 경우로 적절하지 않은 것은?

① 옥내소화전설비가 작동할 때
② 비상경보설비의 발신기가 작동될 때
③ 상용전원이 정전되거나 전원선이 단선될 때
④ 방재업무를 통제하는 곳 또는 배전반에서 수동으로 점등될 때

해설

3선식 배선으로 상시 충전되는 유도등의 전기회로에 점멸기를 설치할 때 자동으로 점등되는 경우
• 자동화재탐지설비의 감지기 또는 발신기가 작동되는 때
• 비상경보설비의 발신기가 작동되는 때
• 상용전원이 정전되거나 전원선이 단선되는 때
• 방재업무를 통제하는 곳 또는 전기실의 배전반에서 수동으로 점등하는 때
• 자동소화설비가 작동되는 때

정답 ①

44

☑ 확인
Check!

○ □
△ □
✕ □

다음 중 화재 발생 시 피난행동으로 옳지 않은 것은?

① 연기 발생 시 낮은 자세로 이동한다.
② 빠른 탈출을 위해 엘리베이터를 이용하여 옥외로 대피한다.
③ 이동 시 한 손으로 벽을 짚고 유도등 및 유도표지를 따라 대피한다.
④ 연기 발생 시 코와 입을 젖은 수건 등으로 막아 연기를 마시지 않도록 한다.

해설

엘리베이터는 이용하지 않고 계단을 통해 옥외로 대피한다.

정답 ②

45

☑ 확인
Check!

○ □
△ □
✕ □

다음 자위소방대의 조직 편성기준에 관한 내용 중 옳지 않은 것은?

① 초기대응팀은 수신반, 종합방재실을 거점으로 화재 상황의 모니터링, 지휘통제 임무를 수행한다.

② 현장대응팀은 화재 등 재난현장에서 비상연락, 초기소화, 피난유도 등의 임무를 수행한다.

③ 대원편성은 상시 근무 또는 거주 인원 중 자위소방활동이 가능한 인력을 기준으로 조직 구성한다.

④ 초기대응체계는 특정소방대상물의 이용시간 동안 운영한다.

지휘통제팀에 대한 설명이다.

 ①

46

☑ 확인
Check!

○ □
△ □
✕ □

다음 중 이산화탄소 소화설비의 장단점에 대한 설명으로 적절하지 않은 것은?

① 화재진화 후 깨끗하다.

② 피연소물의 피해가 적다.

③ 전도성이 있어 전기화재에 적합하지 않다.

④ 가연물 내부에서 연소하는 심부화재에 적합하다.

이산화탄소 소화설비
• 장점
  - 가연물 내부에서 연소하는 심부화재에 적합하다.
  - 화재진화 후 깨끗하다.
  - 피연소물의 피해가 적다.
  - 비전도성이므로 전기화재에 좋다.
• 단점
  - 사람에게 질식의 우려가 있다.
  - 방사 시 동상의 우려가 있다.
  - 설비가 고압으로 특별한 주의와 관리가 필요하다.

 ③

47

☑ 확인
Check!

○ □
△ □
✕ □

소방훈련을 목적으로 옥내소화전함 내 앵글밸브를 열어 방수를 시도하였으나, 펌프가 작동하지 않았다. 동력제어반과 감시제어반의 상태로 아래 그림과 같을 때 펌프가 동작하지 않은 원인으로 옳지 않은 것은? ✔신유형

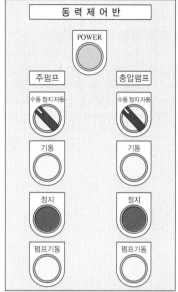

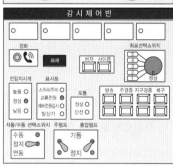

① 동력제어반 주펌프 선택스위치가 수동에 있다.

② 동력제어반 충압펌프 선택스위치가 수동에 있다.

③ 감시제어반의 운전선택스위치가 정지 상태이다.

④ 감시제어반의 스위치주의 표시등이 점멸 상태이다.

옥내소화전설비의 제어반
• 동력제어반의 펌프 운전선택스위치는 자동(Auto) 위치에 있어야 한다.
• 감시제어반의 소화전 주펌프와 충압펌프의 운전 선택스위치가 연동(자동) 위치에 있어야 한다.
• 감시제어반의 운전선택스위치가 수동일 때 주펌프와 충압펌프를 수동으로 기동 및 정지할 수 있다.

 ④

48 소방계획의 수립 절차 중 전체적인 소방계획의 목표와 전략을 수립하고 실행계획을 설계 및 개발하는 절차는?

☑ 확인
Check!

○ □
△ □
✕ □

① 사전기획

② 위험환경 분석

③ 설계 및 개발

④ 시행 및 유지관리

해설

3단계(설계 및 개발) : 사전기획 → 위험환경 분석 → 설계 및 개발 → 시행 및 유지관리

정답 ③

---

49 자위소방활동에 대한 설명으로 옳지 않은 것은?

☑ 확인
Check!

○ □
△ □
✕ □

① 비상연락 : 화재 시 상황전파, 화재신고(119) 및 통보연락 업무

② 방호안전 : 초기소화설비를 이용한 초기 화재 진압

③ 응급구조 : 응급상황 발생 시 응급처치 및 응급 의료소 설치 · 지원

④ 피난유도 : 재실자, 방문자의 피난유도 및 피난 약자에 대한 피난보조활동

해설

자위소방활동
• 초기소화 : 초기소화설비를 이용한 초기 화재진압
• 방호안전 : 화재확산방지, 위험물 시설에 대한 제어 및 비상반출

정답 ②

---

50 다음 중 LPG에 대한 설명으로 옳은 것은?

☑ 확인
Check!

○ □
△ □
✕ □

ㄱ. 주성분은 CH_4이다.

ㄴ. 주성분은 C_4H_{10}이다.

ㄷ. 연소범위는 5.0~15%이다.

ㄹ. 용도는 도시가스로 쓰인다.

ㅁ. 공기보다 무겁기 때문에 가스누설경보기의 설치위치는 바닥으로부터 30cm 이내이다.

① ㄱ, ㄴ

② ㄴ, ㅁ

③ ㄴ, ㄷ, ㄹ

④ ㄱ, ㄷ, ㄹ

해설

• LNG(액화천연가스) : ㄱ, ㄷ, ㄹ
• LPG(액화석유가스) : ㄴ, ㅁ

정답 ②

05회 실전모의고사

01

확인
Check!

○ □
△ □
× □

연면적 43,000m²인 업무시설에 선임해야 하는 소방안전관리자와 소방안전관리보조자 최소 인원으로 옳은 것은?

① 소방안전관리자 1명, 소방안전관리보조자 1명
② 소방안전관리자 2명, 소방안전관리보조자 1명
③ 소방안전관리자 1명, 소방안전관리보조자 2명
④ 소방안전관리자 2명, 소방안전관리보조자 2명

해설

연면적 43,000m²인 업무시설의 경우 1급 소방안전관리자 1명이 선임되어야 하며, 15,000m²마다 1명씩 소방안전관리보조자가 선임되어야 한다.

$$\therefore \frac{43,000m^2}{15,000m^2} = 2.87명 ≒ 2명$$

정답 ③

02

확인
Check!

○ □
△ □
× □

다음 중 양벌규정이 부과될 수 있는 행위가 아닌 것은?

① 소방자동차 전용구역에 주차한 자에게 부과되는 벌칙
② 정당한 사유없이 소방용수시설의 사용을 방해한 자에게 부과되는 벌칙
③ 피난명령을 위반한 자에게 부과되는 벌칙
④ 긴급조치를 방해한 자에게 부과되는 벌칙

해설

양벌규정이 부과될 수 있는 벌칙은 벌금형에만 적용된다. 소방자동차 전용구역에 주차할 경우 100만 원 이하의 과태료가 부과되므로, 양벌규정의 대상이 아니다.

정답 ①

03

확인
Check!

○ □
△ □
× □

침대가 없는 숙박시설의 평면도이다. [보기]를 참고하여 산정한 숙박시설의 수용인원으로 옳은 것은?

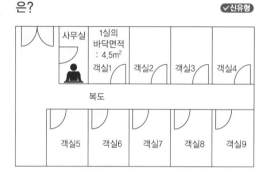

보기

• 종사자 수 : 1인
• 화장실을 제외한 1개 객실의 수 : 9실(단, 각 실은 바닥면적 4.5m²로 동일)
• 사무실 바닥면적 : 3m²

① 10인   ② 11인
③ 16인   ④ 24인

해설

침대가 없는 숙박시설의 수용인원

• 수용인원 = 종사자 수 + $\dfrac{바닥면적}{3m^2}$

$$= 1 + \{(4.5 \times 9실) + 3\} \div 3$$

$$= 1 + \frac{43.5}{3} = 15.5 ≒ 16인$$

• 기준면적
  – 강의실, 교무실, 상담실, 실습실, 휴게실 등 : 1.9m²
  – 강당, 문화 및 집회시설, 운동시설, 종교시설 : 4.6m²
  – 기타 : 3m²

정답 ③

04

「화재예방법」상 화재안전조사에 대한 내용으로 옳지 않은 것은?

① 소방안전관리 업무 수행에 관한 사항은 화재안전조사 항목 중 하나이다.

② 국가적 행사 등 주요 행사가 개최되는 장소에 대해서는 화재안전조사를 실시할 수 없다.

③ 재난예측정보, 기상예보 등을 분석한 결과 소방대상물에 화재의 발생 위험이 크다고 판단되는 경우 화재안전조사를 실시할 수 있다.

④ 소방관서장은 화재안전조사 결과를 공개하는 경우 30일 이상 해당 소방관서 인터넷 홈페이지 또는 전산시스템을 통해 공개해야 한다.

해설
국가적 행사 등 주요 행사가 개최되는 장소에 대해서 화재안전조사를 실시할 수 있다.

정답 ②

05

소방안전관리대상물을 제외한 특정소방대상물의 관계인의 업무로 옳지 않은 것은?

① 소방훈련 및 교육

② 화재 발생 시 초기대응

③ 피난시설, 방화구획 및 방화시설의 관리

④ 소방시설이나 그 밖의 소방 관련 시설의 관리

해설
소방훈련 및 교육은 소방안전관리자의 업무이다.

정답 ①

06

「소방시설법」상 소방시설을 화재안전기준에 따라 설치·관리하지 않은 자에게 부과되는 처벌은?

① 20만 원 이하의 과태료

② 100만 원 이하의 벌금

③ 200만 원 이하의 벌금

④ 300만 원 이하의 과태료

해설
300만 원 이하의 과태료
• 소방시설을 화재안전기준에 따라 설치·관리하지 않은 자
• 공사 현장에 임시소방시설을 설치·관리하지 않은 자
• 피난시설, 방화구획(방화시설)을 설치·관리하지 않은 자(1차 100만 원, 2차 200만 원, 3차 300만 원)
• 관계인에게 점검 결과를 제출하지 않은 관리업자 등

정답 ④

07

「다중이용업소법」상 소방안전교육을 받지 않거나 종업원이 소방안전교육을 받도록 하지 않은 다중이용업주에게 부과되는 과태료는?

① 500만 원 이하   ② 300만 원 이하

③ 200만 원 이하   ④ 100만 원 이하

해설
300만 원 이하의 과태료
• 소방안전교육을 받지 않거나 종업원이 소방안전교육을 받도록 하지 않은 다중이용업주
• 안전시설 등을 기준에 따라 설치·유지하지 않은 자
• 설치신고를 하지 않고 안전시설 등을 설치하거나 영업장 내부구조를 변경한 자 또는 안전시설 등의 공사를 마친 후 신고를 하지 않은 자
• 피난시설, 방화구획 또는 방화시설에 대하여 폐쇄·훼손·변경 등의 행위를 한 자
• 피난안내도를 갖추어 두지 않거나 피난 안내에 관한 영상물을 상영하지 않은 자

정답 ②

08 방염 대상이 되는 물품에 해당하는 것은?

☑ 확인
Check!

○ ☐
△ ☐
✕ ☐

> ㄱ. 두께 2mm 미만의 종이벽지
> ㄴ. 가구류와 너비 10cm 이하의 반자돌림대
> ㄷ. 단란주점영업장에 설치된 섬유류를 원료로 하는 소파
> ㄹ. 창문에 설치된 커튼류

① ㄱ, ㄴ ② ㄱ, ㄷ
③ ㄴ, ㄷ ④ ㄷ, ㄹ

해설

ㄱ. 종이벽지는 방염 제외 물품이다.
ㄴ. 가구류와 너비 10cm 이하의 반자돌림대는 방염 제외 물품이다.

 정답 ④

09 총괄재난관리자의 자격을 갖춘 자로 옳은 것은?

☑ 확인
Check!

○ ☐
△ ☐
✕ ☐

① 특급 소방안전관리대상물의 소방안전관리자로 선임될 수 있는 자격을 갖춘 사람
② 1급 소방안전관리대상물의 소방안전관리자로 선임될 수 있는 자격을 갖춘 사람
③ 안전관리 분야 산업기사로서 재난 및 안전관리에 관한 실무경력이 5년 이상인 사람
④ 주택관리사로서 재난 및 안전관리에 관한 실무경력이 3년 이상인 사람

해설

총괄재난관리자의 자격
• 건축·기계·전기·토목 또는 안전관리 분야 기술사
• 특급 소방안전관리대상물의 소방안전관리자로 선임될 수 있는 자격을 갖춘 사람
• 건축·기계·전기·토목 또는 안전관리 분야 기사 또는 기능장으로서 재난 및 안전관리에 관한 실무경력이 5년 이상인 사람
• 건축·기계·전기·토목 또는 안전관리 분야 산업기사로서 재난 및 안전관리에 관한 실무경력이 7년 이상인 사람
• 주택관리사로서 재난 및 안전관리에 관한 실무경력이 5년 이상인 사람

정답 ①

10 어떤 특정소방대상물에 근무하던 위험물안전관리자가 2024년 7월 1일에 해임되었다. 새로 일하게 될 위험물안전관리자의 선임일과 선임신고일로 옳은 것은?

☑ 확인
Check!

○ ☐
△ ☐
✕ ☐

① 선임일 : 2024년 7월 5일, 선임신고일 : 2024년 7월 15일
② 선임일 : 2024년 7월 14일, 선임신고일 : 2024년 7월 30일
③ 선임일 : 2024년 7월 20일, 선임신고일 : 2024년 8월 20일
④ 선임일 : 2024년 7월 30일, 선임신고일 : 2024년 8월 30일

해설

2024년 7월 1일 해임되었기 때문에 7월 30일(30일 이내)까지는 새로운 안전관리자를 선임해야 한다. 선임신고는 선임일로부터 14일 이내로 계산한다.
위험물안전관리자 선임과 선임신고
• 안전관리자를 선임한 제조소 등의 관계인은 그 안전관리자를 해임하거나 안전관리자가 퇴직한 때에는 해임하거나 퇴직한 날부터 30일 이내에 다시 안전관리자를 선임해야 한다.
• 제조소 등의 관계인은 안전관리자를 선임한 경우에는 선임일로부터 14일 이내에 소방본부장 또는 소방서장에게 신고해야 한다.

 정답 ①

11

☑ 확인
Check!

○ □
△ □
✕ □

94층 초고층 빌딩의 경우 피난안전구역의 설치개수로 적절한 것은?

① 필요 없음
② 1개소 이상
③ 2개소 이상
④ 3개소 이상

해설

피난안전구역의 설치개수
- 초고층 건축물 : 30개 층마다 1개소 이상 설치
- 94층 빌딩의 경우 피난안전구역은 3개소(30층, 60층, 90층)에 설치한다.

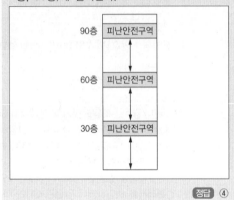

정답 ④

12

☑ 확인
Check!

○ □
△ □
✕ □

다음 중 건축에 대한 설명으로 옳지 않은 것은?

① 신축 : 건축물이 없는 대지에 새로 건축물을 축조하는 것
② 증축 : 기존 건축물이 있는 대지 안에서 건축물의 건축면적, 연면적, 층수, 높이를 늘리는 것
③ 개축 : 건축물이 천재지변이나 그 밖의 재해로 멸실된 경우 그 대지에 종전과 같은 규모의 범위에서 다시 축조하는 것
④ 이전 : 기존 건축물의 주요구조부를 해체하지 않고 같은 대지의 다른 위치로 옮기는 것

해설

개축 : 기존 건축물의 전부 또는 일부를 해체하고 그 대지에 종전과 같은 규모의 범위에서 건축물을 다시 축조하는 것

정답 ③

13

☑ 확인
Check!

○ □
△ □
✕ □

다음 건축물의 용적률과 건폐율로 옳게 짝지어진 것은?

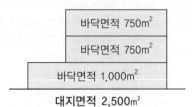

대지면적 2,500m²

① 용적률 : 40%, 건폐율 : 100%
② 용적률 : 100%, 건폐율 : 40%
③ 용적률 : 100%, 건폐율 : 200%
④ 용적률 : 200%, 건폐율 : 100%

해설

- 용적률 : 대지면적에 대한 연면적의 비율(지하층 제외)

$$용적률 = \frac{연면적}{대지면적} \times 100\%$$

$$= \frac{(750+750+1,000)m^2}{2,500m^2} \times 100\% = 100\%$$

- 건폐율 : 대지면적에 대한 건축면적의 비율

$$건폐율 = \frac{건축면적}{대지면적} \times 100\%$$

$$= \frac{1,000m^2}{2,500m^2} \times 100\% = 40\%$$

※ 건축면적은 1층의 바닥면적으로 산정한다.

정답 ②

14

☑ 확인
Check!

○ □
△ □
✕ □

다음 그림과 [조건]을 참고하여 해당 건물의 면적별 방화구획에 대한 설명으로 옳은 것은?

12F	바닥면적 4,000m²
11F	바닥면적 4,000m²
10F	바닥면적 4,000m²

┤조건├
• 3개 층의 바닥면적은 4,000m²로 동일하다.
• 해당 건축물에는 스프링클러설비가 설치되어 있다.
• 실내 마감재는 불연재료이다.

① 10층은 방화구획할 필요가 없다.
② 11층은 2개의 방화구획으로 나눌 수 있다.
③ 12층은 3개 이상의 방화구획으로 나눌 수 있다.
④ 3개 층 모두 500m²마다 방화구획 해야 한다.

해설
① 10층은 3,000m²마다 구획해야 하므로 방화구획은 4,000÷3,000 = 1.33≒2개 이상이다.
②, ③, ④ 11층과 12층의 경우 1,500m²마다 구획하므로 4,000÷1,500 = 2.67≒3개 이상 방화구획한다.

방화구획의 설치기준

구획의 종류	구획의 기준
면적별 구획	• 10층 이하의 층은 바닥면적 1,000m² 이내마다 구획 • 11층 이상의 층은 바닥면적 200m² 이내마다 구획(단, 벽 및 반자의 실내 마감재를 불연재료로 한 경우 500m² 이내마다 구획) ※ 스프링클러와 같은 자동식 소화설비를 설치한 경우 상기 면적의 3배 이내마다 구획
층별 구획	매층마다 구획(단, 지하 1층에서 지상으로 직접 연결하는 경사로 부위는 제외)

정답 ③

15

☑ 확인
Check!

○ □
△ □
✕ □

화재의 성상단계에 대한 설명으로 옳은 것은?

① 화재 초기는 발화 단계로 백색 연기가 나온다.
② 실내 전체가 화염으로 휩싸이는 플래시오버 현상은 최성기에서 일어난다.
③ 개구부로 들어오는 산소의 양이 연료의 양보다 훨씬 많은 시기는 최성기이다.
④ 실내 연기의 양이 작아지고 화염이 확대되어 개구부 밖으로 분출되는 시기는 감쇠기이다.

해설
화재의 성상단계
• 초기 → 성장기 → 최성기 → 감쇠기
• 성장기에 플래시오버가 발생한다.
• 최성기에 실내 연기의 양이 작아지고 화염이 확대되어 개구부 밖으로 분출된다.
• 감쇠기에 개구부로 들어오는 산소의 양이 연료의 양보다 훨씬 많아진다.

16

☑ 확인
Check!

○ □
△ □
✕ □

가연물의 구비조건에 대한 설명이다. [보기]의 ( ) 안에 들어갈 말로 옳은 것은?

┤보기├
• 활성화에너지 값이 (㉠) 한다.
• 열전도도가 (㉡) 한다.
• 인화점, 발화점, 용융점이 (㉢) 한다.

① ㉠ 작아야, ㉡ 작아야, ㉢ 낮아야
② ㉠ 작아야, ㉡ 커야, ㉢ 낮아야
③ ㉠ 작아야, ㉡ 커야, ㉢ 높아야
④ ㉠ 커야, ㉡ 커야, ㉢ 높아야

해설
가연물의 구비조건
• 활성화에너지 값이 작아야 한다.
• 열전도도가 작아야 한다.
• 발열반응을 해야 하며, 발열량이 많아야 한다.
• 조연성 가스와 친화력이 커야 한다.
• 산소와 접촉할 수 있는 표면적이 커야 한다.
• 인화점, 발화점, 용융점이 낮아야 한다.

17

☑ 확인
Check!

○ □
△ □
✕ □

비누처럼 화재 표면에 막을 형성하여 소화하는 방법으로 식용유와 같은 주방화재에 적응성이 있는 화재의 종류는?

① A급 화재
② B급 화재
③ C급 화재
④ K급 화재

해설

K급 화재의 K는 주방을 의미하는 Kitchen의 앞 글자이며, 화재의 분류 중 주방화재이다.
• A급 화재 : 일반화재로 냉각소화한다.
• B급 화재 : 유류화재로 질식소화한다.
• C급 화재 : 전기화재로 질식소화한다.

정답 ④

18

☑ 확인
Check!

○ □
△ □
✕ □

다음 중 제5류 위험물의 특성으로 옳지 않은 것은?

① 주수소화가 불가능한 것이 대부분이다.
② 가연성으로 산소를 함유하여 자기연소한다.
③ 연소속도가 매우 빨라 소화가 곤란하다.
④ 가열, 충격, 마찰 등에 의해 착화, 폭발한다.

해설

주수소화가 불가능한 것이 대부분인 것은 제4류 위험물의 특징이다.

정답 ①

19

☑ 확인
Check!

○ □
△ □
✕ □

전기화재의 원인에 대한 설명으로 적절하지 않은 것은?

① 전선이 절연되었다.
② 단락 시 스파크가 발생되어 인화성 물질에 착화되었다.
③ 전선에 정격의 5배의 과전류가 흘러 적열 반응이 일어났다.
④ 전선로의 한 선이 대지에 접속하여 지락전류가 발생하였다.

해설

절연(Insulation)이란 전기 또는 열이 통하지 않는 상태를 의미한다.

정답 ①

20

☑ 확인
Check!

○ □
△ □
✕ □

다음 [보기]의 액화석유가스(LPG)에 대한 설명으로 옳은 것은?

┤보기├
ㄱ. 주성분은 메테인이다.
ㄴ. 주성분은 프로페인과 뷰테인이다.
ㄷ. 공기보다 가벼워 누출 시 천장에 체류한다.
ㄹ. 가스 연소기로부터 수평거리 8m 이내에 설치한다.
ㅁ. 자동차 연료용으로 쓰인다.

① ㄴ, ㅁ
② ㄱ, ㄷ, ㄹ
③ ㄴ, ㄷ, ㄹ
④ ㄱ, ㄴ, ㄷ, ㄹ

해설

연료가스의 종류
• LNG(액화천연가스) : ㄱ, ㄷ, ㄹ
• LPG(액화석유가스) : ㄴ, ㅁ

정답 ①

21 ☑ 확인 Check! ○ □ △ □ × □

다음 자동심장충격기의 구성요소 중 제세동 버튼으로 옳은 것은? ✔신유형

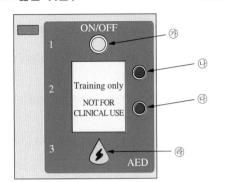

① 가
② 나
③ 다
④ 라

해설
전원버튼(가)을 누르고 패드를 연결하면 심전도 분석이 시작되고, 심장충격이 필요한 경우 제세동 버튼(라)이 깜빡이기 시작하여 버튼(라)을 눌러 심장충격을 시행한다.
정답 ④

23 ☑ 확인 Check! ○ □ △ □ × □

화재로 인해 표피층과 진피층이 손상되고 물집이 터져 진물이 나고 감염의 위험성이 높은 화상의 분류는?

① 1도 화상
② 2도 화상
③ 3도 화상
④ 4도 화상

해설
부분층 화상(2도 화상)
• 피부의 두 번째 층까지 화상(표피층과 진피층)
• 심한 통증과 발적, 수포가 발생
• 표피가 얼룩얼룩하게 되고 진피의 모세혈관이 손상
• 물집이 터져 진물이 나고 감염의 위험
정답 ②

22 ☑ 확인 Check! ○ □ △ □ × □

심폐소생술(CPR) 시행절차를 알맞게 배열한 것은?

ㄱ. 가슴압박
ㄴ. 119 신고
ㄷ. 인공호흡
ㄹ. 반응 확인

① ㄱ → ㄴ → ㄷ → ㄹ
② ㄴ → ㄹ → ㄱ → ㄷ
③ ㄹ → ㄴ → ㄷ → ㄱ
④ ㄹ → ㄴ → ㄱ → ㄷ

해설
심폐소생술 시행절차 : 반응 확인(ㄹ) → 119 신고(ㄴ) → 호흡 확인 → 가슴압박 30회 시행(ㄱ) → 인공호흡 2회 시행(ㄷ) → 반복 → 회복 자세
정답 ④

24 ☑ 확인 Check! ○ □ △ □ × □

소화기구의 점검항목에 대한 설명으로 옳은 것은? ✔신유형

ㄱ. 설치높이 적합 여부
ㄴ. 배치거리(보행거리 소형 30m 이내, 대형 20m 이내) 적합 여부
ㄷ. 구획된 거실(바닥면적 33m² 이상)마다 소화기 설치 여부
ㄹ. 소화기의 변형·손상 또는 부식 등 외관의 이상 여부
ㅁ. 지시압력계(황색범위)의 적정 여부
ㅂ. 수동식 분말소화기 내용연수(7년) 적정 여부

① ㄱ, ㄴ, ㄷ
② ㄱ, ㄷ, ㄹ
③ ㄷ, ㄹ, ㅁ
④ ㄷ, ㅁ, ㅂ

해설
소화기구의 점검항목
• 배치거리 : 소형 20m 이내, 대형 30m 이내
• 지시압력계가 녹색범위에 있어야 한다.
• 내용연수 : 10년
정답 ②

25

☑ 확인 Check!
○ □
△ □
✕ □

바닥면적 500m²의 근린생활시설에는 ABC급 분말소화기를 몇 단위 비치해야 하는가?(단, 이 건물은 스프링클러설비가 설치되어 있다)

① 3단위
② 5단위
③ 10단위
④ 20단위

해설

근린생활시설의 경우 바닥면적 100m²마다 1단위 이상 소화기를 설치한다. 스프링클러설비는 내화구조, 불연재료와 관련이 없으므로 바닥면적의 2배를 기준면적으로 할 필요가 없다.

$$\therefore \frac{500m^2}{100m^2} = 5단위$$

정답 ②

26

☑ 확인 Check!
○ □
△ □
✕ □

대형소화기의 능력단위 기준으로 옳은 것은?

① A급 – 1단위 이상, B급 – 10단위 이상
② A급 – 5단위 이상, B급 – 10단위 이상
③ A급 – 5단위 이상, B급 – 20단위 이상
④ A급 – 10단위 이상, B급 – 20단위 이상

해설

소화기의 능력단위 기준
• 소형소화기 1단위 이상
• 대형소화기
  – A급 10단위 이상
  – B급 20단위 이상

정답 ④

27

☑ 확인 Check!
○ □
△ □
✕ □

공연장·집회장·관람장·문화재(국가유산)·장례식장 및 의료시설의 소화기구의 설치기준으로 옳은 것은?(단, 주요구조부가 내화구조이고 벽 및 반자의 실내의 면하는 부분은 불연재료이다)

① 해당 용도의 바닥면적 30m²마다 1단위 이상 설치한다.
② 해당 용도의 바닥면적 50m²마다 1단위 이상 설치한다.
③ 해당 용도의 바닥면적 100m²마다 1단위 이상 설치한다.
④ 해당 용도의 바닥면적 200m²마다 1단위 이상 설치한다.

해설

공연장·집회장·관람장·문화재(국가유산)·장례시설 및 의료시설의 경우 바닥면적 50m²마다 1단위 이상 소화기구를 설치한다. 그런데, 내화구조이고 불연재료인 경우는 바닥면적의 2배를 해당 특정소방대상물의 기준면적으로 한다. 따라서, 바닥면적 100m²마다 1단위 이상 소화기를 설치한다.

정답 ③

28

☑ 확인 Check!
○ □
△ □
✕ □

다음 중 소방시설의 종류가 아닌 것은?

① 소화설비
② 경보설비
③ 방화설비
④ 피난구조설비

해설

소방시설의 종류(5가지) : 소화설비, 경보설비, 피난구조설비, 소화활동설비, 소화용수설비

정답 ③

29

☑ 확인
Check!

○ □
△ □
✕ □

다음 [보기]에서 설명하는 건축물의 저수량으로 옳은 것은?

┌─ 보기 ─────────────────────────┐
│ • 옥내소화전 : 3개 │
│ • 옥외소화전 : 3개 │
│ • 층수 : 25층 │
│ • 소방안전관리등급 : 1급 │
└─────────────────────────────┘

① $19.2m^3$ 이상   ② $21.8m^3$ 이상
③ $28.8m^3$ 이상   ④ $26.2m^3$ 이상

해설
• 옥내소화전의 수원의 양(저수량)
  – 1~29층 건축물 : N(최대 2개) × $2.6m^3$ 이상
  – 30~49층 건축물 : N(최대 5개) × $5.2m^3$ 이상
  – 50층 이상 건축물 : N(최대 5개) × $7.8m^3$ 이상
  여기서, N : 옥내소화전의 설치개수
• 옥외소화전의 수원의 양(저수량)
  건축물의 층수에 상관없이 : N(최대 2개) × $7m^3$ 이상
  여기서, N : 옥외소화전의 설치개수
• 옥내소화전 : $2 × 2.6m^3 = 5.2m^3$
  옥외소화전 : $2 × 7m^3 = 14m^3$
  ∴ $5.2 + 14 = 19.2m^3$

정답 ①

30

☑ 확인
Check!

○ □
△ □
✕ □

화재 상황 시 옥내소화전함의 펌프기동표시등의 색으로 옳은 것은?

① 녹색   ② 적색
③ 황색   ④ 백색

해설
펌프기동표시등의 용도는 옥내소화전을 사용할 때 펌프가 작동하는지 확인하기 위한 램프이며, 화재상황이므로 적색으로 표시된다.

정답 ②

31

☑ 확인
Check!

○ □
△ □
✕ □

다음 중 스프링클러설비에 대한 설명으로 옳은 것은?

① 방수량은 $80m^3/min·$개 이상이다.
② 방수압력은 0.17MPa 이상 0.7MPa 이하이다.
③ 특수가연물을 취급하는 공장의 경우 스프링클러헤드의 기준개수가 30개이다.
④ 방수구에서 유출되는 물을 세분화시키는 부품을 프레임이라 한다.

해설
스프링클러설비
• 방수량 : 80L/min·개 이상
• 방수압력 : 0.1MPa 이상 1.2MPa 이하
• 스프링클러헤드는 감열체, 프레임, 디플렉터로 구성되어 있다.

정답 ③

32

☑ 확인
Check!

○ □
△ □
✕ □

건식 스프링클러설비 시스템이 적합한 장소로 옳은 것은?

① 온도가 낮아 동결 위험이 있는 장소
② 상시 사람이 거주하는 주거 공간
③ 배관 내 압력 손실이 큰 고층 건물
④ 즉시 방수가 필요한 병원 및 전산실

해설
건식 스프링클러설비의 장단점
• 장점 : 동파의 우려가 있는 장소에도 설치가 가능하다.
• 단점 : 컴프레서 설치 등에 의해 설치면적이 크며, 배관의 기밀성이 요구된다.
• 경제성 : 감지기를 설치할 필요가 없으므로 준비작동식에 비해 경제적이다.

정답 ①

33 ☑ 확인 Check!

준비작동식 스프링클러설비 점검 시 감지기 A 또는 B 중 하나만 작동 시 확인해야 할 사항으로 옳은 것은?

① 솔레노이드밸브 개방 여부 확인
② 경종 또는 사이렌 경보, 화재표시등 점등 여부 확인
③ 펌프의 자동기동 여부 확인
④ 감시제어반 밸브개방 표시 등 점등 여부 확인

> **해설**
>
> | 준비작동식 스프링클러설비 | |
> | --- | --- |
> | 감지기 A and B | 감지기 A or B |
> | • 경종 또는 사이렌 경보
• 화재표시등 점등
• 준비작동식 유수검지장치 작동
• 2차 측으로 급수
• 헤드 개방, 방수
• 배관 내 압력저하로 기동용 수압개폐장치의 압력스위치 작동
• 펌프 기동 | • 경종 또는 사이렌 경보
• 화재표시등 점등 |
>
> 정답 ②

34 ☑ 확인 Check!

가스계 소화설비의 점검을 위해 기동용기와 Sol 밸브를 분리하였다. 감지기를 동작시킨 경우 확인되는 사항으로 옳지 않은 것은?(단, 교차회로감지기 2개를 작동한다)

① 방출표시등 점등
② 제어반 화재 표시
③ 사이렌 또는 경종 동작
④ 솔레노이드밸브 파괴침 동작

> **해설**
>
> **가스계 소화설비 점검** : 방호구역 출입구 상단에 설치된 방출표시등은 압력스위치 동작에 의해 점등된다.
>
> 정답 ①

35 ☑ 확인 Check!

가스계 소화설비를 점검하기 위하여 안전조치를 하고 기동용기 솔레노이드밸브 격발 시험을 하기 위해 방호구역 내 감지기 A만 작동시켰다. 이때 확인해야 할 사항이 아닌 것은?

① 화재표시등 확인
② 음향경보 확인
③ 감지기 A 지구표시등 점등 확인
④ 방호구역 출입문 상단의 가스방출표시등 점등 확인

> **해설**
>
> 가스계 소화설비는 교차회로방식이라 감지기 A 하나만 작동할 경우 소화약제는 방출되지 않는다. 따라서 방호구역 출입문 상단의 가스방출표시등은 소등 상태이다.
>
> 정답 ④

36 ☑ 확인 Check!

다음은 R형 수신기의 표시등 현황이다. 화재대표 표시등이 점등되는 원인으로 옳지 않은 것은?

✓신유형

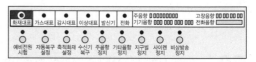

① 화재발생
② 발신기 동작
③ 감지기 회로선 단선
④ 스프링클러설비 작동

> **해설**
>
> 감지기 회로선이 단선될 경우 이상대표 표시등이 점등된다.
>
> 정답 ③

37 감지기의 종류별 특징에 대한 설명으로 옳지 않은 것은?

① 차동식 스포트형 감지기의 주요구성부는 다이어프램과 리크구멍이다.
② 정온식 스포트형 감지기는 화재 시 바이메탈이 휘어져 접점이 붙어 작동한다.
③ 보일러실, 주방에는 차동식 분포형 열감지기가 적응성이 있다.
④ 광전식 연기감지기는 빛의 투과를 측정하여 연기의 존재를 감지하는 방식이다.

해설
보일러실, 주방은 온도 변화가 크기 때문에 정온식 열감지기가 적응성이 있다.

정답 ③

---

38 유도등의 설치기준에 대한 설명으로 옳은 것은?

① 피난구유도등은 바닥으로부터 2m 이상 출입구에 인접하게 설치한다.
② 복도통로유도등은 구부러진 모퉁이 및 보행거리 30m마다, 바닥으로부터 1.5m 이하의 위치에 설치한다.
③ 계단통로유도등은 각 층의 경사로참 또는 계단참마다, 바닥으로부터 1m 이하의 위치에 설치한다.
④ 거실통로유도등은 구부러진 모퉁이 및 보행거리 30m마다 바닥으로부터 1m 이상의 위치에 설치한다.

해설
① 피난구유도등은 바닥으로부터 1.5m 이상 출입구에 인접하게 설치한다.
② 복도통로유도등은 구부러진 모퉁이 및 보행거리 20m마다, 바닥으로부터 1m 이하의 위치에 설치한다.
④ 거실통로유도등은 구부러진 모퉁이 및 보행거리 20m마다, 바닥으로부터 1.5m 이상의 위치에 설치한다.

정답 ③

---

39 오피스텔, 지하층, 무창층 또는 층수가 11층 이상인 특정소방대상물에 설치하는 유도등 및 유도표지의 종류로 옳은 것은?

① 소형피난구유도등, 통로유도등
② 중형피난구유도등, 통로유도등
③ 대형피난구유도등, 통로유도등
④ 대형피난구유도등, 통로유도등, 객석유도등

해설
유도등과 유도표지의 종류
• 공연장, 집회장, 관람장, 운동시설, 유흥주점 영업시설 : 대형피난구유도등, 통로유도등, 객석유도등
• 위락시설 : 대형피난구유도등, 통로유도등
• 오피스텔, 지하층, 무창층 또는 층수가 11층 이상인 특정소방대상물 : 중형피난구유도등, 통로유도등
• 교정 및 군사시설, 복합건축물 : 소형피난구유도등, 통로유도등

정답 ②

---

40 다음은 특정소방대상물에 설치해야 하는 휴대용 비상조명등의 설치대상 및 설치개수에 대한 내용이다. ( ) 안에 들어갈 내용으로 옳은 것은?

설치대상	설치개수
숙박시설, 다중이용업소	(㉠)개 이상
영화상영관, 판매시설 중 대규모 점포로 수용인원 (㉡)명 이상	3개 이상

① ㉠ 1, ㉡ 100
② ㉠ 1, ㉡ 200
③ ㉠ 2, ㉡ 100
④ ㉠ 3, ㉡ 200

해설
휴대용 비상조명등
• 숙박시설, 다중이용업소 : 객실 또는 영업장 안의 구획된 실마다 잘 보이는 곳에 설치(1개 이상)
• 영화상영관, 판매시설 중 대규모 점포(수용인원 100명 이상) : 보행거리 50m마다(3개 이상)
• 지하역사, 지하상가 : 보행거리 25m마다(3개 이상)

정답 ①

41 소화용수설비에 대한 설명으로 옳지 않은 것은?

☑ 확인
Check!

○ □
△ □
✕ □

① 화재를 진압하는 데 필요한 물을 공급하거나 저장하는 설비이다.
② 가스시설, 터널을 제외한 연면적 5,000m² 이상인 대상물의 경우 소화용수설비를 설치해야 한다.
③ 호칭지름 100mm 이상의 수도배관에 호칭지름 75mm 이상의 소화전을 접속하여 설치한다.
④ 소화전은 특정소방대상물의 수평투영면의 각 부분으로부터 140m 이하가 되도록 설치한다.

해설
소화용수설비의 설치기준 : 호칭지름 75mm 이상의 수도배관에 호칭지름 100mm 이상의 소화전을 접속한다.

 ③

42 화재 시 소방대의 조명장치, 파괴기구 등을 접속하여 사용하는 비상전원설비로 소화활동을 용이하게 하기 위한 설비로 옳은 것은?

☑ 확인
Check!

○ □
△ □
✕ □

① 연소방지설비
② 연결송수관설비
③ 비상콘센트설비
④ 무선통신보조설비

해설
비상콘센트설비에 대한 설명이다.

정답 ③

43 소방계획의 수립 및 작성 시 고려해야 할 주요 원리 및 원칙에 대한 설명으로 옳지 않은 것은?

☑ 확인
Check!

○ □
△ □
✕ □

① 소방안전관리대상물에 설치한 소방시설·방화시설, 전기시설·가스시설 및 위험물시설의 현황이 포함된다.
② 소방계획을 작성할 때 관계인, 재실자 및 방문자 등 전원이 참여하도록 수립한다.
③ 소방계획을 작성한 후 검토 및 승인의 3단계 절차에 따라 구조화해야 한다.
④ 통합적 안전관리의 원리에 따라 모든 형태의 위험을 포괄하는 전주기적 단계의 위험성 평가 과정을 거친다.

해설
④ 종합적 안전관리에 대한 설명이다.

 ④

44 다음 중 자위소방대에 대한 설명으로 옳은 것은?

☑ 확인
Check!

○ □
△ □
✕ □

① 소방교육 및 훈련은 연 2회 이상 실시해야 한다.
② 소방안전관리대상물의 규모·용도 등의 특성을 고려하여 비상연락, 초기소화, 피난유도 및 응급구조, 방호안전 등을 편성할 수 있다.
③ 기록결과는 3년간 보관해야 한다.
④ 자위소방활동의 주요 업무는 화재진화시간에 따라 필요한 기능적 특성을 포괄적으로 제시하고 있다.

해설
① 연 1회 이상 실시해야 한다.
③ 기록결과는 2년간 보관해야 한다.
④ 자위소방활동의 주요 업무는 화재발생시간에 따라 나뉜다.

 ②

45

☑ 확인 Check!
○ □
△ □
✗ □

화재 시 일반적인 피난행동으로 옳지 않은 것은?

① 이동 시 한 손으로 벽을 짚고 유도등, 유도표지를 따라 대피한다.

② 아래층으로 대피할 수 없을 때에는 옥상으로 대피한다.

③ 탈출하였으면 절대로 다시 화재 건물로 들어가지 않는다.

④ 아파트의 경우 세대 밖으로 나가기 어려우면 세대 사이에 설치된 대피공간을 통해 옆 세대로 대피한다.

해설
대피공간이 아닌 경량 칸막이를 통해 옆 세대로 대피한다.

정답 ④

46

☑ 확인 Check!
○ □
△ □
✗ □

소방안전관리자 현황표에 포함되지 않아도 되는 것은?

① 소방안전관리자 수료일자

② 소방안전관리대상물 등급

③ 소방안전관리자 현황표의 대상명

④ 소방안전관리자의 이름

해설

소방안전관리자 현황표

소방안전관리자 현황표(대상명 : 인천소방고등학교)

이 건축물의 소방안전관리자는 다음과 같습니다.

□ 소방안전관리자 : 김미현(선임일자 : 2023년 3월 1일)

□ 소방안전관리대상물 등급 : 2급

□ 소방안전관리자 근무 위치(화재수신기 위치) : 행정실(당직실)

「화재의 예방 및 안전관리에 관한 법률」 제26조 제1항에 따라 이 표지를 붙입니다.

소방안전관리자 연락처 : 010-1234-5678

정답 ①

47

☑ 확인 Check!
○ □
△ □
✗ □

다음 중 (ㄱ)과 (ㄴ)에 해당하는 설비에 대한 설명으로 옳은 것은? ✔신유형

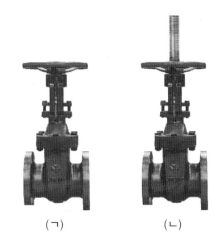

(ㄱ)   (ㄴ)

① (ㄱ), (ㄴ)은 버터플라이밸브이다.

② (ㄱ)은 밸브가 폐쇄 상태이고, (ㄴ)은 밸브가 개방 상태이다.

③ 역류 방지 기능을 가지고 있는 밸브이다.

④ 유수검지장치의 주변 배관과 같이 유량이 적은 배관에 설치된다.

해설
• 개폐밸브 중 OS&Y밸브이다.
• 역류 방지 기능을 가진 밸브는 체크밸브이다.
• 유량이 적은 배관에 사용되는 밸브는 스윙체크밸브이다.

정답 ②

48 ☑ 확인 Check!

○ □
△ □
✕ □

소방교육 및 훈련의 실시원칙 중 동기부여의 원칙에 대한 설명으로 옳은 것은?

① 학습에 대한 보상을 제공한다.
② 학습자에게 감동이 있는 교육이 되어야 한다.
③ 한 번에 한가지씩 습득 가능한 분량을 교육 및 훈련시킨다.
④ 쉬운 것에서 어려운 것으로 교육을 실시하되 기능적 이해에 비중을 둔다.

해설

②, ③, ④ 학습자 중심의 원칙에 대한 설명이다.
동기부여의 원칙
• 교육의 중요성을 전달한다.
• 학습을 위해 적절한 스케줄을 배정한다.
• 교육은 시기적절하게 이뤄져야 한다.
• 핵심사항에 교육의 포커스를 맞춘다.
• 학습에 대한 보상을 제공한다.
• 교육에 재미를 부여한다.
• 교육의 다양성을 활용한다.
• 사회적 상호작용을 제공한다.
• 전문성을 공유한다.
• 초기 성공에 대해 격려한다.

정답 ①

49 ☑ 확인 Check!

○ □
△ □
✕ □

다음 중 점화원이 될 수 없는 것은?

① 마찰   ② 충격
③ 정전기   ④ 산화질소

해설

산화질소(NO)는 조연성 가스로 산소공급원에 해당된다.
점화원 : 발화에 필요한 최소에너지를 제공하는 것으로 화기, 전기, 정전기, 마찰, 충격, 화염 등이 발화원이 될 수 있다.

정답 ④

50 ☑ 확인 Check!

○ □
△ □
✕ □

지구대 설정 시 고려할 수 있는 구역별 설정 기준에 대한 설명으로 옳지 않은 것은?

① 수평구역은 대상물의 면적을 기준으로 구역을 설정한다.
② 용도구역은 주차장, 공장, 강당 등 대상구역의 용도에 따라 구역을 설정한다.
③ 수직구역은 대상물의 층을 기준으로 구역을 설정한다.
④ 임차구역은 대상구역의 권리권원에 따라 구역을 설정할 수 있다.

해설

용도구역이란 대상구역의 용도에 따라 구역을 설정하는 것을 의미한다. 단, 비거주용도(주차장, 공장, 강당 등)는 구역설정에서 제외된다.

정답 ②

01 다음 중 한국소방안전원에 대한 설명으로 옳지 않은 것은?

☑ 확인
Check!

① 소방기술과 안전관리기술의 향상을 위해 설립되었다.
② 소방안전관리자로 선임된 사람으로서 회원이 되려는 사람은 회원의 자격에 해당된다.
③ 방염처리 물품의 성능검사 실시기관이다.
④ 소방기술과 안전관리에 관한 조사 업무를 수행한다.

해설
방염처리 물품에 대한 성능검사 실시기관은 한국소방산업기술원이다.

 정답 ③

02 소방기본법의 목적으로 보기 어려운 것은?

☑ 확인
Check!

① 화재를 예방·경계 및 진압
② 화재, 재난·재해, 그 밖의 위급한 상황에서 구조·구급활동
③ 국민의 생명·신체 및 재산을 보호
④ 사회와 기업의 질서유지와 복리증진에 이바지

해설
소방기본법의 목적
• 화재를 예방·경계 및 진압
• 국민의 생명·신체 및 재산을 보호
• 공공의 안녕 및 질서유지와 복리증진에 이바지
• 화재, 재난·재해, 그 밖의 위급한 상황에서 구조·구급활동

 정답 ④

03 다음 [보기] ㄱ~ㄹ에 대한 의견 중 옳은 사람끼리 짝지은 것은?

☑ 확인
Check!

┌보기┐
ㄱ. 정당한 사유 없이 소방용수시설 또는 비상소화장치를 사용하거나 효용을 해치는 행위를 한 경우
ㄴ. 소방대상물 및 토지의 강제처분을 방해
ㄷ. 화재 또는 구조·구급이 필요한 상황을 거짓으로 알린 행위를 한 경우
ㄹ. 소방대의 생활안전활동을 방해
                    ↓
갑 : ㄱ의 행위는 가장 높은 벌금형에 해당한다.
을 : ㄹ의 행위를 한 경우는 ㄴ의 행위를 한 경우보다 높은 벌금형이다.
병 : ㄷ의 행위는 500만 원 이하의 과태료에 해당한다.
정 : ㄹ의 행위의 경우 자체점검 미실시와 동일한 벌금형이다.

① 갑, 병   ② 갑, 을
③ 을, 병   ④ 을, 정

해설
'정'의 경우 ㄹ은 100만 원 이하의 벌금에 해당되며, 소방시설법에서 소방시설의 자체점검을 미실시할 경우 1년 이하의 징역 또는 1천만 원 이하의 벌금에 처한다.
「**소방기본법**」**상 벌칙 및 과태료**
ㄱ. 5년 이하의 징역 또는 5천만 원 이하의 벌금
ㄴ. 3년 이하의 징역 또는 3천만 원 이하의 벌금
ㄷ. 500만 원 이하의 과태료
ㄹ. 100만 원 이하의 벌금

 정답 ①

04

☑ 확인
Check!

○ □
△ □
✕ □

소방안전관리업무를 대행할 수 있는 대상물로 옳지 않은 것은?

① 1급 소방안전관리대상물 중 바닥면적 15,000m² 이상이 되는 대상물
② 2급과 3급 소방안전관리대상물 전체
③ 대통령령으로 정하는 피난시설, 방화구획 및 방화시설의 관리
④ 대통령령으로 정하는 소방시설이나 그 밖의 소방 관련 시설의 관리

해설

소방안전관리업무 대행이 가능한 대상물(작은 건물)

구분 / 종류	특급	1급	2급	3급
아파트		전체		
일반	전체	연면적 15,000m² 이상	전체	전체
		지상층의 층수가 11층 이상		

- 대통령령으로 정하는 피난시설, 방화구획 및 방화시설
- 대통령령으로 정하는 소방시설이나 그 밖의 소방 관련 시설

정답 ①

05

☑ 확인
Check!

○ □
△ □
✕ □

「소방시설법」상 피난시설, 방화구획(방화시설)을 설치·관리하지 않은 자에게 3차 위반 시 부과되는 과태료는?

① 100만 원
② 200만 원
③ 300만 원
④ 500만 원

해설

피난시설, 방화구획(방화시설)을 설치·관리하지 않은 자
- 1차 위반 : 100만 원
- 2차 위반 : 200만 원
- 3차 위반 : 300만 원

정답 ③

06

☑ 확인
Check!

○ □
△ □
✕ □

다음 [보기]에서 설명하는 것은 화재예방을 위한 어떤 활동인가?

┤보기├

소방청장, 소방본부장 또는 소방서장이 소방대상물, 관계지역 또는 관계인에 대하여 소방시설 등이 소방 관계법령에 적합하게 설치·관리되고 있는지, 소방대상물에 화재의 발생 위험이 있는지 등을 확인하기 위하여 실시하는 현장조사, 문서열람, 보고요구 등을 하는 활동이다.

① 화재예방안전진단
② 화재안전조사
③ 종합조사
④ 부분조사

해설

화재안전조사에 대한 설명이다.

정답 ②

07

☑ 확인
Check!

○ □
△ □
✕ □

[보기]에 해당하는 터널의 자체점검에 대한 설명으로 옳은 것은?

┤보기├

- 길이 : 10km
- 설치된 소방시설 : 제연설비, 자동화재탐지설비, 옥내소화전설비
- 완공일 : 2024.03.02
- 사용승인일 : 2024.04.02

① 2024년 4월에 작동점검만 실시하면 된다.
② 2024년 3월에 종합점검만 실시하면 된다.
③ 2024년 3월에 작동점검을, 9월에 종합점검을 실시한다.
④ 2024년 4월에 종합점검을, 10월에 작동점검을 실시한다.

해설

제연설비가 설치된 터널은 종합점검 대상이다. 건축물의 사용승인일이 속하는 달까지 종합점검을 실시해야 하므로, 4월에 종합점검을 실시한다. 작동점검의 경우 종합점검 대상은 종합점검을 받은 달부터 6개월이 되는 달에 실시해야 하므로 10월에 실시하면 된다.

정답 ④

08 ☑ 확인 Check!
○ □
△ □
✕ □

「다중이용업소법」에서 명시하는 소방안전교육의 대상자로 옳지 않은 것은?

① 다중이용업주
② 다중이용업을 하려는 자
③ 국민연금 가입의무대상자인 종업원 중 1명 이상
④ 영업장을 관리하는 종업원 2명 이상

[해설]
영업장을 관리하는 종업원 1명 이상만 소방안전교육을 받으면 된다.

[정답] ④

10 ☑ 확인 Check!
○ □
△ □
✕ □

다음 그림이 의미하는 저장소의 종류로 옳은 것은?

✔신유형

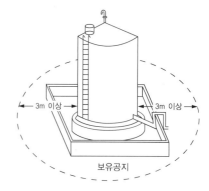

① 옥외저장소
② 이동탱크저장소
③ 옥외탱크저장소
④ 간이탱크저장소

[해설]
옥외탱크저장소를 의미하는 그림이다.

[정답] ③

09 ☑ 확인 Check!
○ □
△ □
✕ □

「초고층재난관리법」상 안전관리자를 겸직한 자에게 1차 위반 시 부과되는 벌칙으로 옳은 것은?

① 100만 원 이하의 과태료
② 100만 원 이하의 벌금
③ 300만 원 이하의 과태료
④ 300만 원 이하의 벌금

[해설]
안전관리자를 겸직한 경우 과태료
• 1차 위반 : 300만 원
• 2차 위반 : 400만 원
• 3차 위반 : 500만 원

[정답] ③

11 ☑ 확인 Check!
○ □
△ □
✕ □

위험물안전관리자의 업무로 옳지 않은 것은?

① 위험물 저장을 위해 지하탱크저장소 설치
② 화재 등의 재난이 발생한 경우 소방관서에 연락
③ 위험물의 취급자에 대하여 지시 및 감독하는 업무
④ 위험물의 취급에 관한 일지의 작성·기록

[해설]
① 지하탱크저장소는 설비업자가 설치한다.
위험물안전관리자의 업무
• 화재 등의 재난이 발생한 경우 응급조치 및 소방관서 등에 대한 연락 업무
• 위험물의 취급작업에 참여하여 해당 작업이 저장 또는 취급에 관한 기술기준과 예방규정에 적합하도록 해당 작업자에 대하여 지시 및 감독하는 업무
• 위험물의 취급에 관한 일지의 작성·기록

[정답] ①

12 ☑확인 Check!

다음 [보기]는 건축 용어에 대한 설명이다. ( ) 안에 들어갈 내용으로 옳은 것은?

┌보기┐
기존 건축물의 전부 또는 일부[내력벽·기둥·보·지붕틀 중 (㉠) 이상이 포함되는 경우]를 해체하고 그 대지에 종전과 같은 규모의 범위에서 건축물을 다시 축조하는 것을 (㉡)이라 한다.
└────────┘

① ㉠ 1, ㉡ 증축
② ㉠ 3, ㉡ 증축
③ ㉠ 1, ㉡ 재축
④ ㉠ 3, ㉡ 개축

해설
개축 : 기존 건축물의 전부 또는 일부[내력벽·기둥·보·지붕틀 중 셋 이상이 포함되는 경우]를 해체하고 그 대지에 종전과 같은 규모의 범위에서 건축물을 다시 축조하는 것

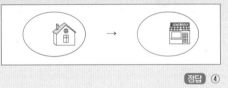

정답 ④

13 ☑확인 Check!

다음 중 연소의 3요소를 이용한 소화방법으로 옳지 않은 것은?

① 산불 발생 시 나무를 베어 더 이상 번지지 못하게 한다.
② 물에 젖은 담요를 덮어 불을 끈다.
③ 이산화탄소 소화약제에 의한 냉각작용으로 불을 끈다.
④ 할론 소화약제를 이용한 부촉매 작용으로 소화한다.

해설
할론 소화약제는 부촉매 작용을 하므로 연소의 4요소에 해당한다.
연소의 3요소 : 가연물, 산소공급원, 점화원

정답 ④

14 ☑확인 Check!

다음 중 피난시설, 방화구획 및 방호시설의 금지 행위에 해당하지 않는 것은?

① 방화문에 잠금장치를 하여 폐쇄하는 행위
② 방화문에 고임장치 등을 설치하는 행위
③ 계단 및 복도에 장애물을 설치하는 행위
④ 방화문을 닫아 놓은 상태로 관리하는 행위

해설
방화문을 닫아 놓은 상태로 관리해야 하며, 평상시 개방된 상태더라도 화재 시 닫히는 구조여야 한다.

정답 ④

15 ☑확인 Check!

다음 [보기] 중 방화구획에 대한 설명으로 옳은 것은?

┌보기┐
ㄱ. 화재가 건물 전체에 번지지 않도록 방화문, 방화셔터 등을 설치하여 구획하는 것을 말한다.
ㄴ. 주요구조부가 내화구조로 바닥면적이 1,000m² 를 넘는 건축물의 경우 방화구획 해야 한다.
ㄷ. 각 층마다 구획하는 것을 수평구획이라 한다.
ㄹ. 층 단위로 구획할 때 지하 1층에서 지상으로 직접 연결하는 경사로 부위는 제외된다.
└────────┘

① ㄱ, ㄴ
② ㄱ, ㄹ
③ ㄱ, ㄴ, ㄷ
④ ㄱ, ㄴ, ㄷ, ㄹ

해설
ㄴ. 바닥면적이 아닌 연면적이 1,000m²를 넘는 경우 구획한다.
ㄷ. 각 층마다 구획하는 것을 수직구획이라 한다.

정답 ②

16

인화점에 대한 설명으로 옳은 것은?

☑ 확인
Check!

○ □
△ □
X □

① 외부의 점화원과 직접적인 접촉 없이 주위로부터 충분한 에너지를 받아 스스로 점화되는 최저 온도를 인화점이라 한다.
② 휘발유의 인화점은 −43℃이다.
③ 인화점은 연소점보다 높다.
④ 아세톤의 인화점이 가솔린보다 낮다.

해설
① 외부 점화원으로 불을 붙이면 불이 붙는 최저 온도를 인화점이라 한다.
③ 온도의 크기는 인화점 < 연소점 < 발화점이다.
④ 아세톤의 인화점은 −18.5℃이다. 가솔린(휘발유)의 인화점이 −43℃이므로, 가솔린의 인화점이 더 낮다.

정답 ②

17

가연물 종류에 따른 적절한 소화방법으로 옳은 것은?

☑ 확인
Check!

○ □
△ □
X □

① 목재화재 : 이산화탄소 소화약제를 이용한 질식소화
② 나트륨화재 : 다량의 물을 이용한 냉각소화
③ 식용유화재 : 다량의 물을 이용한 냉각소화
④ 전기화재 : 이산화탄소 소화약제를 이용한 질식소화

해설
화재별 소화효과
• 일반화재(목재화재) : 냉각소화
• 유류화재 : 질식소화
• 전기화재 : 질식소화
• 금속화재(나트륨화재) : 피복에 의한 질식소화
• 주방화재(식용유화재) : 산소차단+냉각소화

정답 ④

18

목조건축물 화재에 대한 설명으로 옳은 것은?

☑ 확인
Check!

○ □
△ □
X □

① 저온장기형의 화재 성상을 보인다.
② 최성기의 온도는 900~1,100℃ 정도로 내화건축물보다 높다.
③ 플래시오버 현상은 내화건축물보다 빠르게 나타난다.
④ 화재 시간이 내화건축물보다 길다.

해설
목조건축물과 내화건축물의 화재

구분 ＼ 종류	목조건축물	내화건축물
화재 성상	고온단기형	저온장기형
화재 시간	30~40분	2~3시간
최성기 온도	1,100~1,300℃	900~1,100℃
플래시오버 현상	빠름	느림
그래프	온도↑ 시간→	온도↑ 시간→

정답 ③

19

전기화재를 예방하기 위해 누전차단기를 설치하고 동작 여부를 확인하는 방법으로 옳은 것은?

☑ 확인
Check!

○ □
△ □
X □

① 월 1~2회 동작 여부를 확인한다
② 월 3~4회 동작 여부를 확인한다
③ 연 1~2회 동작 여부를 확인한다.
④ 연 3~4회 동작 여부를 확인한다.

해설
과전류 발생 시 자동으로 차단해 주는 누전차단기를 설치하고, 월 1~2회 동작 여부를 확인한다.

정답 ①

20

☑ 확인
Check!

○ □
△ □
✕ □

다음 [보기]는 위험물의 유별 특성에 대한 설명이다. (   ) 안에 들어갈 내용으로 옳은 것은?

┌─보기─┐
• 제1류 위험물은 산화성 고체로 충격이나 가열에 의해 분해되면 (㉠)을(를) 방출한다.
• 제5류 위험물은 자기반응성 물질로 연소속도가 빨라 폭발적인 연소를 일으키며, 이때 질식소화는 효과가 없으며 다량의 물로 (㉡)소화한다.
└────┘

① ㉠ 수소, ㉡ 냉각
② ㉠ 산소, ㉡ 냉각
③ ㉠ 연기, ㉡ 질식
④ ㉠ 산소, ㉡ 제거

┌─해설─┐
• 제1류 위험물(산화성 고체)
 – 강산화제로 불연성 물질이지만 다량의 산소를 함유하고 있다.
 – 충격이나 가열에 의해 분해하여 산소를 방출한다.
• 제5류 위험물(자기반응성 물질)
 – 산소를 함유한 가연성 물질이므로 자기연소를 일으키기 쉽다.
 – 연소속도가 빨라서 폭발적인 연소를 한다.
 – 질식소화는 효과가 없으며 다량의 물로 냉각소화한다.

정답 ②

21

☑ 확인
Check!

○ □
△ □
✕ □

공급자에 의해 발생하는 가스화재의 원인으로 옳은 것은?

① 코크 조작 미숙
② 인화성 물질 동시 사용
③ 가스 사용 중 장거리 자리 이탈
④ 용기 보관실에서 점화원(라이터 등) 사용

┌─해설─┐
나머지는 사용자에 의해 발생하는 가스화재 원인이다.

정답 ④

22

☑ 확인
Check!

○ □
△ □
✕ □

응급처치의 일반원칙에 대한 설명으로 옳지 않은 것은?

① 긴박한 상황에서 구조자는 환자의 안전을 최우선으로 한다.
② 환자 상태를 관찰하여 모든 손상을 발견하여 처치하되 불확실한 처치는 하지 않는다.
③ 119 구급차 이용 시 전국 어느 곳에서나 이송거리, 환자 수 등과 관계없이 무료이다.
④ 응급처치 시 사전에 보호자 또는 당사자의 이해와 동의를 얻어 실시하는 것을 원칙으로 한다.

┌─해설─┐
응급처치의 일반원칙 : 긴급한 상황에서 구조자는 자신의 안전을 최우선으로 한다.

정답 ①

23

☑ 확인
Check!

○ □
△ □
✕ □

출혈 시 응급처치 중 지혈대 사용법에 대한 설명으로 옳지 않은 것은?

① 지혈대 착용시간을 기록한다.
② 지혈대가 풀리지 않도록 정리한다.
③ 출혈 부위에서 5~7cm 하단 부위를 묶는다.
④ 출혈이 멈추는 지점에서 조임을 멈춘다.

┌─해설─┐
지혈대 사용법 : 출혈 부위에서 5~7cm 상단 부위를 묶는다.

정답 ③

24 ☑ 확인 Check!

○ □
△ □
✕ □

다음 중 응급처치 체계도에서 (가), (나)에 들어갈 알맞은 말로 짝지어진 것은?

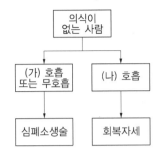

① (가) – 비정상, (나) – 정상
② (가) – 정상, (나) – 비정상
③ (가) – 비정상, (나) – 비정상
④ (가) – 정상, (나) – 뇌

해설
의식이 없는 사람 : 쓰러진 환자를 발견했을 때 의식이 없고 호흡이 없다면 심폐소생술을 바로 실시하며, 의식은 없으나 정상 호흡을 유지하는 경우(또는 심폐소생술 처치 중 환자의 의식이 돌아온 경우)는 회복자세를 취해 줍니다.

정답 ①

25 ☑ 확인 Check!

○ □
△ □
✕ □

분말소화기 중 축압식 소화기의 사용 가능한 압력범위로 옳은 것은?

① 0.1~0.3MPa
② 0.3~0.7MPa
③ 0.7~0.98MPa
④ 1.0~1.2MPa

해설
축압식 소화기 : 축압식 소화기의 정상(녹색) 압력범위는 0.7~0.98MPa이다.

정답 ③

26 ☑ 확인 Check!

○ □
△ □
✕ □

다음은 주방자동소화장치에 설치기준에 대한 내용이다. [보기]의 ( ) 안에 공통으로 들어갈 내용으로 옳은 것은?

┌─보기├─
가스용 주방자동소화장치를 사용하는 경우 탐지부는 수신부와 분리하여 설치하되, 공기보다 가벼운 가스를 사용하는 경우에는 천장면으로부터 ( )cm 이하의 위치에 설치하고, 공기보다 무거운 가스를 사용하는 장소에는 바닥면으로부터 ( )cm 이하의 위치에 설치해야 한다.
└─────────────

① 10   ② 20
③ 30   ④ 50

해설
탐지부는 공기보다 가벼운 가스의 경우 천장면으로부터 30cm 이하의 위치에 설치하고, 무거운 경우 바닥으로부터 30cm 이하의 위치에 설치한다.

정답 ③

27 ☑ 확인 Check!

○ □
△ □
✕ □

소화기의 지시압력계에 대한 설명으로 옳지 않은 것은?

① 지시압력계는 녹색범위에 있어야 정상이다.
② 지시압력계의 노란색 부분은 소화기 내의 압력이 부족한 것이다.
③ 지시압력계가 노란색 부분일 때 소화약제를 정상적으로 방출할 수 있다.
④ 지시압력계가 적색부분에 있으면 과압을 나타낸다.

해설
소화기의 지시압력계 : 지시압력계가 노란색 부분일 때 소화약제를 정상적으로 방출할 수 없어 소화기 교체가 필요하다.

정답 ③

28
✓ 확인 Check!
○ □
△ □
✗ □

소화기구의 설치기준으로 적절하지 않은 것은?

① 바닥면적 33m²마다 소화기를 설치한다.
② 소형소화기의 배치거리는 20m 이내이다.
③ 대형소화기의 배치거리는 50m 이내이다.
④ 소화기구는 바닥으로부터 높이 1.5m 이하의 위치에 설치한다.

[해설]
대형소화기의 배치거리는 30m 이내이다.

정답 ③

29

✓ 확인 Check!
○ □
△ □
✗ □

소화기구의 능력단위가 2단위인 소화기를 사무실에 설치할 경우 필요한 소화기의 개수로 옳은 것은?(단, 주요구조부가 내화구조이고, 벽 및 반자의 실내에 면하는 부분은 불연재료이다)

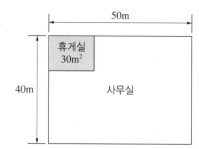

① 5개
② 10개
③ 20개
④ 15개

[해설]
• 사무실은 업무시설로 내화구조 및 불연재료이므로 바닥면적 200m²마다 1단위 이상이다.

$$\frac{50m \times 40m}{200m^2} = 10단위$$

∴ 소화기 개수 = $\frac{10단위}{2단위}$ = 5개

• 바닥면적 33m² 이상인 경우 구획된 실에 소화기를 추가로 설치해야 한다. 휴게실의 경우 면적이 33m² 미만이므로 소화기 설치가 제외된다.

정답 ①

30
✓ 확인 Check!
○ □
△ □
✗ □

다음 표에서 ( ) 안에 들어갈 내용으로 알맞은 것은?

종류 구분	옥내소화전	옥외소화전
방수압력	(㉠)~0.7MPa	0.25~0.7MPa
방수량	130L/min	(㉡)L/min
호스구경	40mm	(㉢)mm

① ㉠ 0.12, ㉡ 450, ㉢ 40
② ㉠ 0.12, ㉡ 350, ㉢ 40
③ ㉠ 0.17, ㉡ 450, ㉢ 65
④ ㉠ 0.17, ㉡ 350, ㉢ 65

[해설]
옥내소화전과 옥외소화전
• 옥내소화전
  – 방수압 : 0.17MPa 이상 0.7MPa 이하
  – 방수량 : 130L/min 이상
  – 호스구경 : 40mm
• 옥외소화전
  – 0.25MPa 이상 0.7MPa 이하
  – 방수량 : 350L/min 이상
  – 호스구경 : 65mm

정답 ④

31
✓ 확인 Check!
○ □
△ □
✗ □

스프링클러설비의 배관에 대한 설명으로 옳은 것은?

① 교차배관에서 분기되는 지점을 기준으로 한쪽 가지배관에 설치되는 헤드는 5개 이하이다.
② 스프링클러헤드가 설치되어 있는 배관이 교차배관이다.
③ 수평주행배관은 유수검지장치가 설치된 층마다 물을 배수하는 수직배관이다.
④ 가지배관의 구조는 토너먼트 방식이면 안 된다.

[해설]
① 교차배관에서 분기되는 지점을 기준으로 한쪽 가지배관에 설치되는 헤드는 8개 이하이다.
② 스프링클러헤드가 설치되어 있는 배관이 가지배관이다.
③ 수평주행배관은 교차배관으로 물을 공급하는 배관이다.

정답 ④

32

☑ 확인
Check!

○ □
△ □
✕ □

기동용 수압개폐장치 내 설치되어 있는 주펌프의 압력스위치를 아래와 같이 설정하였다. 하단의 동작확인침을 눌러 펌프를 강제 기동시켰을 때에 대한 설명으로 옳지 않은 것은? ✔신유형

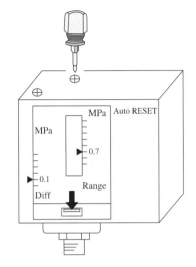

① 주펌프의 정지압력은 0.7MPa이다.
② 주펌프의 기동압력은 0.6MPa이다.
③ 주펌프와 충압펌프가 기동된다.
④ 감시제어반에 주펌프 기동 표시등이 점등된다.

해설

주펌프 기동점(기동압력)과 정지점(정지압력)
• Diff = 0.1MPa
• Range = 0.7MPa(주펌프 정지점)
• Diff = Range(정지압력) − 기동압력
  기동압력 = Range − Diff
       = 0.7 − 0.1 = 0.6MPa
– 주펌프의 작동범위 : 0.6∼0.7MPa
– 동작확인침을 누르면 주펌프가 강제로 기동되기 때문에 감시제어반에 주펌프 기동 표시등이 점등된다.

정답 ③

33

☑ 확인
Check!

○ □
△ □
✕ □

다음 중 옥내소화전함의 설치기준에 대한 설명으로 옳은 것은?

① 방수구는 층마다 설치할 것
② 방수구는 바닥으로부터 높이 1m 이하가 되도록 할 것
③ 호스릴 옥내소화설비가 아닌 경우 소화전 호스는 구경 25mm 이상으로 할 것
④ 특정소방대상물 각 부분으로부터 1개의 옥내소화전 방수구까지의 수평거리는 40m 이하가 되도록 할 것

해설

방수구의 설치기준
• 특정소방대상물의 층마다 설치하되, 해당 특정소방대상물의 각 부분으로부터 하나의 옥내소화전 방수구까지의 수평거리가 25m 이하가 되도록 할 것
• 바닥으로부터 1.5m 이하가 되도록 할 것
• 호스는 구경 40mm(호스릴 옥내소화전설비의 경우 25mm) 이상일 것

 정답 ①

34

☑ 확인
Check!

○ □
△ □
✕ □

스프링클러설비 헤드의 기준개수로 30개가 적용되는 장소로 옳은 것은?

ㄱ. 특수가연물을 저장·취급하는 2층 공장
ㄴ. 10층 복합건축물
ㄷ. 헤드의 부착 높이가 8m 이상인 교회
ㄹ. 헤드의 부착 높이가 8m 미만인 연구시설
ㅁ. 지하가 또는 지하역사

① ㄱ, ㄴ, ㄷ   ② ㄱ, ㄴ, ㅁ
③ ㄴ, ㄷ, ㅁ   ④ ㄷ, ㄹ, ㅁ

해설

스프링클러설비 헤드의 기준개수 30개
• (지하층 제외)층수가 10층 이하인 대상물로 특수가연물을 저장·취급하는 공장
• (지하층 제외)층수가 10층 이하인 대상물로 판매시설 또는 복합건축물
• (지하층 제외)층수가 11층 이상 특정소방대상물, 지하가 또는 지하역사

 정답 ②

35

☑ 확인
Check!

○ □
△ □
✕ □

가스계 소화설비의 기동용기 솔레노이드밸브 격발시험(제어반 수동기동 시험)을 실시하려고 한다. [보기]의 점검 순서 중 ( ) 안에 들어갈 용어로 옳은 것은?

┌ 보기 ┐
- 기동용기에서 선택밸브에 연결된 (㉠)분리
- 기동용기에서 저장용기에 연결된 (㉡)분리
- 솔레노이드밸브 선택스위치 (㉢)전환
- 솔레노이드밸브 (㉣) 체결 후 분리, (㉣) 제거 후 격발 준비
- 기동스위치 누름

① ㉠ : 조작동관, ㉡ : 개방용 동관, ㉢ : 자동, ㉣ : 안전클립
② ㉠ : 조작동관, ㉡ : 개방용 동관, ㉢ : 수동, ㉣ : 안전핀
③ ㉠ : 연결동관, ㉡ : 조작동관, ㉢ : 자동, ㉣ : 안전클립
④ ㉠ : 연결동관, ㉡ : 개방용 동관, ㉢ : 수동, ㉣ : 안전핀

┌ 해설 ┐
기동용기 솔레노이드밸브 격발시험 순서
- 기동용기에서 선택밸브에 연결된 조작동관 분리
- 기동용기에서 저장용기에 연결된 개방용 동관 분리
- 솔레노이드밸브 선택스위치 수동전환
- 솔레노이드밸브 안전핀 체결 후 분리, 안전핀 제거 후 격발 준비
- 기동스위치 누름

정답 ②

36

☑ 확인
Check!

○ □
△ □
✕ □

지하 3층, 지상 15층인 특정소방대상물에 자동화재탐지설비를 설치하였다. 1층에서 화재가 발생한 경우 우선적으로 경보해야 하는 층은?

① 건물 내 모든 층에 경보
② 지하 1·2·3층, 지상 1층
③ 지하 1층, 지상 1·2·3·4·5층
④ 지하 1·2·3층, 지상 1·2·3·4·5층

┌ 해설 ┐
우선경보방식의 경보 및 화재발생

11층 이상	
⋮	
6층	●
5층	● ●
4층	● ●
3층	● ●
2층	🔥● ●
1층	🔥● ●
지하 1층	● 🔥● ●
지하 2층	● ● 🔥●
지하 3층	● ● ●

※ ● : 경보발생, 🔥 : 화재발생

정답 ④

37

☑ 확인
Check!

○ ☐
△ ☐
✕ ☐

상수도 소화용수설비의 설치기준에 대한 설명이다. [보기]의 ( )에 들어갈 내용으로 옳은 것은?

┌─ 보기 ─────────────────────────┐
호칭지름 (㉠)mm 이상의 수도배관에 호칭지름 (㉡)mm 이상의 소화전을 접속한다.
└───────────────────────────────┘

① ㉠ 65, ㉡ 120
② ㉠ 75, ㉡ 100
③ ㉠ 80, ㉡ 90
④ ㉠ 100, ㉡ 100

해설

상수도 소화용수설비의 설치기준 : 호칭지름 75mm 이상의 수도배관에 호칭지름 100mm 이상의 소화전을 접속한다.

정답 ②

38

☑ 확인
Check!

○ ☐
△ ☐
✕ ☐

아래의 표는 공연장의 규모와 설치해야 할 유도등의 종류를 나타낸 것이다. 해당 시설에 설치해야 할 객석유도등의 개수와 ( ) 안에 들어갈 유도등의 종류로 옳은 것은?

공연장의 규모	유도등 및 유도표지의 종류
• 연면적 : 3,400m² • 객석 통로의 직선부분 길이 : 40m	• ( )피난구유도등 • 통로유도등 • 객석유도등

① 9개, 중형
② 9개, 대형
③ 10개, 중형
④ 10개, 대형

해설

• 객석유도등의 설치기준

$$설치개수 = \frac{객석\ 통로의\ 직선부분\ 길이(m)}{4} - 1$$

(단, 소수점 이하의 수는 1로 본다)
• 설치개수 = (40/4) − 1 = 9개
• 공연장, 집회장, 관람장, 운동시설, 유흥주점 영업시설 : 대형피난구유도등, 통로유도등, 객석유도등

정답 ②

39

☑ 확인
Check!

○ ☐
△ ☐
✕ ☐

다음 P형 수신기의 상태에 대한 설명으로 옳지 않은 것은?

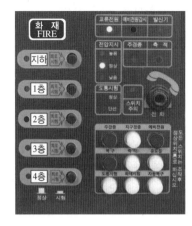

① 화재 장소는 2층이다.
② 화재 신호를 통보한 기기는 수신기이다.
③ 예비전원감시등이 점등된 경우 예비전원을 확인해야 한다.
④ 화재 신호가 발생하였으므로 2층 발신기를 확인한다.

해설

• 예비전원감시등이 점등된 경우는 예비전원 연결소켓이 분리되었거나 예비전원이 원인이다.
• 예비전원 스위치를 누르면 전압지시(높음, 정상, 낮음) 상태를 확인할 수 있다.
• 발신기 표시등이 소등상태이고 2층 경계구역이 점등이므로 화재 신호를 통보한 기기는 감지기이다.

정답 ④

40

☑ 확인
Check!

○ ☐
△ ☐
✕ ☐

소방대상물의 설치장소별 피난기구의 적응성으로 옳지 않은 것은?

① 공연장 4층에 피난사다리를 설치했다.
② 노유자시설 4층에 미끄럼대를 설치했다.
③ 교육연구시설 3층에 미끄럼대를 설치했다.
④ 다중이용업소 4층에 완강기를 설치했다.

해설

4층 이상에 미끄럼대 설치는 불가하다.

정답 ②

41

☑ 확인
Check!

○ □
△ □
X □

지하층을 포함하여 층수가 7층 이상인 관광호텔에 설치해야 하는 인명구조기구의 종류와 최소 수량으로 옳은 것은?

① 방열복과 방화복 각 1개
② 공기호흡기 1개
③ 인공소생기 2개
④ 완강기 2개

(해설)

특정소방대상물의 용도 및 장소별로 설치해야 할 인명구조기구

특정소방대상물	인명구조기구
(지하층 포함) 층수가 7층 이상인 관광호텔 및 5층 이상인 병원	• 방열복 또는 방화복(안전모, 보호장갑 및 안전화 포함) • 공기호흡기 • 인공소생기

설치 수량은 각 2개 이상이다. 단, 병원의 경우 인공소생기를 설치하지 않을 수 있다.

정답 ③

42

☑ 확인
Check!

○ □
△ □
X □

비상조명등에 대한 설명으로 옳지 않은 것은?

① 비상조명등의 조도는 각 부분의 바닥에서 1lx 이상이어야 한다.
② 거실로부터 지상에 이르는 복도, 계단 및 그 밖의 통로에 비상조명등을 설치한다.
③ 비상조명등의 유효 작동시간은 일반적인 경우 20분 이상이다.
④ 지하층을 제외한 층수가 11층 이상인 경우는 20분 이상 작동되어야 한다.

(해설)

비상조명등의 작동시간

구분		내용
용량	20분 이상	일반적인 경우
	60분 이상	지하층을 제외한 층수가 11층 이상
		지하층 또는 무창층으로서 도매시장·소매시장·여객자동차터미널·지하역사 또는 지하상가

정답 ④

43

☑ 확인
Check!

○ □
△ □
X □

다음 중 화기취급 작업의 일반적인 절차로 옳지 않은 것은? ✔신유형

① 작업 전 작업 허가서를 작성하고 승인을 받는다.
② 작업 중에는 화재 감시자를 배치하여 감시한다.
③ 작업 후 즉시 현장을 떠나며 후속 감시는 필요하지 않다.
④ 작업 구역 내 인화성 물질을 제거하고 소화기를 비치한다.

(해설)
작업 종료 후에도 일정 시간 동안 현장을 감시하여 잠재적인 화재 위험을 방지하는 것이 중요하다.

정답 ③

44

☑ 확인
Check!

○ □
△ □
X □

유도등의 3선식 배선 시 자동으로 점등되는 경우가 아닌 것은?

① 비상전원이 방전되는 때
② 자동소화설비가 작동되는 때
③ 비상경보설비의 발신기가 작동되는 때
④ 자동화재탐지설비의 감지기 또는 발신기가 작동되는 때

(해설)
유도등의 3선식 배선이 자동으로 점등되는 경우
• 자동화재탐지설비의 감지기 또는 발신기가 작동되는 때
• 비상경보설비의 발신기가 작동되는 때
• 상용전원이 정전되거나 전원선이 단선되는 때
• 방재업무를 통제하는 곳 또는 전기실의 배전반에서 수동으로 점등하는 때
• 자동소화설비가 작동되는 때

정답 ①

45 ☑확인 Check!

자동화재탐지설비를 설치해야 하는 대상으로 옳지 않은 것은?

① 터널로서 길이가 1,000m 이상인 것
② 목욕장을 제외한 근린생활시설로 연면적 600m² 이상 모든 층
③ 노유자 생활시설의 모든 층
④ 교육연구시설로 연면적 600m² 이상 모든 층

해설

교육연구시설로 연면적 2,000m² 이상 모든 층은 자동화재탐지설비를 설치해야 하는 대상이다.

대상	기준
기숙사 및 숙박시설	모든 층
층수가 6층 이상인 건축물	모든 층
노유자 생활시설	모든 층
지하구	전부
판매시설 중 전통시장	전부
근린생활시설(목욕장 제외), 의료시설(정신의료기관, 요양병원 제외), 위락시설, 장례시설 및 복합건축물	연면적 600m² 이상 모든 층
목욕장	연면적 1,000m² 이상 모든 층
교육연구시설, 수련시설, 동물 및 식물 관련 시설, 교정 및 군사시설 또는 묘지 관련 시설	연면적 2,000m² 이상 모든 층
터널	1,000m 이상

정답 ④

46 ☑확인 Check!

그림과 같은 자동화재탐지설비 수신기에서 회로도통시험을 하려고 한다. 가장 먼저 눌러야 하는 스위치로 옳은 것은?

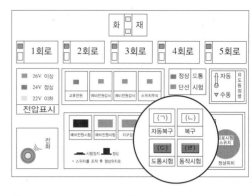

① (ㄱ)　　　　② (ㄴ)
③ (ㄷ)　　　　④ (ㄹ)

해설

도통시험스위치를 먼저 누르고 회선을 선택하여 확인한다.

정답 ③

47 ☑확인 Check!

도통시험 중 4번 회로가 단선된 것으로 판명되어, 다음 날 단선구간을 찾아 정상조치하였다. 작동기능 점검 서식 중 ㉠, ㉡에 들어갈 내용으로 옳은 것은? ✔신유형

점검번호	점검항목	점검 결과 (양호 ○, 불량 ×, 해당 없음 /)
15-1-003	수신기 도통시험 회로 정상 여부	㉠

설비명	점검번호	점검 내용
경보설비	15-1-003	㉡

① ㉠ ○, ㉡ 4번 회로 단선
② ㉠ ×, ㉡ 4번 회로 단선
③ ㉠ ×, ㉡ 4번 회로 합선
④ ㉠ /, ㉡ 4번 회로 쇼트

해설

• 점검 결과 불량이므로 ×를 표시함
• 점검 내용에 4번 회로 단선이라고 표기한다.

정답 ②

48

☑ 확인
Check!

○ □
△ □
✕ □

특정소방대상물의 주된 출입구에서 내부 전체가 보일 경우 경계구역의 개수로 옳은 것은?

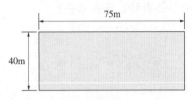

① 2개　　　　② 3개
③ 4개　　　　④ 5개

해설

• 하나의 경계구역의 면적은 600m² 이하로 하고, 한 변의 길이는 50m 이하로 할 것. 다만, 해당 특정소방대상물의 주된 출입구에서 그 내부 전체가 보이는 것에 있어서는 한 변의 길이가 50m의 범위 내에서 1,000m² 이하로 할 수 있다.
• 해당 특정소방대상물의 주된 출입구에서 그 내부 전체가 보이는 경우이므로, 바닥면적 3,000m²(75m×40m)를 1,000m²로 나눈다. 최소 3개의 경계구역으로 설정할 수 있다.

 정답 ②

49

☑ 확인
Check!

○ □
△ □
✕ □

다음 그림 중 자동심장충격기(AED) 사용 시 패드의 부착 위치로 옳게 짝지어진 것은?

① (ㄱ), (ㄴ)　　　　② (ㄴ), (ㄷ)
③ (ㄴ), (ㄹ)　　　　④ (ㄷ), (ㄹ)

해설

자동심장충격기(AED) 사용 시 패드의 부착 위치
• (ㄴ) : 오른쪽 빗장뼈(쇄골) 바로 아래
• (ㄹ) : 왼쪽 가슴 아래와 겨드랑이 중간

 정답 ③

50

☑ 확인
Check!

○ □
△ □
✕ □

소방훈련을 목적으로 옥내소화전함 내 앵글밸브를 열어 방수를 시도하였으나, 펌프가 작동되지 않았다. 동력제어반과 감시제어반의 상태가 아래 그림과 같을 때 펌프가 동작하지 않은 원인으로 옳지 않은 것은? ✓신유형

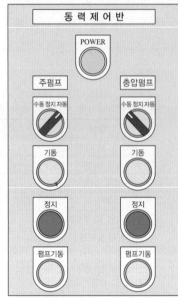

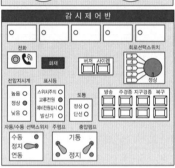

① 동력제어반 주펌프 선택스위치가 자동에 있다.
② 동력제어반 충압펌프 선택스위치가 수동에 있다.
③ 감시제어반의 운전선택스위치가 정지 상태이다.
④ 감시제어반의 주펌프 수동작동 선택스위치가 정지 상태이다.

해설

옥내소화전설비의 제어반
• 동력제어반의 펌프 운전선택스위치는 자동(Auto) 위치에 있어야 한다.
• 감시제어반의 소화전 주펌프와 충압펌프의 운전선택스위치가 연동(자동) 위치에 있어야 한다.
• 감시제어반의 운전선택스위치가 수동일 때 주펌프와 충압펌프를 수동으로 기동 및 정지할 수 있다.

 정답 ①

01
☑ 확인
Check!
○ ☐
△ ☐
✕ ☐

지상으로부터 높이가 160m이고 총 900세대인 아파트에 대한 설명으로 옳은 것은?

① 2급 소방안전관리자를 선임할 수 있다.

② 3급 소방안전관리자를 선임할 수 있다.

③ 소방안전관리보조자를 3명 이상 선임해야 한다.

④ 소방공무원 3년 이상 근무 경력자로 2급 소방안전관리자 자격증을 발급받은 사람을 바로 선임할 수 있다.

해설

1급 소방안전관리대상물
• 30층 이상(지하층 제외) 또는 지상 120m 이상 아파트
• 지하층의 층수가 11층 이상인 특정소방대상물(아파트 제외)
• 300세대 이상인 아파트의 경우 300세대 초과마다 소방안전관리보조자 1명씩 추가
  ∴ 900세대/300세대 = 3명
• 1급 소방안전관리자를 선임해야 한다.
• 소방공무원 7년 이상 근무 경력자로 1급 소방안전관리자 자격증을 발급받은 사람을 바로 선임할 수 있다.

정답 ③

02
☑ 확인
Check!
○ ☐
△ ☐
✕ ☐

소방기본법의 목적으로 보기 어려운 것은?

① 화재를 예방·경계 및 진압

② 국민의 생명·신체 및 재산을 보호

③ 소방기술관리 및 진흥

④ 공공의 안녕 및 질서유지와 복리증진에 이바지

해설

소방기본법의 목적
• 화재를 예방·경계 및 진압
• 국민의 생명·신체 및 재산을 보호
• 공공의 안녕 및 질서유지와 복리증진에 이바지
• 화재, 재난·재해, 그 밖의 위급한 상황에서 구조·구급활동

정답 ③

03
☑ 확인
Check!
○ ☐
△ ☐
✕ ☐

「소방기본법」상 5년 이하의 징역 또는 5천만 원 이하의 벌금에 대한 설명으로 옳은 것은?

① 소방자동차가 화재진압 및 구조·구급 활동을 위해 출동할 때 이를 방해하는 행위

② 강제처분 등의 처분을 방해하거나 정당한 사유 없이 그 처분을 따르지 않는 행위

③ 소방자동차의 출동에 지장을 주는 행위

④ 소방자동차 전용구역에 주차하거나 진입을 가로막는 등의 방해 행위

해설

② 3년 이하의 징역 또는 3천만 원 이하의 벌금

③ 200만 원 이하의 과태료

④ 100만 원 이하의 과태료

정답 ①

04

화재예방강화지구에 대한 설명으로 옳지 않은 것은?

☑ 확인
Check!
○ □
△ □
✕ □

① 위험물의 저장 및 처리시설이 밀집한 지역을 화재예방강화지구로 지정할 수 있다.
② 소방관서장은 화재 발생의 위험이 큰 경우 목재, 플라스틱 등 가연성이 큰 물건의 제거, 이격, 적재 금지 등을 명할 수 있다.
③ 소방관서장은 화재 발생 우려가 크거나 화재가 발생할 경우 피해가 클 것으로 예상되는 지역에 대해 화재예방강화지구로 지정할 수 있다.
④ 화재예방강화지구에서는 모닥불, 흡연 등 화기를 취급하는 행위를 해서는 안 된다.

해설
화재예방강화지구는 소방관서장이 아닌 시·도지사가 지정, 관리한다.

정답 ③

05

화재 발생 우려가 크거나 화재가 발생할 때 피해가 클 것으로 예상되는 화재예방강화지구에 해당하는 것은?

☑ 확인
Check!
○ □
△ □
✕ □

ㄱ. 시장지역
ㄴ. 공장·창고가 밀집한 지역
ㄷ. 목조건물이 밀집한 지역
ㄹ. 소방시설·소방용수시설 또는 소방출동로가 있는 지역

① ㄱ, ㄴ   ② ㄴ, ㄷ
③ ㄱ, ㄴ, ㄷ   ④ ㄱ, ㄴ, ㄷ, ㄹ

해설
화재예방강화지구의 지정
• 시장지역
• 공장·창고가 밀집한 지역
• 목조건물이 밀집한 지역
• 노후·불량건축물이 밀집한 지역
• 위험물의 저장 및 처리시설이 밀집한 지역
• 석유화학제품을 생산하는 공장이 있는 지역
• 소방시설·소방용수시설 또는 소방출동로가 없는 지역

정답 ③

06

곧바로 지상으로 갈 수 있는 출입구가 있는 층을 의미하는 소방 용어는?

☑ 확인
Check!
○ □
△ □
✕ □

① 피난층
② 무창층
③ 초고층
④ 꼭대기층

해설
피난층 : 곧바로 지상으로 갈 수 있는 출입구가 있는 층

정답 ①

07

방염에 대한 설명으로 옳은 것은?

☑ 확인
Check!
○ □
△ □
✕ □

ㄱ. 노유자시설의 경우 방염대상물품 사용이 의무적이다.
ㄴ. 운동시설 중 수영장은 방염 물품을 설치해야 하는 대상이다.
ㄷ. 두께 2mm 미만의 종이벽지류는 방염대상물이다.
ㄹ. 사무용 책상과 같은 가구류는 방염대상물에서 제외된다.

① ㄱ, ㄹ   ② ㄴ, ㄷ
③ ㄴ, ㄷ, ㄹ   ④ ㄱ, ㄴ, ㄹ

해설
방염 물품을 설치해야 하는 대상
• 의료시설, 숙박시설, 노유자시설, 다중이용업소는 방염 물품을 설치해야 하는 대상이다.
• 건축물의 옥내에 있는 시설로서 문화 및 집회시설, 종교시설, 운동시설(수영장 제외)은 방염 물품을 설치해야 하는 대상이다.
• 카펫/두께가 2mm 미만인 벽지류(종이벽지 제외)는 방염 대상이 되는 물품이다.
• 가구류(옷장, 찬장, 식탁, 식탁용 의자, 사무용 책상, 사무용 의자, 계산대 등)와 너비 10cm 이하인 반자돌림대 등과 「건축법」의 내부 마감재료는 방염 대상에서 제외된다.

정답 ①

08 다중이용업소 해당 영업장으로 옳지 않은 것은?

☑ 확인
Check!

○ □
△ □
✕ □

① 고시원업
② 단란주점영업
③ 산후조리업
④ 지상 1층의 제과점영업

해설

휴게음식점영업, 제과점영업, 일반음식점영업의 경우 지상 1층은 제외된다.

정답 ④

09 다음 건물에서 피난층으로 옳은 것은?

☑ 확인
Check!

○ □
△ □
✕ □

✔ 신유형

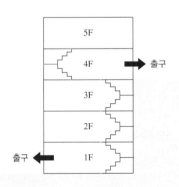

① 1층
② 4층
③ 1층과 4층
④ 전 층

해설

1층과 4층에 지상으로 통하는 출구가 있으므로 피난층이다.
피난층 : 직접 지상으로 통하는 출입구가 있는 층 및 초고층 건축물의 피난안전구역

정답 ③

10 [보기]의 ( ) 안에 들어갈 숫자로 옳은 것은?

☑ 확인
Check!

○ □
△ □
✕ □

┌─ 보기 ─────────────────────
국무총리는 ( )년마다 국가안전관리기본계획의 수립지침을 작성하여 관계 중앙행정기관의 장에게 통보해야 한다.
└──────────────────────────

① 1
② 2
③ 5
④ 10

해설

국가안전관리기본계획의 수립은 5년마다 실시한다.

정답 ③

11 직통계단의 설치기준에 대한 설명으로 옳은 것은?

☑ 확인
Check!

○ □
△ □
✕ □

① 일반적으로 직통계단은 보행거리 30m 이하에 설치한다.
② 주요구조부가 내화구조로 되어 있는 경우 직통계단을 보행거리가 30m 이하에 설치한다.
③ 스프링클러설비가 설치되어 있는 공장의 경우 직통계단을 보행거리 50m 이하에 설치한다.
④ 스프링클러설비가 설치된 무인화 공장의 경우 직통계단을 보행거리 75m 이하에 설치한다.

해설

건축물의 피난층(직접 지상으로 통하는 출입구가 있는 층, 피난안전구역) 외의 층에서는 피난층 또는 지상으로 통하는 직통계단을 거실의 각 부분으로부터 계단에 이르는 보행거리가 30m 이하가 되도록 설치해야 한다.

직통계단의 설치기준

구분	보행거리
일반기준	30m 이하
주요구조부가 내화구조 또는 불연재료로 된 건축물	• 50m 이하 • 층수가 16층 이상인(공동주택의 경우 16층 이상) 층 : 40m 이하
자동식 소화설비를 설치한 공장	• 75m 이하 • 무인화 공장 : 100m 이하

정답 ①

12 ☑ 확인 Check!
○ □
△ □
✕ □

아래 [보기]를 참고하여 구한 건축물의 높이로 옳은 것은?

┤보기├
- 지표면에서 건축물 상단까지 높이 : 80m
- 옥상에 설치된 승강기탑의 높이 : 14m
- 건축물의 건축면적 : 800m²
- 건축물의 연면적 : 16,000m²
- 승강기탑의 수평투영면적 : 110m²

① 80m
② 82m
③ 94m
④ 102m

해설
승강기탑의 수평투영면적 > 1/8 × 건축면적
110m² > 100m²(1/8 × 800m²)이므로 승강기탑의 높이 전부를 건축물의 높이에 산정한다.
∴ 건축물의 높이 = 80 + 14 = 94m

정답 ③

13 ☑ 확인 Check!
○ □
△ □
✕ □

종합방재실의 설치장소에 대한 설명으로 옳지 않은 것은?

① 원칙적으로 2층 또는 지하 1층에 설치한다.
② 공동주택인 경우는 관리사무소 내에 설치한다.
③ 소방대가 쉽게 도달할 수 있는 곳에 설치한다.
④ 특별피난계단이 설치된 초고층 건축물인 경우 출입구로부터 5m 이내에 2층 또는 지하 1층에 설치한다.

해설
종합방재실의 설치장소는 원칙적으로 1층 또는 피난층에 설치한다.

정답 ①

14 ☑ 확인 Check!
○ □
△ □
✕ □

다음 중 위험물제조소 등이 정기점검을 실시해야 하는 대상으로 옳지 않은 것은?

① 지정수량의 10배 이상의 위험물을 취급하는 제조소
② 지정수량의 50배 이상의 위험물을 저장하는 옥외저장소
③ 지정수량의 150배 이상의 위험물을 저장하는 옥내저장소
④ 지정수량의 200배 이상의 위험물을 저장하는 옥외탱크저장소

해설
지정수량의 100배 이상의 위험물을 저장하는 옥외저장소가 정기점검 대상이다.

정답 ②

15 ☑ 확인 Check!
○ □
△ □
✕ □

[보기]에서 설명하는 열전달 방식으로 옳은 것은?

┤보기├
차가운 물이 담긴 컵을 손으로 잡으면 물의 온도가 컵으로 전달되어 컵을 잡은 손까지 차갑게 느껴지는데 이는 열이 이동하였기 때문이다.

① 전도
② 대류
③ 복사
④ 냉각

해설
전도란 물체 간의 직접적인 접촉을 통해 열이 전달되는 방식이다.

정답 ①

16 ☑ 확인 Check! ○□ △□ ×□

다음 중 발화점에 대한 설명으로 옳지 않은 것은?

① 발화점은 보통 인화점보다 수백℃ 더 높은 온도이다.

② 일반적으로 산소와의 친화력이 큰 물질일수록 발화점이 높다.

③ 고체 가연물의 발화점은 가열속도, 가연물의 크기나 모양에 따라 달라진다.

④ 화재진압 후 계속 물을 뿌리는 이유는 발화점 이상으로 가열된 건축물이 열로 인하여 다시 연소되는 것을 방지하기 위한 것이다.

해설
발화점 : 일반적으로 산소와의 친화력이 큰 물질일수록 발화점이 낮고 발화하기 쉬운 경향이 있다.

정답 ②

18 ☑ 확인 Check! ○□ △□ ×□

물과 만나면 발열하여 가연성 가스를 발생하는 위험물로 옳은 것은?

① 제1류 위험물

② 제2류 위험물

③ 제3류 위험물

④ 제4류 위험물

해설
제3류 위험물(자연발화성 물질 및 금수성 물질)
• 물과 만나면 발열하여 가연성 가스를 발생한다.
• 공기, 수분 및 산과의 접촉을 피한다.
• 건조사, 팽창질석, 팽창진주암 등을 사용한다.
• 황린은 주수소화를 한다.

정답 ③

17 ☑ 확인 Check! ○□ △□ ×□

다음 중 증기비중에 대한 설명으로 옳은 것은?

① 증기비중이 1보다 작을 때 공기보다 무겁다.

② 증기비중이 1보다 클 때 공기보다 가볍다.

③ 증기비중이 1보다 클 때 공기와 무게가 같다.

④ 증기비중은 공기의 밀도를 1로 해서 비교한 값이다.

해설
증기비중
• 증기의 밀도를 공기의 밀도를 1로 해서 비교한 값이다.
• 1보다 작을 때는 공기보다 가볍고, 1보다 클 때는 공기보다 무겁다.

정답 ④

19 ☑ 확인 Check! ○□ △□ ×□

저온장기형의 화재성상을 가진 내화건축물에 대한 그래프로 옳은 것은?

해설
내화건축물의 그래프는 저온장기형으로 시간에 따라 온도가 완만하게 증가한다.

정답 ②

20

☑ 확인
Check!
○ ☐
△ ☐
✕ ☐

액화천연가스(LNG)의 탐지기 설치위치로 옳은 것은?

① 하단은 천장면의 하단 30cm 이내에 설치
② 상단은 바닥면의 상방 30cm 이내에 설치
③ 하단은 천장면의 하단 40cm 이내에 설치
④ 상단은 바닥면의 상방 40cm 이내에 설치

해설

연료가스의 탐지기 설치위치
• 액화천연가스(LNG) : 탐지기 하단은 천장면의 하단 30cm 이내 위치에 설치
• 액화석유가스(LPG) : 탐지기 상단은 바닥면의 상방 30cm 이내 위치에 설치

정답 ①

21

☑ 확인
Check!
○ ☐
△ ☐
✕ ☐

다음 중 분말소화기에 대한 설명으로 옳지 않은 것은?

① 질식효과와 억제효과가 있다.
② 가압식 소화기와 축압식 소화기가 있다.
③ ABC급 소화기의 소화약제의 색상은 담홍색이다.
④ 내용연수는 10년이며 내용연수가 지나면 무조건 교체해야 한다.

해설

성능검사에 합격한 소화기
• 내용연수 경과 후 10년 미만 : 3년 사용 가능
• 내용연수 경과 후 10년 이상 : 1년 사용 가능

정답 ④

22

☑ 확인
Check!
○ ☐
△ ☐
✕ ☐

심폐소생술 시행 시 가슴압박과 인공호흡의 비율로 옳은 것은?

① 20회 : 1회
② 1회 : 20회
③ 30회 : 2회
④ 2회 : 30회

해설

심폐소생술 시행 방법
• 가슴압박 30회 시행
  – 가슴뼈(흉골)의 아래쪽 절반 부위에 깍지를 낀 두 손의 손바닥 아랫부분을 댄다.
  – 양팔을 쭉 편 상태로 체중을 실어 환자의 몸과 수직(90°)이 되도록 가슴을 압박한다.
  – 성인은 분당 100~120회의 속도, 약 5cm 깊이로 강하고 빠르게 시행한다.
• 인공호흡 2회 시행
  – 환자의 머리를 젖히고, 턱을 들어 올려 환자의 기도를 개방시킨다.
  – 환자의 코를 잡고 입에 완전히 밀착시켜 공기가 새지 않도록 1초에 1번씩, 2회 시행한다.

정답 ③

23

☑ 확인
Check!
○ ☐
△ ☐
✕ ☐

심폐소생술(CPR)의 가슴압박 위치는?

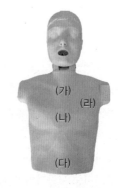

① 가
② 나
③ 다
④ 라

해설

가슴압박 위치 : 가슴뼈(흉골)의 아래쪽 절반 부위에 깍지를 낀 두 손의 손바닥 아랫부분을 대고 가슴압박을 실시한다.

정답 ②

24 ☑ 확인 Check! ○ □ △ □ ✗ □

다음 응급처치의 체계도에서 (가), (나), (다)에 들어갈 내용으로 옳게 짝지어진 것은?

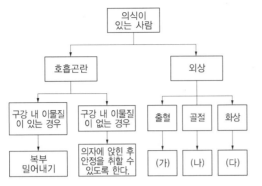

① (가) - 지혈, (나) - 부목고정, (다) - 화상처치
② (가) - 지혈, (나) - 화상처치, (다) - 부목고정
③ (가) - 화상처치, (나) - 지혈, (다) - 부목고정
④ (가) - 화상처치, (나) - 부목고정, (다) - 지혈

해설
외상 처치 방법 : 출혈 시 직접 압박법 또는 지혈대 사용법을 이용하여 출혈을 멈추게 한다. 골절의 경우 부목을 이용하여 신체 일부분을 움직이지 않게 고정하고, 화상을 입었을 경우 화상 정도에 따라 응급처치를 달리한다.

정답 ①

25 ☑ 확인 Check! ○ □ △ □ ✗ □

액화천연가스(LNG)의 주성분으로 옳은 것은?

① 메테인
② 뷰테인
③ 에테인
④ 프로페인

해설
연료가스의 주성분
• 액화천연가스(LNG) : 메테인(CH_4)
• 액화석유가스(LPG) : 프로페인(C_3H_8), 뷰테인(C_4H_{10})

정답 ①

26 ☑ 확인 Check! ○ □ △ □ ✗ □

내화구조 및 불연재료로 바닥면적 2,000m²인 업무시설에 3단위 분말소화기를 비치하고자 한다. 소화기의 개수는 최소 몇 개가 필요한가?

① 3개
② 4개
③ 10개
④ 20개

해설
업무시설의 기준면적은 100m²이다(내화구조 및 불연재료인 경우는 바닥면적의 2배가 기준면적이 된다).

$$\therefore \frac{2{,}000m^2}{100m^2 \times 2배 \times 3단위} = 3.33 ≒ 4개$$

정답 ②

27 ☑ 확인 Check! ○ □ △ □ ✗ □

다음 중 주거용 주방자동소화장치 점검사항이 아닌 것은?

① 감지부 시험
② 조리기구 점검
③ 제어반(수신부) 점검
④ 소화약제 저장용기 점검

해설
주거용 주방자동소화장치 점검항목 : 가스누설탐지부 점검, 가스누설차단밸브 시험, 예비전원시험, 감지부 시험, 제어반(수신부) 점검, 소화약제 저장용기 점검

정답 ②

28

☑ 확인 Check!

○ □
△ □
✕ □

다음 중 ABC급 소화기의 종류로 옳은 것은?

① 이산화탄소 소화기
② 할론2402 소화기
③ 할론1211 소화기
④ 탄산수소나트륨 분말소화기

해설

할로겐소화기

구분	소화기 종류
ABC급	할론1211(CF_2ClBr)
	※ 지시압력계 있음
	할론1301(CF_3Br)
	※ 지시압력계 없음
BC급	할론2402($C_2F_4Br_2$)
	※ 지시압력계 있음

정답 ③

29

☑ 확인 Check!

○ □
△ □
✕ □

분말소화기의 경우 내용연수가 지난 제품은 교체 해야 하나 성능검사에 합격한 소화기는 내용연수 경과 후 더 사용할 수 있다. 10년 미만일 경우 몇 년 더 사용 가능한가?

① 1년
② 2년
③ 3년
④ 5년

해설

• 분말소화기의 내용연수 : 10년
• 내용연수가 지난 제품은 교체하나 성능검사에 합격한 소화기는 내용연수 등이 경과한 날의 다음 달부터 다음의 기간동안 사용할 수 있다.
 – 내용연수 경과 후 10년 미만 : 3년
 – 내용연수 경과 후 10년 이상 : 1년

정답 ③

30

☑ 확인 Check!

○ □
△ □
✕ □

옥외소화전설비의 수원의 용량으로 옳은 것은?

① 옥외소화전 설치개수에 $2.6m^3$을 곱한 양 이상 일 것
② 옥외소화전 설치개수에 $5.2m^3$을 곱한 양 이상 일 것
③ 옥외소화전 설치개수에 $7.0m^3$을 곱한 양 이상 일 것
④ 옥외소화전 설치개수에 $7.8m^3$을 곱한 양 이상 일 것

해설

옥외소화전설비의 수원
$Q = 7 \times Nm^3$
여기서, N : 옥외소화전 개수로 최대 2개

정답 ③

31

☑ 확인 Check!

○ □
△ □
✕ □

방수압력 측정에 대한 설명으로 적절하지 않은 것은?

① 방사형 관창을 이용하여 측정한다.
② 피토게이지는 노즐 선단에 근접하여 측정한다.
③ 피토게이지는 봉상주수 상태에서 수직으로 측정해야 한다.
④ 초기 방수 시 물속에 존재하는 이물질이 완전히 배출된 후에 측정해야 한다.

해설

옥내소화전설비의 방수압력 측정 : 방사형 관창이 아닌 직사형 관창을 이용하여 측정한다.

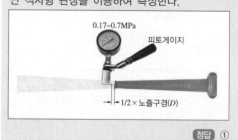

정답 ①

32 ☑ 확인 Check! ○ □ △ □ × □

스프링클러설비 종류별 장단점에 대한 설명으로 옳은 것은?

① 일제살수식 스프링클러설비는 감지기를 설치할 필요가 없으므로 준비작동식에 비해 경제적이다.

② 습식 스프링클러설비는 동파의 우려가 있는 장소에도 설치가 가능하다.

③ 준비작동식 스프링클러설비는 동파의 우려가 있는 장소에 설치가 가능하다는 장점이 있지만, 감지기를 설치해야 하므로 경비가 많이 소요된다.

④ 건식 스프링클러설비는 동파의 우려가 있는 장소에는 부적당하지만, 설치비가 저렴하다는 장점이 있다.

해설
스프링클러설비의 장단점
• 건식과 습식은 감지기 설치가 필요 없다.
• 습식 스프링클러설비는 1차와 2차 배관에 가압수가 채워져 있어 동파의 우려가 있는 장소에는 부적당하다.
• 건식 스프링클러설비는 2차 측에 압축공기가 채워져 있어 동파의 우려가 있는 장소에도 설치가 가능하다.

정답 ③

33 ☑ 확인 Check! ○ □ △ □ × □

다음 중 인명구조기구에 해당하지 않는 것은?

① 방열복
② 방화복
③ 공기호흡기
④ 자동제세동기

해설
인명구조기구 : 방열복, 방화복, 인공소생기, 공기호흡기

정답 ④

34 ☑ 확인 Check! ○ □ △ □ × □

다음 중 스프링클러설비에 대한 설명으로 옳은 것은?

① 방수량은 $80m^3/min \cdot$ 개 이상이다.
② 방수압력은 0.17MPa 이상 0.7MPa 이하이다.
③ 특수가연물을 취급하는 공장의 경우 스프링클러헤드의 기준개수는 30개이다.
④ 방수구에서 유출되는 물을 세분화시키는 부품을 프레임이라 한다.

해설
스프링클러설비
• 방수량 : 80L/min · 개 이상
• 방수압력 : 0.1MPa 이상 1.2MPa 이하
• 스프링클러헤드는 감열체, 프레임, 디플렉터로 구성되어 있다.

정답 ③

35 ☑ 확인 Check! ○ □ △ □ × □

차동식 스포트형 감지기에 대한 설명으로 옳은 것은?

① 바이메탈이 있는 구조로 열변형을 이용하여 접점을 이동시키는 방식이다.
② 주위온도에 영향을 받지 않는 구조이다.
③ 보일러실, 주방 등에 설치한다.
④ 1종 차동식 스포트형 감지기의 4m 미만 내화구조의 기준은 $90m^2$마다 1개이다.

해설
①, ②, ③ 정온식 스포트형 감지기에 대한 설명이다.

부착높이 및 소방대상물의 구분		감지기의 종류(단위 : m^2)	
		차동식 · 보상식 스포트형	
		1종	2종
4m 미만	내화구조	90	70
	기타구조	50	40
4m 이상 8m 미만	내화구조	45	35
	기타구조	30	25

정답 ④

36

✓ 확인 Check!
○ □
△ □
✗ □

다음 중 기동용기함 내부의 각 구성요소에 대한 설명으로 옳지 않은 것은?

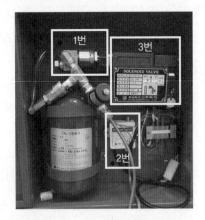

① 3번이 작동할 경우 기동용기가 개방된다.

② 2번 상단의 버튼을 누르면 방호구역 출입문 상단의 방출표시등이 점등된다.

③ 3번을 점검하거나 분해할 경우 안전핀을 체결해야 한다.

④ 감지기 A와 B가 동작할 경우 지연시간 경과 후 3번이 작동한다.

> **해설**
> ② 2번은 압력스위치로 테스트 버튼을 위로 잡아당길 경우 작동되며 방호구역 출입문 상단의 방출표시등이 점등된다.
> ③ 3번은 솔레노이드밸브를 의미한다.
>
> **정답** ②

37

✓ 확인 Check!
○ □
△ □
✗ □

가스계 소화설비 점검 후 복구 순서로 옳게 나열한 것은?

> ㄱ. 제어반의 복구버튼 누름
> ㄴ. 제어반 솔레노이드밸브 연동 정지
> ㄷ. 솔레노이드밸브 안전핀 체결 후 기동용기에 결합
> ㄹ. 솔레노이드밸브 복구
> ㅁ. 기동용기에서 선택밸브에 연결된 조작동관 결합
> ㅂ. 제어반 스위치를 연동상태로 설정한 후 솔레노이드밸브 안전핀 제거

① ㄱ → ㄴ → ㄷ → ㄹ → ㅁ → ㅂ

② ㄱ → ㄴ → ㄷ → ㄹ → ㅂ → ㅁ

③ ㄱ → ㄴ → ㄹ → ㄷ → ㅁ → ㅂ

④ ㄱ → ㄴ → ㄹ → ㄷ → ㅂ → ㅁ

> **해설**
> ※ 이론 102p 내용 참고
>
> **정답** ④

38

✓ 확인 Check!
○ □
△ □
✗ □

음향장치에 대한 설명으로 옳은 것은?

① 주음향장치는 각 경계구역에 설치한다.

② 지구음향장치는 수신기 내부 또는 직근에 설치한다.

③ 음향장치는 층마다 설치하되 수평거리 25m 이하가 되도록 설치한다.

④ 음향의 크기는 10m 떨어진 곳에서 90dB 이상이어야 한다.

> **해설**
> ① 지구음향장치는 각 경계구역에 설치한다.
> ② 주음향장치는 수신기 내부 또는 직근에 설치한다.
> ④ 음향의 크기는 1m 떨어진 곳에서 90dB 이상이어야 한다.
>
> **정답** ③

39

☑ 확인
Check!

○ □
△ □
✕ □

피난기구 중 완강기가 적응성이 있는 설치장소로 옳은 것은?

① 노유자시설 4층 이상 10층 이하

② 의료시설 3층

③ 다중이용업소 2층

④ 그 밖의 것 2층 이하

[해설]

완강기는 다중이용업소 2~4층, 그 밖의 것 3~10층에 대하여 적응성을 가지고 있다.

정답 ③

40

☑ 확인
Check!

○ □
△ □
✕ □

소방안전관리자가 방재실에서 근무하던 중 감시제어반에서 다음과 같은 현상이 발생하였다. 소화설비의 작동 상황에 대한 설명으로 옳은 것은?

✔신유형

① 스프링클러 헤드가 개방되었다.

② 주펌프와 충압펌프가 작동하였다.

③ 프리액션밸브가 열려 1차 측 배관의 물이 2차 측으로 급수되었다.

④ 방호구역 내 음향장치가 작동되고 있다.

[해설]

교차회로방식의 경우 감지기 A와 B가 모두 작동되어야 ①, ②, ③의 현상이 나타난다. 현재 감시제어반의 상태는 감지기 A 표시등만 점등되었기 때문에 경종과 사이렌이 울리고 화재표시등이 점등된다.

정답 ④

41

☑ 확인
Check!

○ □
△ □
✕ □

다음은 비상조명등의 작동시간에 대한 내용이다. [보기]의 ( ) 안에 들어갈 내용으로 옳은 것은?

┌─보기─────────────────────┐

비상조명등의 유효 작동시간은 일반적인 경우 20분 이상이며, 지하층을 제외한 층수가 11층 이상이거나 지하층 또는 무창층으로 도매시장, 소매시장인 경우는 (   )분 이상 작동되어야 한다.

└─────────────────────────┘

① 20　　　　　　　② 30

③ 40　　　　　　　④ 60

[해설]

비상조명등의 일반 작동시간은 20분이며, 지하층, 무창층으로서 도매시장·소매시장·여객자동차터미널·지하역사 또는 지하상가의 경우는 60분 이상 작동되어야 한다.

정답 ④

42

☑ 확인
Check!

○ □
△ □
✕ □

바닥면적이 1층 7,500m², 2층 7,500m²이고, 연면적이 32,000m²인 건축물에 소화용수설비가 설치되어 있을 때 필요한 저수량으로 옳은 것은?

① 20m²

② 40m²

③ 60m²

④ 100m²

[해설]

저수량

소방대상물의 구분	기준면적(m²)
1층 및 2층 바닥면적의 합계가 15,000m² 이상인 소방대상물	7,500m²
기타	12,500m²

∴ 저수량 = (소방대상물 연면적/기준면적) × 20m³

$$= \frac{32,000m^2}{7,500m^2} \times 20m^3$$

$$= (4.27 ≒ 5) \times 20m^3$$

$$= 5 \times 20m^3 = 100m^3$$

정답 ④

43 ☑ 확인 Check! ○□ △□ ✕□

다음은 부속실 제연설비의 점검방법에 대한 내용이다. 해당 설명 중 옳지 않은 것은?

① 부속실 내의 차압을 측정했을 때, 적정한 차압은 12.5Pa 이상이 되어야 한다.

② 차압을 측정할 때는 차압장소의 문을 닫고 측정해야 한다.

③ 송풍기가 작동하여 계단실 및 부속실에 바람이 들어오는지 확인한다.

④ 화재경보 발생 및 댐퍼가 개방되는지 확인한다.

해설
부속실 내의 차압을 측정했을 때, 적정한 차압은 40Pa 이상(스프링클러가 설치된 경우 12.5Pa)이어야 한다.
부속실 제연설비
• 구분 : 부속실 제연설비
• 목적 : 인명 안전, 수직 피난, 소화 활동
• 적용 : 피난로(부속실, 승강장, 계단실)
• 제연방식 : 급기가압방식

정답 ①

44 ☑ 확인 Check! ○□ △□ ✕□

피난구유도등은 바닥으로부터 몇 m 이상 출입구에 인접하도록 설치해야 하는가?

① 1.0m 이상
② 1.2m 이상
③ 1.5m 이상
④ 2.0m 이상

해설
피난구유도등 : 출입구를 표시하여 피난을 유도하는 피난구유도등은 바닥으로부터 1.5m 이상 출입구에 인접하여 설치한다.

정답 ③

45 ☑ 확인 Check! ○□ △□ ✕□

비상조명등에 대한 설명으로 옳은 것은?

① 비상조명등은 평상시 비상 전원으로 작동하다가 정전 시 자동으로 상용 전원으로 전환되어 작동한다.

② 지하층 또는 무창층으로 바닥면적이 600m² 이상인 경우 모든 층에 비상조명등을 설치해야 한다.

③ 비상조명등은 특정소방대상물의 각 거실과 그로부터 지상에 이르는 복도, 계단, 그 밖에 통로에 설치해야 한다.

④ 지하층을 제외한 층수가 11층 이상인 특정소방대상물의 경우 비상조명등이 20분 이상 작동되어야 한다.

해설
① 평상시 상용 전원으로 작동하다가 정전 시 자동으로 비상 전원으로 전환되어 작동한다.
② 바닥면적이 450m² 이상인 경우 모든 층에 비상조명등을 설치해야 한다.
④ 비상조명등이 60분 이상 작동되어야 한다.

정답 ③

46 ☑ 확인 Check! ○□ △□ ✕□

지하 4층, 지상 50층의 건축물의 지하 2층에 화재가 발생하였을 때 어느 층에 발화 경보를 울려야 하는가? ✓신유형

① 전 층에 경보한다.

② 지하 2층 및 지하 1층에 경보한다.

③ 지하 2층, 지하 1층, 지상 1층, 지상 2층, 지상 3층에 경보한다.

④ 지하 4층, 지하 3층, 지하 2층, 지하 1층에 경보한다.

해설
우선경보방식(11층 이상)
• 2층 이상 발화 : 발화층, 직상 4개 층
• 1층 발화 : 발화층, 직상 4개 층, 지하층
• 지하층 발화 : 발화층, 직상층, 기타의 지하층

정답 ④

47 다음 중 위험물안전관리자와 관련된 내용으로 옳지 않은 것은?

① 위험물산업기사 자격을 취득한 사람은 제1류에서 제6류 위험물까지를 취급할 수 있다.

② 안전관리자는 해임 또는 퇴직 시에는 그 관계인 또는 안전관리자가 소방본부장이나 소방서장에게 그 사실을 알려 해임되거나 퇴직한 사실을 확인받을 수 있다.

③ 위험물의 취급에 관한 자격취득자는 위험물안전관리자의 대리자가 될 수 있다.

④ 제조소 등의 관계인은 안전관리자를 선임한 경우에는 선임한 날부터 30일 이내에 소방본부장 또는 소방서장에게 신고해야 한다.

해설
제조소 등의 관계인은 안전관리자를 선임한 경우에는 선임한 날부터 14일 이내에 소방본부장 또는 소방서장에게 신고해야 한다.

정답 ④

48 ☑ 확인 Check! 차동식 스포트형 감지기의 주요 구성요소로 옳지 않은 것은?

① 접점
② 감열실
③ 리크구멍
④ 바이메탈

해설
차동식 스포트형 감지기의 구조

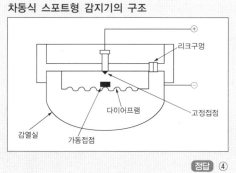

정답 ④

49 ☑ 확인 Check! 특정소방대상물의 각 부분으로부터 하나의 옥내소화전 방수구까지의 수평거리는?(단, 호스릴 옥내소화전설비가 설치되어 있다)

① 15m
② 25m
③ 40m
④ 100m

해설
방수구의 설치기준
• 특정소방대상물의 층마다 설치하되, 해당 특정소방대상물의 각 부분으로부터 하나의 옥내소화전 방수구까지의 수평거리가 25m 이하가 되도록 할 것
• 바닥으로부터 1.5m 이하가 되도록 할 것
• 호스는 구경 40mm(호스릴 옥내소화전설비의 경우 25mm) 이상일 것

정답 ②

50 ☑ 확인 Check! 4층 건물에 옥내소화전(1~2층 3개, 3층 2개, 4층 1개) 설치 시 필요한 수원의 저수량으로 옳은 것은?

✔신유형

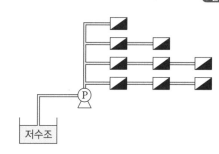

① 2.6m³
② 5.2m³
③ 7.8m³
④ 23.4m³

해설
수원의 저수량
• 저수량 = 130L/min × 20min × N(소화전 설치개수)
  = 130 × 20 × 2 = 5,200L = 5.2m³
• 옥내소화전의 설치개수(N)는 1~29층은 최대 2개, 30층 이상은 최대 5개이다.
• 층별 방사시간
  − 1~29층 : 20분
  − 30~49층 : 40분
  − 50층 이상 : 60분

정답 ②

참 / 고 / 문 / 헌

• 이덕수(2025). 화재안전기술기준. 시대고시기획.

• 이덕수(2022). 소방안전관리자 1급 예상문제집. 시대고시기획.

참 / 고 / 사 / 이 / 트

• 경기도 소방학교_www.119.gg.go.kr

• 국가법령정보센터_www.law.go.kr

• 대한민국 전자관보_www.gwanbo.go.kr

• 법제처_www.moleg.go.kr

• 소방청_www.nfa.go.kr

• 중앙소방학교_www.nfsa.go.kr

• 한국소방안전원_www.kfsi.or.kr

좋은 책을 만드는 길, 독자님과 함께하겠습니다.

소방안전관리자 1급 가장 빠른 합격

초 판 발 행	2025년 06월 10일(인쇄 2025년 04월 08일)
발 행 인	박영일
책 임 편 집	이해욱
편 저	김미현
편 집 진 행	윤진영 · 남미희
표 지 디 자 인	권은경 · 길전홍선
편 집 디 자 인	정경일 · 이현진
발 행 처	(주)시대고시기획
출 판 등 록	제10-1521호
주 소	서울시 마포구 큰우물로 75[도화동 538 성지 B/D] 9F
전 화	1600-3600
팩 스	02-701-8823
홈 페 이 지	www.sdedu.co.kr
I S B N	979-11-383-9025-5(13500)
정 가	26,000원

더 이상의 소방 시리즈는 없다!

▶ 오랜 현장 실무경험을 바탕으로 한 저자의 노하우 제시
▶ 2025년 시험 대비를 위한 최신 개정 법령 반영
▶ 출제경향을 한눈에 파악할 수 있는 과목 · 회차별 기출문제 분석표 수록
▶ 출제 이론에 기출연도 · 회차 표기로 보다 효율적으로 학습 가능

명쾌하다!
상세한 풀이로 완벽하게
익힐 수 있으니까!

친절하다!
핵심 내용을 쉽게
설명하고 있으니까!

소방 시리즈

알차다!
꼭 알아야 할 내용을
담고 있으니까!

핵심을 뚫는다!
시험 유형에 적합한
문제를 다루니까!

시대에듀가 신뢰와 책임의 마음으로 수험생 여러분에게 다가갑니다.

시대에듀 소방 도서리스트

소방 기술사

김성곤의 소방기술사	4×6배판 / 85,000원

소방시설 관리사

소방시설관리사 1차	4×6배판 / 55,000원
소방시설관리사 2차 점검실무행정	4×6배판 / 35,000원
소방시설관리사 2차 설계 및 시공	4×6배판 / 35,000원

소방설비 기사

Win-Q 소방설비기사 기계편 필기	별판 / 34,000원
Win-Q 소방설비기사 기계편 실기	별판 / 37,000원
Win-Q 소방설비기사 전기편 필기	별판 / 34,000원
Win-Q 소방설비기사 전기편 실기	별판 / 40,000원
기출이 답이다 소방설비기사 기계편 필기	별판 / 29,000원

소방 관계법령

화재안전기술기준 포켓북	별판 / 23,000원

소방안전 교육사

소방안전교육사 1차	4×6판 / 36,000원
소방안전교육사 2차 국민안전교육실무	4×6판 / 24,000원

소방안전 관리자

소방안전관리자 1급	별판 / 26,000원
소방안전관리자 2급	별판 / 20,000원
소방안전관리자 3급	근간

※ 도서의 가격은 변동될 수 있습니다.